Heinrich Zankl

**Kampfhähne der Wissenschaft**

## Weitere Titel aus der Reihe »Erlebnis Wissenschaft«

Ganteför, Gerd
**Klima – Der Weltuntergang findet nicht statt**
2010, ISBN: 978-3-527-32671-6

Hüfner, Jörg/Löhken, Rudolf
**Physik ohne Ende ...**
Eine geführte Tour von Kopernikus bis Hawking
2010, ISBN: 978-3-527-40890-0

Roloff, Eckart
**Göttliche Geistesblitze**
Pfarrer und Priester als Erfinder und Entdecker
2010, ISBN: 978-3-527-32578-8

Gross, Michael
**Der Kuss des Schnabeltiers**
und 60 weitere irrwitzige Geschichten aus Natur und Wissenschaft
2009, ISBN: 978-3-527-32490-3

Köhler, Michael
**Vom Urknall zum Cyberspace**
Fast alles über Mensch, Natur und Universum
2009, ISBN: 978-3-527-32577-1

Schwedt, Georg
**Chemie und Literatur –**
ein ungewöhnlicher Flirt
2009, ISBN: 978-3-527-32481-1

Synwoldt, Christian
**Alles über Strom**
So funktioniert Alltagselektronik
2009, ISBN: 978-3-527-32373-9

Emsley, John
**Fritten, Fett und Faltencreme**
Noch mehr Chemie im Alltag
2009, ISBN: 978-3-527-32620-4

Froböse, Rolf
**Wenn Frösche vom Himmel fallen**
Die verrücktesten Naturphänomene
2009, ISBN: 978-3-527-32619-8

Koolman, Jan/Moeller, Hans/Röhm, K. H. (Hrsg.)
**Kaffee, Käse, Karies ...**
Biochemie im Alltag
2009, ISBN: 978-3-527-32622-8

Voss-de Haan, Patrick
**Physik auf der Spur**
Kriminaltechnik heute
2009, ISBN: 978-3-527-40944-0

Emsley, John
**Leben, lieben, liften**
Rundum wohlfühlen mit Chemie
2008, ISBN: 978-3-527-31880-3

Glaser, Roland
**Heilende Magnete – strahlende Handys**
Bioelektromagnetismus: Fakten und Legenden
2008, ISBN: 978-3-527-40753-8

Schwedt, Georg
**Betörende Düfte, sinnliche Aromen**
2008, ISBN: 978-3-527-32045-5

Schwedt, Georg
**Wenn das Gelbe vom Ei blau macht**
Sprüche mit versteckter Chemie
2008, ISBN: 978-3-527-32258-9

Synwoldt, Christian
**Mehr als Sonne, Wind und Wasser**
Energie für eine neue Ära
2008, ISBN: 978-3-527-40829-0

Zankl, Heinrich
**Irrwitziges aus der Wissenschaft**
Von Leuchtkaninchen bis Dunkelbirnen
2008, ISBN: 978-3-527-32114-8

Ball, Philip
**Brillante Denker, kühne Pioniere**
Zehn bahnbrechende Entdeckungen
2007, ISBN: 978-3-527-31680-9

Salzmann, Wiebke
**Der Urknall und andere Katastrophen**
2007, ISBN: 978-3-527-31870-4

Schuster, Heinz Georg
**Bewusst oder unbewusst?**
2007, ISBN: 978-3-527-31883-4

Heinrich Zankl

# Kampfhähne der Wissenschaft

*Kontroversen und Feindschaften*

WILEY-VCH

WILEY-VCH Verlag GmbH & Co. KGaA

1. Auflage 2010



**Autor**

***Prof. Dr. Heinrich Zankl***
Büchnerstraße 6
66424 Homburg

Bibliografische Information
der Deutschen Nationalbibliothek
Die Deutsche Nationalbibliothek verzeichnet diese Publikation in der Deutschen Nationalbibliografie; detaillierte bibliografische Daten sind im Internet über http://dnb.d-nb.de abrufbar.



Printed in the Federal Republic of Germany

Gedruckt auf säurefreiem Papier

**Satz** K+V Fotosatz GmbH, Beerfelden
**Druck und Bindung** Ebner & Spiegel GmbH, Ulm
**Umschlagentwurf:** Bluesea Design, Vancouver Island BC

**ISBN** 978-3-527-32579-5

# Inhaltsverzeichnis




*Kampfhähne der Wissenschaft.* Heinrich Zankl



ISBN: 978-3-527-32579-5

Sehr kritisch kann es auch werden, wenn wissenschaftliche Erkenntnisse mit religiösen und weltanschaulichen Vorstellungen kollidieren. Diese gefährliche Mischung hat beispielsweise zu heftigsten Auseinandersetzungen über die Evolutionstheorie geführt, die zum Teil noch heute andauern (siehe S. 24). Rassistische Vorurteile haben sogar Nobelpreisträgern das kritische Denkvermögen vernebelt und sie in fruchtlose Streitereien verwickelt, die ihrem wissenschaftlichen Renommee sehr geschadet haben (siehe S. 56).

Nicht selten entstehen ernsthafte Konflikte, weil ein älterer, hochgestellter Wissenschaftler sich von einem Jüngeren in seiner Autorität angegriffen fühlt und meint, sie verteidigen zu müssen. In der Astronomie ist durch einen solchen Fall eine neue Forschungsrichtung jahrelang blockiert worden (siehe S. 80). Ähnlich problematisch kann es werden, wenn ein Forscher sich außerhalb seiner Fachgrenzen betätigt. Das hat ein bedeutender Meteorologe schmerzhaft erfahren müssen, als er den Geophysikern seine kontinentale Verschiebungstheorie vorgestellt hat (siehe S. 71). Solch unangenehme Erfahrungen machen derzeit auch Wissenschaftler anderer Fachrichtungen, die sich kritische Meinungsäußerungen über die derzeit herrschende Theorie des Klimawandels erlauben (siehe S. 111).

Manchmal geht es aber vor allem um Geld. Über die Patentrechte am gentechnisch hergestellten Wachstumshormon ist es zu einem höchst merkwürdigen Rechtsstreit gekommen. Er hat dazu geführt, dass ein Forscher durch wissenschaftliches Fehlverhalten um etliche Millionen Dollar reicher geworden ist (siehe S. 106). Nach der Entdeckung des AIDS-Erregers ist ein Prioritätsstreit ausgebrochen, in den sogar die Regierungen der USA und Frankreichs eingegriffen haben, um ihren Ländern einen möglichst großen Anteil an den zu erwartenden hohen Lizenzeinnahmen zu sichern (siehe S. 175).

Die angeführten Beispiele zeigen, dass auch Wissenschaftler nur Menschen sind und große Forscher nicht zwangsläufig einen integren Charakter haben. Eventuell führt die oft sehr ausgeprägte Konkurrenzsituation in einigen Wissenschaftsbereichen sogar zu einer verstärkten Auslese von kämpferisch veranlagten Persönlichkeiten. Das vorliegende Buch kann vielleicht ein wenig dazu beitragen, den nicht zu unterschätzenden Einfluss menschlicher Schwächen auf die Entwicklung der Wissenschaft etwas besser zu verstehen. Vor allem soll es aber für den Leser eine unterhaltsame Lektüre sein und ihm einige interessante Forscherpersönlichkeiten näher bringen.

Für die kritische Durchsicht des Manuskriptes möchte ich mich herzlich bei meiner Frau, Dr. med. Merve Zankl, bedanken, die mir wertvolle Hinweise und Anregungen gegeben hat.

Beim Verlag Wiley-VCH haben vor allem Frau Dr. Gudrun Walter, Frau Dr. Waltraud Wuest und Herr Dr. Martin Preuß das Buchprojekt wohlwollend begleitet. Dafür bin ich Ihnen zu großem Dank verpflichtet.

Frühjahr 2010 *Heinrich Zankl*

# Streit in den Naturwissenschaften

*Kampfhähne der Wissenschaft*. Heinrich Zankl

ISBN: 978-3-527-32579-5

# Hinterhältiges Genie

## Newtons Attacken auf Leibniz

Als Isaac Newton (1643–1727) am 4. Januar 1643 geboren wurde, war zu befürchten, dass er sich weder körperlich noch geistig normal entwickeln würde. Er kam nämlich als stark untergewichtige Frühgeburt zur Welt und hatte so wenig Kraft, dass man ihm kaum Chancen gab, den ersten Lebenstag zu überstehen. Er schaffte es aber doch, blieb jedoch zeitlebens körperlich recht schwächlich. Auch ansonsten begann das Leben des kleinen Isaac wenig verheißungsvoll, denn sein Vater starb wenige Monate nach der Geburt. Die Mutter heiratete bald wieder, ließ ihr Kind aber bei der Großmutter zurück. Möglicherweise waren diese frühen gesundheitlichen und familiären Probleme mit dafür verantwortlich, dass sich bei Newton einige recht schwierige Charakterzüge herausbildeten. Er blieb zeitlebens ungesellig und war auch gegenüber dem weiblichen Geschlecht höchst kontaktscheu. Außerdem hatte er ein extremes Geltungsbedürfnis und musste immer recht behalten. Trotzdem entwickelte er sich zu einem der größten Naturwissenschaftler der Neuzeit. Sein Ruhm als Begründer der klassischen theoretischen Physik beruht unter anderem auf dem Gravitationsgesetz, von dem heute allerdings angenommen wird, dass es ursprünglich von Robert Hooke (1635–1703) stammte, der seine Entdeckung unvorsichtigerweise Newton mitgeteilt hatte. Newton kommt aber immerhin das große Verdienst zu, das Gesetz klar formuliert und bewiesen zu haben. Der Streit um die Urheberschaft des Gravitationsgesetzes machte aus den beiden großen Wissenschaftlern dauerhafte Feinde, die sich bekriegten, wo sie nur konnten.

Von Newtons Publikationen wird sein 1687 erschienenes Werk »Philosophiae naturalis principia mathematica« als besonders wichtig eingestuft. Abgekürzt wird es oft auch nur »Principia« genannt. Darin formulierte er die drei Grundgesetze der klassischen

*Kampfhähne der Wissenschaft.* Heinrich Zankl

ISBN: 978-3-527-32579-5

Sir Isaac Newton (1643–1727). Er war ein bedeutender englischer Physiker, Mathematiker, Astronom, Alchemist, Philosoph und Verwaltungsbeamter, in der Sprache seiner Zeit einfach nur ein »Philosoph«.

Mechanik, die auch als »Newtonsche Axiome« bezeichnet werden. Aber auch im Bereich der Optik und Akustik machte Newton bahnbrechende Entdeckungen. Bei seinen Berechnungen scheute er allerdings manchmal auch nicht vor etwas unfeinen Datenmanipulationen zurück, wenn es darum ging, Recht zu behalten. Der bekannte amerikanische Wissenschaftshistoriker Richard S. Westfall (1924–1996), der sich intensiv mit Newton beschäftigt hat, schrieb darüber 1973 einen viel beachteten Artikel mit dem Titel: »Newton and the Fudge Factor«. Seine Erkenntnisse über Newtons Mogeleien fasste Westfall recht wohlwollend so zusammen: »Nachdem er die exakte Korrelation als Kriterium der Wahrheit postuliert hatte, sorgte Newton dafür, dass eine exakte Korrelation vorlag, ob sie nun korrekt ermittelt war oder nicht. Ein nicht geringer Teil der Überzeugungskraft der Principia (Newtons Hauptwerk) lag darin, dass sie bewusst ein Ausmaß an Genauigkeit vorgaben, das weit über ihren berechtigten Anspruch hinausreichte.« An anderer Stelle schrieb Westfall fast schon bewundernd: »Der seriöse Newton handhabte den Mogelfaktor mit ungeahntem Geschick.«

Auch bei anderen Gelegenheiten zeigte Newton mehrfach, dass er trotz aller Genialität nicht gerade ein Vorbild an wissenschaftlicher Korrektheit war. Das bekam vor allem auch der deutsche Universalgelehrte Gottfried Wilhelm Leibniz (1646–1716) zu spüren. Er hatte einen wesentlich besseren Start ins Leben als Newton, denn er wurde in Leipzig als Sohn eines Universitätsprofessors geboren, und seine geistige Entwicklung wurde schon von frühester Jugend an intensiv gefördert. Mit acht Jahren beherrschte der Junge bereits die lateinische Sprache nahezu perfekt, und zwei Jahre später konnte er Griechisch fast genauso gut. Als Sechzehnjähriger erwarb er bereits seinen ersten akademischen Titel in Philosophie und widmete sich anschließend zeitweilig der Mathematik, bevor er dann Jura studierte und mit nur 20 Jahren in diesem Fach auch promovierte. Leibniz trat bald darauf in die Dienste des Kurfürsten von Mainz und wurde nach dessen Tod vom Herzog von Hannover als Hofbibliothekar berufen. Außerdem übernahm er Aufgaben als Staatsrechtler und Historiker, beschäftigte sich aber auch weiterhin mit philosophischen Fragen sowie mit Problemen der Physik und Mathematik. Leibniz publizierte unter anderem Arbeiten zur symbolischen Logik und zur Arithmetik von Binärzahlen, die heute die Grundlage für unsere Computer darstellen. Er konstruierte 1672 eine Rechenmaschine, die nicht nur addieren und subtrahieren, sondern auch multiplizieren, dividieren und Quadratwurzeln ziehen konnte. Das von Leibniz dafür erfundene Staffelwalzenprinzip blieb für über 200 Jahre die technische Grundlage der mechanischen Rechenmaschinen.

Der große Streit zwischen den beiden Jahrhundertgenies brach vor allem über die Frage aus, wer als Begründer der Infinitesimalrechnung zu gelten habe. Unter diesem etwas zungenbrecherischen Begriff, der sich von dem lateinischen Wort »infinitesimal« (beliebig klein, gegen null strebend) herleitet, werden Differenzial- und Integralrechnung zusammengefasst, weil mit beiden Rechenarten unendlich kleine Intervalle quantitativ erfassbar sind. Heute werden Differenzial- und Integralrechnung meist gemeinsam mit der Variationsrechnung und der Funktionentheorie unter dem Begriff »Analysis« zusammengefasst. Dieser Bereich der höheren Mathematik ist für die modernen Natur- und Ingenieurwissenschaften von größter Bedeutung.

Die Grundlagen für die Infinitesimalrechnung waren bereits in der ersten Hälfte des 17. Jahrhunderts gelegt worden, sodass sowohl Newton als auch Leibniz eine gute Basis hatten, auf der sie aufbauen konnten. Vor allem die französischen Mathematiker Pierre de Fermat (1607–1665) und René Descartes (1596–1650) hatten wichtige Vorarbeiten geleistet. Aber auch aus England stammten bedeutende Beiträge, wobei insbesondere die Arbeiten von John Wallis (1616–1703; siehe auch S. 194) über unendliche Reihen zu nennen sind, mit denen sich Newton 1664 intensiv beschäftigte. Zwei Jahre später schrieb der damals erst 23-Jährige bereits einen Aufsatz, in dem er in groben Zügen die Infinitesimalrechnung darstellte, die er allerdings als »Fluxionsmethode« bezeichnete. Newton zeigte die Arbeit einigen englischen Kollegen, die davon sehr beeindruckt waren und ihm dringend zur Veröffentlichung rieten. Zu diesem Schritt konnte sich Newton aber lange nicht durchringen, weil er eine geradezu krankhafte Angst vor Kritik hatte. Seinen ersten wissenschaftlichen Aufsatz publizierte er erst 1672 in der Zeitschrift *Philosophical Transactions*, die noch heute von der Royal Society in London herausgegeben wird. Darin ging er aber nicht auf seine Fluxionsrechnung ein, sondern beschrieb seine bedeutenden Entdeckungen aus dem Bereich der Optik. Die Resonanz war weitgehend positiv, aber es gab auch kritische Stimmen. Die meisten von ihnen waren wenig qualifiziert, aber auch so bedeutende Forscher wie Christiaan Huygens (1629–1695) und der schon erwähnte Robert Hooke brachten einige Bedenken vor, über die sich Newton sehr ärgerte. Er beschloss deshalb, in den nächsten Jahren auf Publikationen zu verzichten, und widmete sich fast ausschließlich seinen Forschungen. Diesen Rückzug aus der Öffentlichkeit konnte sich Newton inzwischen leisten, denn er hatte 1669 einen Ruf auf einen renommierten Lehrstuhl für Mathematik an der Universität Cambridge erhalten und war dadurch finanziell abgesichert. Erst 1684 begann er die Veröffentlichung seines großen Werkes »Philosophiae naturalis principia mathematica« vorzubereiten, das drei Jahre später publiziert wurde. Darin findet die Fluxionsrechnung allerdings nur eine kurze Erwähnung, ausführlich beschrieb Newton die Methode erst 1704 im Anhang seines ebenfalls sehr berühmten Werkes »Opticks«.

Leibniz war zwar auch kein schneller Schreiber, aber er veröffentlichte den ersten Artikel über die von ihm in neun langen Jahren entwickelte Differenzialrechnung immerhin schon 1684 und ließ zwei Jahre später eine Publikation über die Integralrechnung folgen. Darin nahm er auch auf seine erste Arbeit Bezug, indem er schrieb: »Wann immer man vor der Aufgabe steht, Dimensionen und Tangenten berechnen zu müssen, kann man keinen nützlicheren, kürzeren und universelleren Rechenweg finden als meine Differenzialrechnung.« In keiner der beiden Arbeiten erwähnte Leibniz die Fluxionsrechnung – und das sollte Folgen haben. Newton reagierte nämlich äußerst heftig und warf Leibniz öffentlich vor, er habe geistigen Diebstahl begangen. Diese Behauptung stützte er auf zwei Briefe, die er 1676 an ihn geschrieben hatte, nachdem ihn Leibniz um Hilfe bei einem mathematischen Problem gebeten hatte. Diese Briefe existieren zwar tatsächlich, aber sie enthalten so gut wie keinen Hinweis auf Newtons Fluxionsrechnung. Ob Leibniz auf anderen Wegen davon Kenntnis erhalten hatte, lässt sich heute nicht mehr eindeutig feststellen. Vielleicht wäre der Streit zwischen Newton und Leibniz nicht so ausgeartet, wenn sich nicht auf beiden Seiten andere Wissenschaftler eingemischt hätten. Eine besondere Rolle spielten dabei die Brüder Bernoulli, die sehr schnell die Bedeutung der Leibniz'schen Publikation über die Differenzialrechnung erkannten und sie auch erfolgreich anwendeten. Insbesondere Johann Bernoulli (1667–1748) heizte den Prioritätsstreit an, indem er Newton vorwarf, er habe die neue Rechenmethode bei Leibniz abgekupfert. Gleichzeitig trieb er Leibniz an, sich gegen Newton zu wehren. Auf der englischen Seite mischte John Keill (1671–1721) mit, den Bernoulli deshalb als »Newtons Affe«, »Speichellecker« und »bestochenen Schreiberling« bezeichnete. Auch John Wallis stand auf Newtons Seite, war aber durch seine eigene Fehde mit Hobbes (siehe Seite 194) so in Anspruch genommen, dass er sich nicht besonders stark engagierte. Er wies lediglich darauf hin, dass in Kontinentaleuropa die Infinitesimalrechnung inzwischen »mit großem Beifall als Leibniz' Calculus Differentialis aufgenommen« wurde und machte Newton sogar Vorwürfe, indem er ihm schrieb: »Ihr tut weniger für Euren Ruf (und den der Nation) als Ihr könntet, wenn Ihr Dinge von Wert so lange in Eurem Schreibtisch verschließt, bis andere die Ehre für sich in Anspruch nehmen, die Euch zusteht.« Von besonderer Bedeutung für Newton war die Unterstützung durch John Collins (1625–1683), der mit fast allen berühmten Mathematikern dieser

Zeit in Verbindung stand. Ihn hatte Leibniz 1676 in London besucht, und bei dieser Gelegenheit hatte Collins ihm einige unveröffentlichte Arbeiten von Newton gezeigt. Leibniz hatte sich Notizen gemacht, die heute noch vorhanden sind. Historiker konnten daher feststellen, dass sie keine wichtigen Hinweise auf die Newton'sche Fluxionsrechnung enthalten und daher nicht als Grundlage der Leibniz'schen Infinitesimalrechnung dienen konnten. Trotzdem wurden vor allem auch diese Notizen als Beweis für den geistigen Diebstahl bewertet, den Leibniz angeblich begangen haben sollte.

Der Streit zwischen Newton und Leibniz erreichte seinen Höhepunkt, als John Keill 1708 in der Zeitschrift *Philosophical Transcations* einen Artikel publizierte, in dem er die Behauptung aufstellte, auf die Priorität Newtons bei der Entwicklung der Inifintesimalrechnung falle »nicht der Schatten eines Zweifels«. Leibniz musste das als Plagiatsvorwurf auffassen, zögerte aber trotzdem einige Zeit, bevor er darauf reagierte. Da sowohl Leibniz als auch Keill Mitglied der Royal Society in London waren, schrieb Leibniz zwei sehr scharf formulierte Briefe an den Sekretär der Gesellschaft, in denen er sich heftig über Keills Artikel beschwerte. Mit diesem Schritt beging er jedoch einen schwerwiegenden Fehler. Vermutlich war er sich nicht im Klaren darüber, wie umfassend Newton die Royal Society beherrschte. Dieser war 1703 zum Präsidenten der Gesellschaft gewählt worden, nachdem sein ewiger Gegenspieler Hooke verstorben war. Umgehend besetzte Newton alle wichtigen Posten mit ihm ergebenen Gefolgsleuten und sorgte unter anderem auch dafür, dass das Bild seines Vorgängers spurlos verschwand. Die Protestbriefe von Leibniz nahm man bei der Gesellschaft in London nun zum Anlass für die Bildung eines Ausschusses, der die Prioritätsfrage klären sollte. Scheinheilig verkündete Newton, er würde für eine unparteiische Besetzung des Gremiums sorgen, und schrieb dementsprechend dann auch ins Vorwort des Abschlussberichts: »Nur ein unredlicher Richter ließe irgendjemand als Zeugen in eigener Sache zu.« In Wirklichkeit wurden aber fast ausschließlich Parteigänger Newtons berufen. Vermutlich um das zu vertuschen, verzichtete man darauf, die Namen der Mitglieder im Abschlussbericht zu nennen. Sie hatten wohl auch nicht viel zu dem Bericht beigetragen, der in knapp zwei Monaten fertiggestellt wurde. Inzwischen steht nämlich zweifelsfrei fest, dass Newton den Bericht zum allergrößten Teil selbst geschrieben hat, und deshalb ist es auch nicht verwunderlich, dass er für Leibniz sehr negativ ausfiel. Als nach der Veröffentlichung dieses Pamphlets Zweifel an seiner Seriosität laut wurden, reagierte Newton noch unverschämter. Er verfasste eine Stellungnahme, die im Namen der Gesellschaft veröffentlicht wurde. Darin unterstellte er Leibniz, er habe die Gesellschaft zur Verurteilung Keills zwingen wollen. Damit habe Leibniz »das Statut der Gesellschaft verletzt, die auf eine derartige Verleumdung nur mit einem Ausschluss reagieren kann«. Nach diesem Coup äußerte Newton befriedigt, er habe Leibniz »mit dieser Antwort das Herz gebrochen«.

Ganz so schwer hat die höchst unfaire Attacke Leibniz zwar nicht getroffen, aber er hat doch schwer unter dem Plagiatsvorwurf durch die Royal Society gelitten, der nach heutigem Kenntnisstand unberechtigterweise erhoben wurde. Vermutlich hat der lange dauernde Konflikt mit dem damals schon sehr berühmten Newton mit dazu beigetragen, dass Leibnitz dem Herzog von Hannover nicht an den Londoner Hof folgen durfte, als dieser 1714 König von England wurde. Leibniz war von dieser fürstlichen Strafaktion tief gekränkt und verbrachte seine beiden letzten Lebensjahre vereinsamt und verbittert in Hannover. Zu seiner Beerdigung kam kein offizieller Vertreter des Londoner Hofes. Einer seiner wenigen noch verbliebenen Freunde meinte dazu, Leibniz sei »eher wie ein Dieb verscharrt worden denn als das bestattet worden, was er war: eine Zierde seines Landes«. Erst später erkannte man wieder die große Bedeutung von Leibniz, der heute als das letzte Universalgenie gilt. Ihm zu Ehren benannte die Deutsche Forschungsgemeinschaft 1985 den am höchsten dotierten Förderpreis für Wissenschaftler »Gottfried Wilhelm Leibniz Preis«. Im Jahr 2007 wurde sein riesiger Briefwechsel, den er mit über 1000 Persönlichkeiten seiner Zeit führte, von der UNESCO ins Weltdokumentenerbe aufgenommen.

Newton überlebte seinen deutschen Widersacher um über zehn Jahre und erreichte trotz seiner zeitlebens schwächlichen Gesundheit das gesegnete Alter von 84 Jahren. Im Gegensatz zu Leibniz wurde Newton noch zu Lebzeiten mit Ehrungen überhäuft. Er erhielt den Adelstitel »Sir«, wurde Königlicher Münzwart und ging am englischen Königshof ein und aus. Als er 1727 verstarb, wurde er nach Voltaires Angaben »wie ein König« in der Abtei von Westminster beigesetzt. Auf seinem Grabmal steht die Inschrift: »Natur und Naturgesetze waren in Nacht gehüllt. Gott sprach: Es werde Newton! Und alles war mit Licht erfüllt.« Auch heute begegnet uns der Name Newton noch an vielen Stellen: So ist 1 Newton (N) die Maßeinheit für Kraft und 1 Newtonmeter (Nm) die physikalische Einheit für Arbeit. Der Streit zwischen Newton und Leibniz vergiftete aber noch lange das Verhältnis zwischen den englischen Mathematikern und ihren Kollegen in Kontinentaleuropa. Die Engländer behielten aus Trotz das komplizierte Fluxions-Rechensystem von Newton bei und gerieten dadurch gegenüber ihrer Konkurrenz für fast 100 Jahre immer stärker ins Hintertreffen. Wenn der heftige Streit zwischen Newton und Leibniz überhaupt etwas Gutes bewirkt hat, dann vielleicht die Entwicklung von Regeln für das wissenschaftliche Publizieren und damit die Festlegung von Kriterien, nach denen Prioritätsfragen einigermaßen objektiv geklärt werden können. Trotzdem gibt es aber in diesem Bereich bis heute immer wieder heftige Auseinandersetzungen, die auch nicht selten mit unfairen Mitteln ausgetragen werden.

## Fehlerhafte Schätzung

Lord Kelvin und das Alter der Erde

Es kann manchmal recht problematisch werden, wenn ein berühmter Wissenschaftler sich auf ein Forschungsgebiet vorwagt, dessen Grundlagen ihm nicht ausreichend vertraut sind. Ein Beispiel dafür ist der große nordirische Physiker William Thomson (1824–1907), der vor allem unter dem Namen Lord Kelvin bekannt ist, weil er als erster Wissenschaftler 1892 von der englischen Königin Victoria in den erblichen Adelsstand erhoben wurde, nachdem er vorher schon den Titel »Sir« erhalten hatte. William Thomson kann durchaus als Wunderkind bezeichnet werden, denn er nahm bereits mit zehn Jahren ein Studium an der Universität Glasgow auf, das er in London und Paris fortsetzte und in Cambridge mit einer hervorragenden Promotion beendete. Als 22-Jähriger wurde er in Glasgow schon zum Professor berufen und forschte in den Folgejahren insbesondere in den Bereichen Elektrizität und Thermodynamik (Wärmelehre). Er führte die absolute Temperaturskala ein, weshalb ihm zu Ehren 1968 die internationale SI-Einheit für die thermodynamische Temperatur »Kelvin« genannt wurde. Neben seinen großartigen Leistungen auf verschiedenen Gebieten der Physik hat Lord Kelvin aber auch hervorragende Arbeit als Erfinder und Ingenieur geleistet. So konstruierte er beispielsweise eine Gezeitenrechenmaschine und eine Lotmaschine, die bei der Verlegung von transatlantischen Tiefseekabeln eine wichtige Rolle spielte. Im Laufe seines langen Lebens erwarb Lord Kelvin etwa 70 Patente, die zum Teil sehr gewinnbringend waren, sodass er sich nicht nur unsterblichen Ruhm, sondern auch großen Reichtum erwarb. Auf Grund seiner wissenschaftlichen Erfolge wurde Lord Kelvin fünfmal hintereinander zum Präsidenten der hoch angesehenen Royal Society of London gewählt und war damit zeitweilig einer der bekanntesten und einflussreichsten Wissenschaftler Europas. Als Lord Kelvin im Alter von 83 Jahren verstarb,

*Kampfhähne der Wissenschaft.* Heinrich Zankl

ISBN: 978-3-527-32579-5

Lord Kelvin (korrekt: William Thomson, 1. Baron Kelvin; 1824–1907). Er war ein in Irland geborener britischer Physiker. Das Bild zeigt seine Statue im Botanischen Garten von Belfast.

wurde er mit allen Ehren in der Westminster Abbey in London neben seinem ebenfalls sehr berühmten Kollegen Isaac Newton beigesetzt.

Trotz der großen Breite seiner wissenschaftlichen Erfahrungen und Tätigkeiten hat sich Lord Kelvin aber auf einem Gebiet doch ziemlich vergaloppiert, was er jedoch bis an sein Lebensende nicht eingestehen wollte. Es handelte sich um die Bestimmung des Alters für Erde und Sonne, das er für beide viel zu gering ansetzte, wodurch sich Kelvin in einen jahrelangen Streit mit Biologen und Geologen verwickelte. Das Alter der Erde war zumindest im christlichen Abendland für lange Zeit kein Gegenstand naturwissenschaftlicher Untersuchungen, weil man allgemein die Angaben aus der Bibel für zutreffend hielt, aus denen sich ableiten ließ, dass die Welt und damit auch die Erde und die auf ihr vorhandenen Lebewesen vor etwa 6000 Jahren von Gott erschaffen wurden. Um die Mitte des 17. Jahrhunderts stellte der irische Theologe James Ussher (1581–1656) neue Berechnungen an, wobei er die biblischen Angaben zur Genesis mit historischen Daten und astronomischen Erscheinungen kombinierte und zu dem Schluss kam, die Schöpfung könne auf das Jahr 4004 vor Christi Geburt datiert werden. John Lightfoot (1602–1675), Vizekanzler der Universität Cambridge, soll sogar errechnet haben, dass die Schöpfung des Menschen am 23. Oktober 4004 v. Chr. um neun Uhr morgens stattgefunden haben müsse. Der Astronom und Theologe William Whiston (1667–1752) glaubte mit ähnlichen Berechnungsmethoden herausgefunden zu haben, dass sich die Sintflut am Mittwoch, dem 28. November des gleichen Jahres, ereignet hätte.

Der französische Gelehrte Isaac de la Peyrère (1596–1676) war einer der Ersten, der archaische Steinwerkzeuge »präadamitischen« Menschen zuschrieb und damit andeutete, dass das Menschengeschlecht älter sein müsste, als in der Bibel angegeben. Diese Vorstellung war damals noch eine strafbare Gotteslästerung, weshalb Peyrères Schriften in Paris öffentlich verbrannt wurden und der Autor ins Gefängnis musste.

Ein anderer Franzose, der Amateurforscher Benoit de Maillet (1656–1738), setzte erstmals physikalische Messgrößen zur Berechnung des Erdalters ein. Auf Grund der Absenkung des Meeresspiegels schätzte er das Alter der Erde auf zwei Milliarden Jahre und kam damit unseren heutigen Vorstellungen schon recht nahe. Aus Angst vor Bestrafung versteckte er diese Angabe aber in einer Erzählung, die erst zehn Jahre nach seinem Tod veröffentlicht wurde.

Sein Landsmann Georges Louis Marie Leclerc (1707–1788), Comte de Buffon, wagte immerhin schon zu seinen Lebzeiten die Veröffentlichung einer Altersbestimmung, bei der er die Abkühlungsdauer einer geschmolzenen Masse zugrunde legte. Er kam mit dieser Methode zunächst auf ein Erdalter von nur etwa 75 000 Jahren, erhöhte die Zahl aber später durch Nachberechnungen noch deutlich.

Auch William Thomson, der spätere Lord Kelvin, glaubte das Erdalter über die Bestimmung von Wärmeverlusten feststellen zu können. Als Grundlage diente ihm die Beobachtung aus Bergwerken, in denen man feststellen konnte, dass es immer wärmer wurde, je tiefer man in die Erde eindrang. Bei seinen Berechnungen ging Thomson außerdem davon aus, dass die Erde aus der Sonne hervorgegangen ist und daher anfangs auch ihre Temperatur gehabt haben müsste. Seit ihrer Eigenständigkeit sollte sich die Erde dann aber durch Wärmediffusion immer stärker, aber gleichmäßig abgekühlt haben. Mit diesen Vorgaben berechnete Thomson, dass die Erde etwa 100 Millionen Jahre existieren müsste, um ihre gegenwärtige Temperatur zu erreichen. Da ihm die Ungenauigkeit seiner Berechnungen durchaus bewusst war, gab er in seiner viel beachteten Veröffentlichung von 1846 vorsichtshalber eine mögliche Zeitspanne von 20 bis 400 Millionen Jahre an. In späteren Jahren reduzierte er seine Schätzungen aber immer weiter und legte sich schließlich auf ein Erdalter von ca. 20 Millionen Jahren fest. Mit diesen Angaben waren viele Geologen nicht einverstanden, denn sie nahmen an, dass die Erdgeschichte sich über viel längere Zeiträume erstreckte. 1895 schrieb der irische Mathematiker und Ingenieur John Perry (1850–1920), der einige Zeit bei Kelvin als Assistent gearbeitet hatte, in einem Beitrag für die Zeitschrift *Nature*: »Viele Freunde, die an Geologie interessiert sind, haben mich gebeten, Lord Kelvins Schätzung des vermutlichen Alters der Erde zu kritisieren. Ich habe immer geantwortet, dass man nicht hoffen kann, Lord Kelvin habe einen Rechenfehler begangen.« Folgerichtig suchte Perry nach anderen Ursachen für die auch seiner Meinung nach viel zu niedrige Altersangabe durch seinen ehemaligen Chef. Schließlich entwickelte er die Vorstellung, dass die Erde kein fester Körper sei, wie Kelvin annahm, sondern einen extrem heißen flüssigen Kern besitze. Auf der Basis dieses Modells errechnete Perry ein Erdalter von zwei bis vier Milliarden Jahren. Als er diese Gedanken Kelvin vortrug, fand er bei ihm dafür keinerlei Verständnis. Trotzdem publizierte Perry seine Hypothese in *Nature* und kam damit unseren heutigen Erkenntnissen erstaunlich nahe.

Auch die immer größer werdende Zahl von Biologen, die Darwins Evolutionstheorie für zutreffend hielt, lehnte Thomsons Berechnungen ab, denn für die Entwicklung der vielfältigen Tier- und Pflanzenwelt durch die Auslese der am besten an ihre Umwelt angepassten Individuen wäre eine Zeitspanne im Bereich von 100 Millionen Jahren sicher nicht ausreichend gewesen. Das sah auch Thomson so und bekämpfte deshalb bis zu seinem Lebensende die Evolutionstheorie. Der wohl stärkste Gegner, der in dieser Frage gegen Thompson öffentlich antrat, war Thomas Henry Huxley (1825–1895), der sich schon früh einen Namen als wortgewaltiger Kämpfer für die Evolutionslehre gemacht hatte (siehe auch S. 34). Als er 1869 Präsident der Royal Society in London wurde, forderte

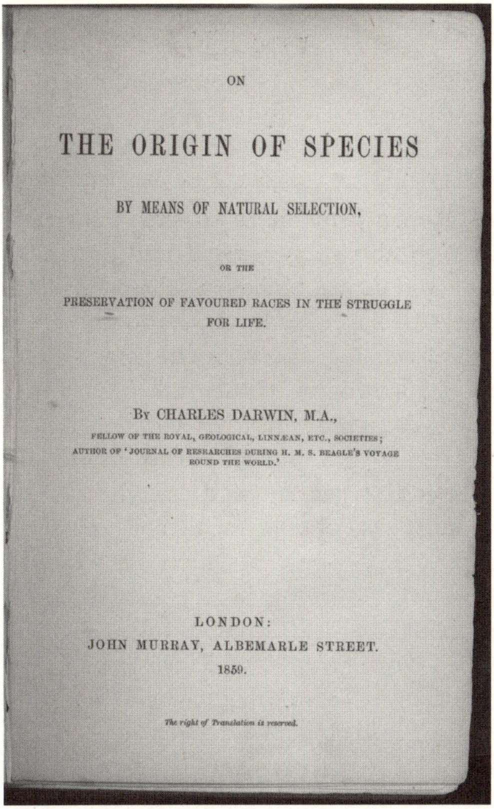

ON

THE ORIGIN OF SPECIES

BY MEANS OF NATURAL SELECTION,

OR THE

PRESERVATION OF FAVOURED RACES IN THE STRUGGLE FOR LIFE.

BY CHARLES DARWIN, M.A.,

FELLOW OF THE ROYAL, GEOLOGICAL, LINNÆAN, ETC., SOCIETIES;
AUTHOR OF 'JOURNAL OF RESEARCHES DURING H. M. S. BEAGLE'S VOYAGE ROUND THE WORLD.'

LONDON:
JOHN MURRAY, ALBEMARLE STREET.
1859.

*The right of Translation is reserved.*

Deckblatt der Originalausgabe von Darwins »The Origin of Species« (1859).

er Thomson zu einem Disput über das Alter der Erde auf, der im Rahmen einer Veranstaltung der Geologischen Gesellschaft von London ausgetragen wurde. Da sie sich bei diesem in der Öffentlichkeit sehr stark beachteten Streitgespräch in keinem Punkt einigen konnten, führten die beiden Kontrahenten ihre Auseinandersetzung noch jahrelang weiter und dehnten sie auch auf die Entstehung des Lebens auf der Erde aus. Huxley äußerte sich dazu in einer Rede erstaunlich modern: »Wenn es mir gegeben wäre, ... in die entfernte Vergangenheit zu blicken – als auf der Erde physikalische und chemische Bedingungen herrschten, die heute nicht wieder herbeigeführt werden können ..., so könnte ich erwarten,

Zeuge der Evolution lebenden Protoplasmas aus unbelebter Materie zu werden.«

Thomson wollte das nicht akzeptieren und schrieb: »Die Wissenschaft lieferte uns eine große Menge induktiver Beweise, die der Hypothese der spontanen Entstehung des Lebens widersprechen.« Da er der Meinung war, dass neues Leben nur aus schon Lebendigem hervorgehen kann, suchte er nach einer Erklärung, wie das Leben auf die Erde gekommen sein könnte. Er hielt es für möglich, dass sich unzählige samentragende Meteoriten durch den Weltraum bewegen würden und einige davon auf die Erde gefallen wären. Huxley machte sich über diese Vorstellungen lustig, indem er formulierte: »… Gott der Allmächtige, wie ein Lausbub am Ufer sitzend und Steinchen werfend (gefüllt mit Keimen) … meist verfehlen die Geschosse ihr Ziel, aber manchmal treffen sie einen Planeten!« Zu Thomsons mathematischen Methoden bei der Bestimmung des Erdalters schrieb Huxley: »Die Mathematik ist mit einer äußerst sauber gearbeiteten Mühle zu vergleichen, die Korn zu Mehl beliebiger Feinheit vermahlt. Was für Mehl man aber erhält, hängt davon ab, welches Korn man hineinschüttet: Selbst die beste Mühle der Welt kann kein Weizenmehl aus Erbsenschalen machen, und auch mit seitenlangen Formeln kann man kein hieb- und stichfestes Ergebnis aus zu wenigen Daten errechnen … Dies scheint einer der vielen Fälle zu sein, in denen die zugegebene Genauigkeit mathematischer Verfahren dazu missbraucht wird, (einer Aussage) völlig unzulässigerweise einen Anschein von Autorität zu verleihen.« Huxley bekam von vielen Seiten Unterstützung für seine Kritik an Thomsons Erdaltersbestimmung. Der damals sehr bekannte Henry Charles Fleeming Jenkin (1833–1885), der als Professor für Ingenieurswissenschaften an der Universität von Edinburgh lehrte, äußerte beispielsweise, dass ihn Thomsons Verfahren stark an die alte Ingenieursregel »Schätze die Hälfte und multipliziere mit zwei« erinnere. Trotz aller durchaus berechtigten Einwände wurden aber die Berechnungen von Thomson, wahrscheinlich vor allem wegen seiner hohen gesellschaftlichen und wissenschaftlichen Reputation, immer mehr anerkannt und als Argument gegen die Evolutionstheorie eingesetzt. Der amerikanische Schriftsteller Mark Twain (1835–1910) fasste die in gebildeten Kreisen der damaligen Zeit weit verbreitete Meinung einmal sehr treffend so zusammen: »Einige große Wissenschaftler haben sorgfältig an den Beweisstücken der Geologen herumgerechnet und sind zu der Überzeugung gelangt, unsere Erde sei unheimlich alt. Vielleicht haben sie recht, aber Lord Kelvin … glaubt sicher zu sein, dass dies nicht stimmt. Und da Lord Kelvin die größte lebende wissenschaftliche Autorität ist, sollten wir uns geschlagen geben und uns seiner Ansicht anschließen.« Diese Einstellung führte dazu, dass sich die fragwürdige Altersangabe für die Erde noch über lange Zeit in der Literatur hielt, obwohl sogar Lord Kelvin selbst 1894 einmal leise Zweifel daran erkennen ließ. Offiziell revidieren wollte er sie aber nicht, denn er hielt seine Berechnung noch immer für eine seiner größten wissenschaftlichen Leistungen.

Erst nachdem gegen Ende des 19. Jahrhunderts die Radioaktivität entdeckt worden war, gab es neue Kritik an Lord Kelvins Altersangaben. Man vermutete, dass es in der Erde radioaktive Wärmequellen geben könnte, die einer gleichmäßigen Abkühlung der Erde entgegenwirken und damit Lord Kelvins Berechnungen unhaltbar machen würden. Etwa gleichzeitig wurde erkannt, dass radioaktive Elemente instabil sind und mit einer konstanten Halbwertszeit zerfallen. Zum Beispiel entsteht aus Uran zunächst Radium, das schließlich in das stabile und nicht mehr radioaktive Blei umgewandelt wird. Der amerikanische Physiker Bertram B. Boltwood (1870–1927) kam als Erster auf die Idee, dieses Phänomen zur Altersbestimmung von uranhaltigen Gesteinen zu nutzen. Da messbar war, in welcher Zeit eine bestimmte Menge Uran durch Zerfall in Blei umgewandelt wird, konnte Boltwood über die Bestimmung des Bleianteils in einer Uranerzprobe das Alter des Materials erschließen. Inzwischen kennt man von vielen radioaktiven Elementen die Halbwertszeiten und kann sie zur Altersbestimmung von Gesteinsproben nutzen. Die ältesten erdeigenen Materialien, die bisher gefunden wurden, haben ein Alter von etwa 4,3 Milliarden Jahre. Für Meteoritengestein liegt das maximale Alter sogar noch um ca. 300 Millionen Jahre höher. Lord Kelvin war allerdings nicht bereit, die neuen Erkenntnisse und Datierungsmethoden zur Kenntnis zu nehmen, sondern beharrte darauf, dass seine Berechnungen des Erdalters ebenso richtig waren, wie seine Angaben zum Alter der Sonne. Diese wahrscheinlich altersbedingte Sturheit tat aber seinem Ruf als einem der größten Wissenschaftler seiner Zeit keinen Abbruch. 1904, also im Alter von 80 Jahren, wurde er noch zum Kanzler der Universität von Glasgow gewählt. Der spätere Nobelpreisträger Sir Ernest Rutherford (1871–1937), der vermutete, die großen Energievorräte in radioaktivem Gestein könnten die Erdaltersbestimmung beeinflussen, befürchtete, dass er mit dieser neuen Idee den scharfen Widerspruch des auch im hohen Alter immer noch recht angriffslustigen Sir Kelvin heraufbeschwören könnte. Während eines Vortrags beobachtete Rutherford seinen Kontrahenten deshalb genau, um auf eine plötzliche Attacke vorbereitet zu sein. Später schrieb Rutherford darüber: »Zu meiner Erleichterung schlief Kelvin bald ein. Als ich aber zum Kernpunkt kam, sah ich, wie der alte Knabe sich aufsetzte, ein Auge öffnete und mir einen unheilverkündenden Blick zuwarf! Mir kam plötzlich eine Eingebung und ich sagte: ›Lord Kelvin hat das Alter der Erde berechnet, *vorausgesetzt, dass keine neue Wärmequelle entdeckt wird*. Diese wahrhaft prophetische Äußerung bezieht sich auf den Gegenstand, den wir heute Abend diskutieren wollen: Radium‹. Siehe da! Der alte Bursche strahlte.« Rutherford hatte sich aber über den Erfolg seiner rhetorischen Befriedungsaktion zu früh gefreut, denn Lord Kelvin blieb weiterhin bei seinen extrem niedrigen Altersangaben für die Erde. Durch seinen Altersstarrsinn behinderte er die Weiterentwicklung der Geologie in diesem Bereich erheblich. Nach seinem Tode dauerte es immerhin fast noch ein Jahrzehnt, bis allgemein anerkannt wurde, dass die Erde viel älter war, als Lord Kelvin es berechnet hatte. Dabei dürfte auch eine Rolle gespielt haben, dass Kelvins Berechnungen den christlichen Fundamentalisten gut ins Konzept passten, weil sie mit der Darwin'schen Evolutionstheorie nicht vereinbar waren. Auch heute noch wird in diesen Kreisen Lord Kelvin als ein Hauptzeuge für die Richtigkeit der kreationistischen Vorstellungen über die Entstehung der Erde und ihrer Lebewesen angeführt. Das ist aber völlig falsch, denn Kelvin lehnte die Theorie von Darwin nur deshalb ab, weil sie ihm mit seinen wissenschaftlichen Berechnungen nicht vereinbar erschien. Das geht auch aus einer Bemerkung hervor, die er im Rahmen seiner Auseinandersetzungen mit Thomas Huxley einmal von sich gegeben hat: »Wenn man eine Lösung fände, die mit dem gewohnten Gang der Natur in Einklang steht, so wäre ein übernatürlicher Akt nicht vonnöten.«

Kelvin hatte sich aber nicht nur hinsichtlich des Erdalters erheblich getäuscht, sondern auch das Alter unserer Sonne falsch eingeschätzt. Eine andere Aussage von ihm wird dagegen auch heute noch allgemein anerkannt. Er hatte nämlich als einer der Ersten darauf hingewiesen, dass unser Sonnensystem nicht ewig bestehen wird, sondern langsam seinem Ende entgegengeht. Das muss uns aber nicht allzu sehr beunruhigen, denn wenn im Weltall kein unvorhersehbares Malheur geschieht, dürfte die Sonnenenergie schon noch ein paar Milliarden Jahre unsere Erde so erwärmen, dass Leben auf ihr möglich ist.

## Umstrittener Urmensch

### Rudolf Virchow bekämpft den Neandertaler

Rudolf Ludwig Carl Virchow (1821–1902) war nicht nur einer der bedeutendsten Ärzte des 19. Jahrhunderts, sondern interessierte sich auch sehr für Anthropologie, Ethnologie und Archäologie. Außerdem hatte er als langjähriges Mitglied des Preußischen Landtags und des Deutschen Reichstags großen politischen Einfluss.

Da die Eltern ihrem Sohn kein Studium an einer Universität finanzieren konnten, wurde Rudolf Virchow nach dem Abitur Soldat und besuchte die Militärärztliche Akademie in Berlin. Während seiner praktischen Ausbildung an der damals schon berühmten Charité war er auch im »Leichenhaus« tätig und entwickelte dort ein besonderes Interesse an der Pathologie, sodass er in diesem Fach auch seine Dissertation anfertigte. Nachdem Virchow 1847 aus dem Armeedienst ausgeschieden war, habilitierte er sich und wurde zum Leiter der pathologisch-anatomischen Abteilung der Charité berufen. Im gleichen Jahr gründete er mit einem Kollegen das *Archiv für pathologische Anatomie und Physiologie und für klinische Medicin*. Diese Zeitschrift erlangte schnell einen hervorragenden wissenschaftlichen Ruf und existiert heute noch unter dem Namen *Virchows Archiv*.

Die steile medizinische Karriere von Virchow wurde kurzfristig durch seine politischen Aktivitäten gestört. Er nahm nämlich an der Märzrevolution von 1848 teil und wurde deshalb von der Klinikleitung entlassen. Dank seines schon sehr guten wissenschaftlichen Renommees erhielt er wenig später einen Ruf auf einen Lehrstuhl für Pathologie an der Universität Würzburg. Hier legte er die Grundlagen für seine »Cellularpathologie«, die ihn später weltberühmt machte. 1856 kehrte Virchow nach Berlin zurück und übernahm einen neu eingerichteten Lehrstuhl für Pathologie an der Universität. Frei nach seinem Motto »Politik ist weiter nichts


*Kampfhähne der Wissenschaft*. Heinrich Zankl

ISBN: 978-3-527-32579-5

als Medicin im Grossen« war er auch als Kommunalpolitiker sehr erfolgreich und setzte sich vor allem für hygienische Verbesserungen der Lebensbedingungen in Berlin ein. Im preußischen Landtag sorgte Virchow durch scharfe Angriffe auf den damaligen Ministerpräsidenten Otto von Bismarck ebenfalls für Furore. Bismarck forderte ihn sogar einmal zum Duell, das Virchow aber mit der Bemerkung ablehnte, Waffen seien zur Lösung politischer Fragen ungeeignet.

Neben vielfältigen medizinischen, wissenschaftlichen und politischen Aufgaben widmete sich Virchow mit großer Leidenschaft seinen verschiedenen Sammlungen. Die zu seinem 60. Geburtstag gegründete »Rudolf Virchow Stiftung« ermöglichte ihm den Ankauf von interessanten Objekten aus den Bereichen Archäologie und Anthropologie sowie die finanzielle Unterstützung von Ausgrabungen und Forschungsreisen. Es war daher nicht verwunderlich, dass Virchow sich auch sehr für den Neandertalerfund interessierte, über den erstmals 1856 in der *Elberfelder Zeitung* mit folgenden Worten berichtet wurde: »Mettmann, den 4. Sept. Im benachbarten Neanderthal ... ist in den jüngsten Tagen ein überraschender Fund gemacht worden. Durch das Wegbrechen der Kalkfelsen ... gelangte man in eine Höhle ... Bei dem Hinwegräumen dieses Thons fand man ein menschliches Gerippe, das zweifellos unberücksichtigt und verloren gegangen wäre, wenn nicht glücklicherweise Dr. Fuhlrott von Elberfeld den Fund gesichert und untersucht hätte. Nach Untersuchung dieses Gerippes, namentlich des Schädels, gehörte das menschliche Wesen zu dem Geschlechte der Flachköpfe, deren noch heute im amerikanischen Westen wohnen, von denen man in den letzten Jahren auch mehrere Schädel an der oberen Donau bei Siegmaringen gefunden hat. Vielleicht trägt der Fund zur Erörterung der Frage bei: Ob dieses Gerippe einem mitteleuropäischen Urvolke oder bloß einer (mit Attila?) streifenden Horde angehört habe?«

Der in dem Artikel erwähnte Dr. Johann Carl Fuhlrott (1803–1877) war ein vielseitig interessierter und kenntnisreicher Naturwissenschaftler. Er erkannte sofort, dass es sich um einen recht alten menschlichen Knochenfund handelte, und nahm die Skelettteile deshalb für weitere Untersuchungen mit nach Hause. Zufällig hatte auch der Anthropologe Dr. Hermann Schaaffhausen (1816–1893) von der Universität Bonn den Fundbericht gelesen und bat

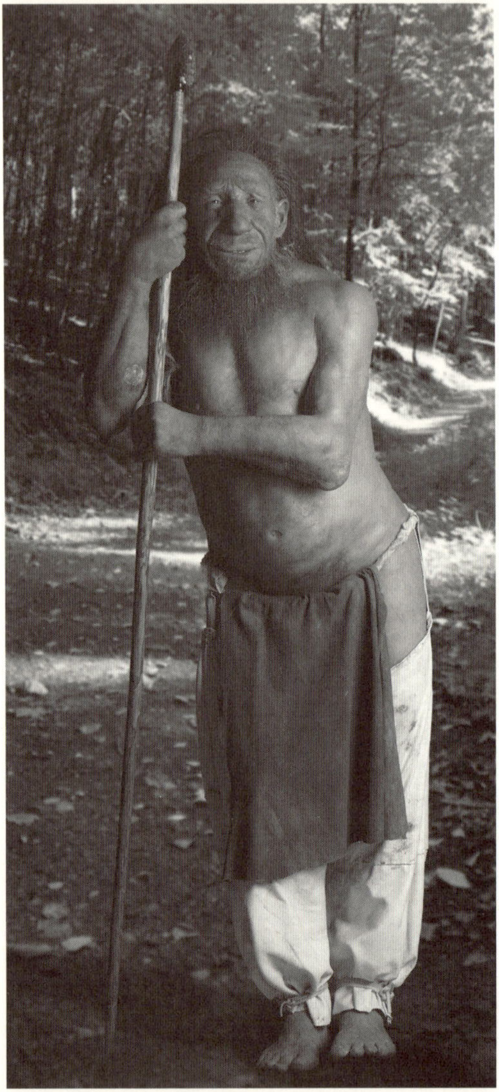

Einer unserer Vorfahren? Rekonstruierter Neandertaler (mit freundlicher Genehmigung des Neandertal-museums in Mettmann).

Fuhlrott um Überlassung der Fundstücke. Der wollte die Knochen aber nicht so ohne Weiteres weggeben, da er inzwischen zu der Überzeugung gelangt war, dass sie aus einer frühen Eiszeitperiode stammten und somit wissenschaftlich sehr interessant waren. Fuhlrott reiste daher selbst nach Bonn und traf sich dort mit Schaaffhausen, der in dem Skelett Ähnlichkeiten zu jungsteinzeitlichen Funden aus Mecklenburg sah und daher das Alter des Fundes im Neandertal auf etwa 8000 Jahre schätzte. Der Anatomieprofessor Franz Mayer, ein Kollege Schaaffhausens in Bonn, vertrat sogar die Auffassung, das Skelett sei wahrscheinlich weniger als 100 Jahre alt. Er hielt die abweichenden Knochenmerkmale für krankhafte Veränderungen und meinte, dass »ein verwahrloster, verwilderter, verkrüppelter Mensch, eine Art wilder Peter«, sich im Neandertal versteckt habe und dort dann wohl auch gestorben sei. Mit diesen Interpretationen war Fuhlrott nicht einverstanden, weil er die Knochen für viel älter hielt. Damit stand er aber zunächst völlig allein, denn man war damals noch vielfach der Meinung, dass die Angaben in der Bibel Gültigkeit hätten, wonach der Mensch erst vor einigen tausend Jahren von Gott erschaffen worden sei. Fuhlrott ließ sich dadurch aber nicht von seiner Überzeugung abbringen und schrieb 1859 in seiner Publikation über den Neandertalerfund trotzig: »Ich will auf jede Propaganda für meine Überzeugung gern verzichten und das entscheidende Urteil über die Existenz fossiler Menschen der Zukunft anheimstellen.«

Der wichtigste Gegner Fuhlrotts war in Deutschland zweifellos Professor Virchow, der schon früh die Krankheits-Theorie von Franz Mayer unterstützte. Vermutlich hat ihm Fuhlrott deswegen lange Zeit keine Gelegenheit gegeben, die Gebeine des Neandertalers persönlich in Augenschein zu nehmen. Im Jahre 1872 verschaffte sich Virchow, der sich durch Fuhlrotts Verhalten wohl auch in seiner Ehre als bedeutendster Wissenschaftler Deutschlands gekränkt fühlte, unter ziemlich merkwürdigen Umständen doch noch Zugang zu den Originalknochen. Er nutzte eine kurze Abwesenheit Fuhlrotts, um unangemeldet vor seinem Hause in Elberfeld zu erscheinen. Als ihm die Tochter die Tür öffnete, behauptete Virchow, er sei zufällig in der Nähe gewesen und wolle dem Kollegen Fuhlrott einen Besuch abstatten. Die junge Frau war von dem völlig unerwarteten Erscheinen des berühmten Professors so überrascht, dass sie sich nach einigem Zögern von ihm überreden ließ, die Knochensammlung ihres Vaters vorzuzeigen. Die in aller Eile durchgeführte Besichtigung bestätigte Virchow in seiner bereits feststehenden Meinung, dass es sich um das Skelett einen modernen Menschen handele, das krankhaft verändert war. Er konstruierte dazu sogar schnell noch die folgende Krankengeschichte: »... dass das fragliche Individuum in seiner Kindheit in einem geringen Grade an Rachitis gelitten, dass es dann eine längere Periode kräftiger Tätigkeit und wahrscheinlich guter Gesundheit durchlebt hat, welche nur durch mehrere schwere Schädelverletzungen, die aber glücklich abliefen, unterbrochen wurde, bis sich später Arthritis deformans mit anderen, dem höheren Alter angehörigen Veränderungen einstellte, insbesondere der linke Arm fast ganz steif wurde«.

Hinsichtlich des Lebensalters des Skeletts ging Virchow davon aus, dass der Mann »ein hohes Greisenalter erlebte«. Die schweren Schädelverletzungen und sonstigen Knochendeformierungen, die der Neandertaler offenbar überlebt hatte, waren für Virchow »Umstände, welche auf einen sicheren Familien- oder Stammesverband schließen lassen, ja welche vielleicht auf eine wirkliche Sesshaftigkeit hindeuten. Denn schwerlich dürfte in einem bloßen Nomaden- oder Jägervolke eine so geprüfte Persönlichkeit bis zum hohen Greisenalter hin sich zu erhalten vermögen.« Abschließend stellte Virchow fest, »dass man es wird aufgeben müssen, den Neandertal-Schädel als hinreichendes Zeugnis einer Rasse anzusehen«. Vielmehr liege »eine durchaus individuelle Bildung« vor, aus der »in keiner Weise eine Annäherung an einen Affenschädel abgeleitet werden« könne.

An der Einschätzung, der Neandertaler sei kein Urmensch, sondern ein moderner Mensch mit krankhaften bzw. unfallbedingten Skelettveränderungen gewesen, hielt Virchow sein ganzes Leben lang geradezu zwanghaft fest, obwohl diese schwerwiegende Fehlinterpretation durch weitere Funde von Neandertaler-Skeletten in ganz Europa bereits eindeutig widerlegt war. Auch als 1891 der niederländische Forscher Eugène Dubois (1858–1940) auf Java Knochen und Zähne eines Frühmenschen fand, den er *Pithecanthropus rectus* (aufrecht gehender Affenmensch) nannte, lehnte Virchow die menschliche Evolution weiterhin ab und behauptete, die Fundstücke stammten von einem riesigen Gibbon-Affen. Kollegen, die seiner Meinung widersprachen, griff Virchow scharf an. Das bekam auch der Straßburger Anatomieprofessor Gustav Schwalbe (1844–1916) zu spüren, der 1901 eine längere Abhandlung mit dem Titel »Der Neanderthaler-Schädel« publizierte und darin ausführte, dass die bisher bekannten Funde sich in vielen anatomischen Merkmalen deutlich von einem modernen Menschen unterscheiden und deshalb einer eigenen Menschenrasse zuzuordnen seien. Auf der im gleichen Jahr stattfindenden 32. Versammlung der Anthropologischen Gesellschaft nahm Virchow diese Publikation zum Anlass für eine heftige Attacke auf alle Wissenschaftler, die den Neandertaler als einen Urmenschen einstuften. Unter anderem sagte Virchow bei dieser Tagung: »Nun gibt es noch einige andere Punkte … wo Herr Schwalbe mir einen besonderen Vorwurf macht, der mich umso mehr trifft, da es sich um ein Gebiet handelt, das mir gehört und nicht ihm: Er ist kein Pathologe, und ich bestreite seine Berechtigung, mir entgegenzutreten auf einem Gebiete, das ich vollkommen beherrschen zu können glaube.«

Warum der zweifellos hochintelligente und sehr erfahrene Wissenschaftler Virchow sich bei der Beurteilung der Neandertaler so verrannte, dass er nicht mehr in der Lage war, neue Erkenntnisse zu akzeptieren, lässt sich heute nicht mehr eindeutig feststellen. Die herausragende Rolle, die Virchow damals für lange Zeit in der deutschen Wissenschaft innehatte, könnte dazu beigetragen haben, dass er meinte, er müsse immer recht haben. In späteren Jahren hat wohl auch sein fortgeschrittenes Alter mitgewirkt, das seine geistige Flexibilität möglicherweise etwas eingeschränkt hatte. Eine besondere Rolle dürfte aber seine Einstellung zur Darwin›schen Evolutionstheorie gespielt haben, die sich im Laufe seines Lebens deutlich geändert hat. Anfangs war er davon sehr fasziniert, später wurde seine Einstellung zu ihr immer kritischer, und er wollte vor allem nicht akzeptieren, dass die Evolution auch die Entwicklung des Menschen maßgeblich beeinflusst hat. In seiner berühmten Rede »Die Freiheit der Wissenschaft im modernen Staat«, die er 1877 gehalten hat, warnte er davor, die Evolutionslehre in den Schulunterricht einzuführen, indem er sagte: »Jeder Versuch, unsere Probleme zu Lehrsätzen umzubilden, unsere Vermutungen als die Grundlagen des Unterrichts einzuführen, der Versuch insbesondere, die Kirche zu depossedieren und ihr Dogma ohne Weiteres durch die Deszendenzreligion zu ersetzen, … muss scheitern. Positiv müssen wir anerkennen, dass noch immer eine scharfe Grenzlinie zwischen dem Menschen und dem Affen besteht. Wir können nicht lehren …, dass der Mensch vom Affen oder von irgendeinem anderen Tier abstamme.« Während diese Sätze eher darauf hindeuten, dass Virchow hauptsächlich aus religiösen Gründen die Evolutionstheorie aus dem Schulunterricht fernhalten wollte, weisen seine weiteren Ausführungen mehr auf politische Motive hin. Er fuhr nämlich in seiner Rede so fort: »Nun stellen Sie sich einmal vor, wie sich die Deszendenztheorie heute schon im Kopf eines Sozialisten darstellt! Ja, meine Herren, das mag manchem lächerlich erscheinen, aber es ist sehr ernst, und ich will hoffen, dass die Deszendenztheorie für uns nicht alle die Schrecken bringen möge, die ähnliche Theorien wirklich im Nachbarlande angerichtet haben. Immerhin hat auch diese Theorie, wenn sie konsequent durchgeführt wird, eine ungemein bedenkliche Seite, und dass der Sozialismus mit ihr Fühlung aufgenommen hat, wird Ihnen hoffentlich nicht entgangen sein.« Heute mutet uns die Vermengung der Evolutionstheorie mit dem Sozialismus recht seltsam an, aber damals sah nicht nur Virchow eine große Gefahr in einer solchen weltanschaulichen Verquickung. Die Angst vor dieser nach seiner Meinung verhängnisvollen Entwicklung hat Virchow bis an sein Lebensende beherrscht. Er machte deshalb seinen weitreichenden Einfluss geltend, um die Anerkennung der menschlichen Evolution zu verhindern. Auf diese Weise wurde die anthropologische Forschung und Lehre an den deutschen Universitäten über Jahre spürbar behindert. Insbesondere Professor Schaaffhausen, der ja schon früh den Fund aus dem Neandertal untersucht hatte und nach anfänglichem Zögern das hohe Alter des Skeletts anerkannte, hat Virchows Abneigung vermutlich deutlich zu spüren bekommen. Trotz der hohen wissenschaftlichen Anerkennung, die sich Schaaffhausen im In- und Ausland erworben hatte, gelang es ihm nämlich trotz aller Bemühungen nicht, auf eine ordentliche Professur berufen zu werden. Obwohl es keine eindeutigen Beweise dafür gibt, halten es manche Autoren doch für recht wahrscheinlich, dass Virchow im Hintergrund die Fäden gezogen hat, um die Berufung zu verhindern.

## Geistiger Freibeuter

### Ernst Haeckels Einsatz für den Darwinismus

Schon von Jugend an neigte Ernst Heinrich Philipp August Haeckel (1834–1919) zu starken Stimmungsschwankungen und war leicht erregbar. Diese Charaktereigenschaften hatte er vermutlich von seinem Vater Carl Haeckel geerbt, der als Oberregierungsrat in preußischen Diensten stand und ein leidenschaftliches Temperament gehabt haben soll. Die Mutter war sehr gläubig und sensibel. Sie erzog ihren Sohn Ernst streng christlich, vermittelte ihm aber auch ein starkes Gefühl für die Schönheiten der Natur. Die Familie Haeckel zog 1835 nach Merseburg, wo Ernst eine wohlbehütete Kindheit und Schulzeit durchlebte. Schon früh begeisterte er sich für die Ziele der bürgerlich-demokratischen Revolution von 1848 und hasste die feudale Kleinstaaterei. 1852 bestand Ernst Haeckel das Abitur am Domgymnasium, dessen Lehrplan er allerdings heftig kritisierte: »Das Hauptgewicht wurde auf die genaue Kenntnis des griechischen und römischen Altertums gelegt ... Ganz im Hintergrunde standen Geographie und Naturkunde.« Obwohl er sich schon während seiner Schulzeit intensiv mit botanischen Fragen beschäftigt hatte, nahm er auf Wunsch seiner Eltern das Studium der Medizin auf, das er in Berlin begann und in Würzburg fortsetzte, weil dort neben anderen bedeutenden Wissenschaftlern auch Rudolf Virchow (1821–1902) lehrte. Zunächst war Haeckel aber von seinen Würzburger Studien sehr frustriert. An seine Eltern schrieb er voller Verzweiflung: »... Ich will es Euch ganz offen sagen, dass mir der stud.med. noch niemals so leid gewesen ist wie jetzt. Ich habe jetzt die feste Überzeugung, ... dass ich nie praktischer Arzt werden, nicht einmal Medizin studieren kann.« Erst als Haeckel in näheren Kontakt zu Professor Virchow kam, änderte sich seine negative Einstellung. In einem seiner zahlreichen Briefen an den Vater schrieb er: »Virchow ist durch und durch ein Verstandesmensch, Rationalist und Materialist; das Le-

*Kampfhähne der Wissenschaft.* Heinrich Zankl

ISBN: 978-3-527-32579-5

ben betrachtet er als Summe der Funktionen der einzelnen ... Organe. ... Du findest übrigens diese durchaus materialistischen Anschauungen jetzt ziemlich allgemein unter den ersten Naturforschern Deutschlands verbreitet. ... Nach seiner Betrachtungsweise des Lebens und des Todes kann man freilich mit der Seele bis jetzt nicht viel anfangen.« Trotz seiner Verehrung für Virchow lehnte Haeckel zu dieser Zeit solche Vorstellungen noch vehement ab, weil sie seinem christlich geprägten Weltbild widersprachen. Es erschien ihm unbegreiflich, wie man »mit dieser Überzeugung leben konnte und dabei ein edler, guter Mensch war«. Haeckel ahnte damals noch nicht, dass er sich später selbst immer stärker vom Christentum abwenden würde. 1910 trat er schließlich sogar ganz offiziell aus der Kirche aus.

Wahrend des klinischen Teils seines Studiums war Haeckel bei Virchow zeitweilig als Sektionsassistent tätig. Die Bewunderung

Ernst Heinrich Philipp August Haeckel (1834–1919). Er war ein deutscher Arzt, Zoologe und Philosoph, der die Arbeiten von Charles Darwin in Deutschland bekannt machte und zu einer speziellen Abstammungslehre ausbaute.

für seinen Chef ließ in dieser Zeit wohl etwas nach, denn Haeckel bemängelte dessen Emotionslosigkeit, über die er in einem Brief an seinen Vater schrieb: »... Und doch gibt es Stunden, in denen ich nicht mit Virchow tauschen möchte. Kann Virchow wohl je so eines entzückenden Genusses sich erfreuen, wie ich ihn so oft in meiner subjektiven Naturbetrachtung ... genieße? Sicher nicht! Auch müsste es schrecklich auf der Welt sein, wenn alle Männer so nüchtern und verständig wären ...« Trotz dieser Distanzierung wurde Haeckel aber sehr aggressiv, wenn er glaubte, seinen Chef gegen Anfeindungen verteidigen zu müssen. So vergraulte er beispielsweise auf Virchows Abschiedsfeier in Würzburg einen streng katholischen Mathematikprofessor, der mit dem eher liberal eingestellten Virchow schon mehrfach Auseinandersetzungen gehabt hatte. Haeckel schimpfte mit einigen Kollegen direkt neben dem Mathematiker heftig auf den Katholizismus. Als der Professor sich empört entfernte, rief Haeckel ihm nach, »dass es allerdings sehr passend wäre, wenn die ultramontanen Spione sich beizeiten drückten«. Auf diese Pöbelei war er offensichtlich sehr stolz, denn sonst hätte er sie wohl nicht gegenüber seinem Vater erwähnt, der ihn dafür vermutlich nicht belobigt hat.

1857 promovierte Haeckel über ein zoologisches Thema und legte ein Jahr später das medizinische Staatsexamen in Berlin ab. Danach erhielt er die ärztliche Approbation und eröffnete eine Praxis im Hause seines Vaters. Sie florierte allerdings nicht besonders, was wohl vor allem daran lag, dass er seine Sprechstunden auf die recht ungewöhnliche Zeit von fünf bis sieben Uhr morgens legte. Über den mangelnden Zuspruch war er aber nicht unglücklich, denn der Umgang mit leidenden Menschen bedrückte ihn. Er nutzte seine Zeit lieber für zoologische Studien. Dank der finanziellen Unterstützung durch seinen Vater konnte Haeckel sich schließlich 1861 in Jena für das Fach Zoologie habilitieren und wurde dort ein Jahr später außerordentlicher Professor für Vergleichende Anatomie.

Während Haeckel die ersten Schritte auf der akademischen Karriereleiter machte, veröffentlichte Charles Darwin (1809–1882) sein berühmtes Buch über die Entstehung der Arten durch natürliche Selektion. Er hatte lange damit gezögert, weil ihm sehr wohl bewusst war, dass er durch die Publikation großen Anfeindungen ausgesetzt sein würde. Die Angriffe ließen dann auch nicht lange auf sich warten. Der bedeutende Zoologe Louis Agassiz (1807–1873), der an der

Harvard-Universität in den USA lehrte, schrieb beispielsweise, Darwins Theorie sei »ein wissenschaftlicher Missgriff, unlauter hinsichtlich der Fakten, unwissenschaftlich in den Methoden und schädlich in der Tendenz«. Am heftigsten wurde Darwin jedoch von Vertretern der christlichen Kirchen attackiert, die in der Evolutionslehre eine Leugnung der göttlichen Schöpfung sahen. Obwohl Darwin in seinem Buch vorsichtigerweise den Menschen nicht in seine Theorie mit einbezogen hatte, warf der Klerus ihm vor, das christliche Menschenbild beschmutzt zu haben. Samuel Wilberforce (1805–1873), der berühmt-berüchtigte Bischof von Oxford, schrieb deshalb in einem langen und sehr kritischen Artikel über Darwins Buch: »Die überlieferte Herrschaft des Menschen über die Erde; die Fähigkeit der artikulierten Sprache; der freie Wille und die Verantwortung; der Sündenfall und die Erlösung; die Menschwerdung Gottes in seinem Sohn; der Heilige Geist – all dies ist gleichermaßen und ausdrücklich unvereinbar mit dem entwürdigenden Gedanken einer tierischen Herkunft dessen, den Gott nach seinem Bilde erschuf.« Darwin hatte aber auch namhafte Verteidiger. In England tat sich in dieser Hinsicht vor allem der hoch angesehene Thomas Henry Huxley (1825–1895) hervor, der nicht nur als Zoologe, Anthropologe und Geologe einen sehr guten Ruf hatte, sondern auch hervorragend formulieren und diskutieren konnte. Er gründete gemeinsam mit anderen Anhängern der Evolutionstheorie das heute noch weltweit sehr einflussreiche Wissenschaftsjournal *Nature*. Sein unermüdlicher und oft auch mit großer Schärfe geführter Kampf für die Lehren Darwins brachte Huxley den Spitznamen »Darwins Bulldogge« ein.

In Deutschland war Ernst Haeckel einer der Ersten, der sich bedingungslos auf die Seite Darwins stellte und so heftig für die Evolutionstheorie stritt, dass er bald der »deutsche Darwin« genannt wurde. Der große englische Anatom Sir Arthur Keith (1866–1955) beschrieb Haeckels Taktik einmal so: »Ein junger und kühner Freibeuter, der die Meere der Biologie mit der am Mast gehissten Flagge der Evolution durchsegelte, bereit, jedes Schiff unter Beschuss zu nehmen, das noch unter der Flagge der Schöpfungslehre segelte.« Keith umschrieb mit diesem sicher nicht allzu freundlich gemeinten Satz recht gut die hohe Kampfbereitschaft Haeckels, die allerdings auch dazu führte, dass er oft ziemlich einseitig argumentierte und manchmal sogar zu zweifelhaften Methoden griff, um seine Hypothesen zu untermauern. Außerdem vermischte er gern biologische Erkenntnisse mit philosophisch-theologischen Gedankengängen, womit er nicht nur viele Naturwissenschaftler sondern auch etliche Philosophen und insbesondere Theologen verärgerte. Ein markantes Beispiel für diesen aus heutiger Sicht eher unwissenschaftlichen Publikationsstil stellt eine Veröffentlichung aus dem Jahr 1872 dar, die Haeckel »Philosophie der Kalkschwämme« betitelte. Der in Würzburg lehrende Zoologe Karl Gottfried Semper (1832–1893) prägte für diese Art von Wissenschaftsmixtur den Ausdruck »Haeckelismus« und beschrieb dessen Ziele etwas umständlich so: »... unsere Wissenschaft durch spekulative Ausbeutung des Darwinismus und Verfolgung desselben in die über die momentan bestehenden Grenzen hinaus liegenden Gebiete zu einer deduktiven Wissenschaft, also zu Naturphilosophie oder Metaphysik zu machen.« Solche Vorwürfe entmutigten Haeckel aber keineswegs, sondern spornten in eher an, neue gewagte Hypothesen aufzustellen. Die bekannteste ist wohl das sogenannte »Biogenetische Grundgesetz«, nach dem sich grob vereinfacht in der Embryonalentwicklung jedes Individuums seine stammesgeschichtliche Entwicklung widerspiegelt. Hinweise auf solche Zusammenhänge sah Haeckel beispielsweise in dem vorübergehenden Entstehen von Kiemenspalten in frühen Entwicklungsstadien von Säugetieren sowie im zeitweiligen Auftreten einer Schwanzanlage bei menschlichen Embryonen. 1866 publizierte er in dem Buch »Generelle Morphologie der Organismen« bereits seine grundlegenden Vorstellungen zu diesem Thema und bewertete sie als wichtige Unterstützung für die Evolutionstheorie. Die Bezeichnung »Biogenetisches Grundgesetz« kreierte er allerdings erst 1872. Haeckel schickte das Manuskript seines Buches auch an Darwin, der ihn allerdings in seinem Antwortbrief warnte: »Ich fürchte, dass Sie Irritationen und, wie Sie selbst wissen, blinden Zorn bei den Leuten erregen werden, weshalb das Risiko besteht, dass Ihre Argumente keinerlei Einfluss auf jene haben werden, die anderer Auffassung sind als wir. Vor allem aber möchte ich nicht, dass Sie, dem gegenüber ich so viel Freundschaft empfinde, sich ohne Notwendigkeit Feinde machen.« Dieser Brief hätte Haeckel eigentlich dazu veranlassen müssen, nur wirklich hieb- und stichfeste Beweise für seine Theorie zu publizieren, um seinen zahlreichen Gegnern keine Angriffspunkte zu bieten. Stattdessen manipulierte er etliche Abbildungen von Embryonalstadien, damit sie besser in sein Konzept passten. Die Länge der Schwanzanlagen und die Anzahl der Wirbel veränderte er nach Bedarf. Um zu zeigen, dass der menschliche Embryo in einem bestimmten Stadium einem Fischembryo ähnlich sieht, gab er ihm das Aussehen einer Kaulquappe. An anderer Stelle kopierte er das Bild eines Hundeembryos und bezeichnete ihn als Affen- bzw. Menschenembryo. Der bekannte Embryologe Wilhelm His (1831–1904) entdeckte die Manipulationen als Erster und wies Haeckel diskret darauf hin, ohne aber bei diesem eine Reaktion hervorzurufen. Erst Jahre später räumte Ernst Haeckel in seinem Buch »Anthropogenie oder Entwicklungsgeschichte des Menschen« einige Fehler so unauffällig in einem Anhang ein, dass das Eingeständnis kaum bemerkt wurde. Auf solche Feinheiten wurde zu dieser Zeit ohnehin nicht sonderlich geachtet, denn es herrschte allgemein große Aufregung über die Ausdehnung der Evolutionstheorie auf die Stammesgeschichte des Menschen. Während Darwin sich in dieser Hinsicht eher vorsichtig ausdrückte, sprach Haeckel in aller Deutlichkeit davon, dass der Mensch affenähnliche Vorfahren gehabt habe. Damit rief er heftige Proteste vor allem aus christlich orientierten Kreisen hervor, auf die er oft sehr scharf und polemisch reagierte. Einmal antwortete er beispielsweise so: »Interessant und lehrreich ist dabei nur der Umstand, dass besonders diejenigen Menschen über die Entdeckung der natürlichen Entwicklung des Menschengeschlechtes aus echten Affen am meisten empört sind und in den heftigsten Zorn geraten, welche offenbar hinsichtlich ihrer intellektuellen Ausbildung und zerebralen Differenzierung sich bisher noch am wenigsten von dem gemeinsamen tertiären Stammeltern entfernt haben.« Dass Haeckel sich mit solchen Äußerungen nur noch unbeliebter machte, liegt auf der Hand. Auch Rudolf Virchow, der zunächst der Evolutionstheorie durchaus aufgeschlossen gegenüberstand, hatte Zweifel, ob sie für die menschliche Entwicklung Gültigkeit hat, und war entsetzt über die Art, mit der sein ehemaliger Schüler Andersdenkende bekämpfte. Als Haeckel 1877 dann auch noch forderte, den Religionsunterricht in der Schule abzuschaffen, bezog Virchow eine ebenso rigorose Gegenposition und warnte davor, die Evolutionslehre in den Unterricht aufzunehmen (siehe auch S. 30). Es folgte eine jahrelange öffentliche Auseinandersetzung zwischen den damals wohl bekanntesten Wissenschaftlern Deutschlands, die auf beiden Seiten mit harten Bandagen ausgetragen wurde.

Der Höhepunkt des Streits um die Haeckel'schen Publikationen wurde 1908 erreicht, als in Leipzig ein kleines Büchlein erschien, das den Titel trug: »Das Affenproblem. Professor Haeckels Darstellungs- und Kampfesweise sachlich dargelegt nebst Bemerkungen über Atmungsorgane und Körperform der Wirbeltier-Embryonen«. Der Verfasser war der in Fachkreisen relativ wenig bekannte Zoologe Arnold Brass (1854–1915), der in seiner nur 28 Seiten umfassenden Kampfschrift Haeckel bezichtigte, seine Hypothese über die Abstammung des Menschen vom Affen durch Fälschungen begründet zu haben. Brass beendete sein Buch mit den provozierenden Sätzen: »Herr Professor, im Lauf von vierzig Jahren haben Sie etliche angesehene Wissenschaftler unwürdig beschimpft. Nun ist es an der Zeit, dass Sie innehalten, wenn Sie sich die letzten Jahre Ihres Lebens nicht gänzlich verdunkeln wollen.« Haeckel bezeichnete die Anschuldigungen zunächst als »freche Erfindungen« und drohte mit gerichtlichen Schritten, die er aber nie einleitete. Wenig später gab er in einem langen Artikel in der *Berliner Volkszeitung* einige Fehler zu, verwahrte sich aber in scharfer Form gegen die Fälschungsvorwürfe, indem er schrieb: »Um ein für alle Mal diesem liederlichen Streit ein Ende zu machen, bekenne ich reuig, dass ein kleiner Teil meiner vielen Abbildungen von Embryonen (vielleicht sechs oder acht Prozent) wirklich in dem von Brass gemeinten Sinn gefälscht sind, nämlich all jene, bei denen das vorhandene Beobachtungsmaterial so unvollständig und ungenügend ist, dass man bei der Aufstellung einer vollständigen Evolutionskette gezwungen ist, die Lücken mit Hypothesen zu füllen und die Glieder durch vergleichende Synthesen darzustellen. Nach diesem spontanen Eingeständnis der begangenen Fälschungen müsste ich mich als verurteilt und vernichtet betrachten, hätte ich nicht den Trost, neben mir Hunderte von Mitangeklagten zu sehen, darunter viele der fähigsten Naturforscher. Die große Mehrzahl der morphologischen, anatomischen, histologischen und embryologischen Figuren, die sich in den besten Abhandlungen und Handbüchern finden … verdienen nämlich dieselbe infame Bezeichnung als Fälschung. Keine davon ist genau, aber alle sind mehr oder weniger schematisch angeglichen oder konstruiert.« Im Anschluss an diese windelweiche Erklärung seiner Manipulationen ging Haeckel dann direkt zum Angriff über, indem er behauptete, die Anschuldigungen gegen ihn sollten hauptsächlich den Monistenbund treffen, an dessen Gründung er 1906 maßgeblich mitgewirkt hatte. Die Ziele dieser Vereinigung beschrieb er in demselben Artikel ausführlich: »... sich der Förderung und Verbreitung eines einfachen Weltbildes zu widmen, das sich allein auf die Ergebnisse der modernen ... Naturforschung beruft. Dieses verwirft vollständig jede sogenannte Offenbarung, jeden Glauben an Wunder und übersinnliche Fantasmen. Seine wichtigste moderne Eroberung ist der Sieg der Evolutionsidee ... die Darwin entwickelt hat ... Natürlich musste unsere monistische Philosophie von Anfang an gegen den heftigen Widerstand der herrschenden christlichen Theologie ... kämpfen. So wurde letztes Jahr in Frankfurt der Keplerbund gegründet, dessen Ziel die bedingungslose Anerkennung der übersinnlichen Offenbarung, des Wunders, des personalen Gottes ... ist.« Brass und seine Verbündeten, die größtenteils dem streng katholischen Keplerbund nahe standen, reagierten mit einem offenen Brief, in dem sie alle deutschen Naturforscher zu einer Stellungnahme aufforderten. Die Resonanz auf diese Aktion war jedoch ziemlich gering. Es gingen insgesamt nur 15 Antworten ein, keiner der Autoren wollte sich offen mit dem damals schon sehr populären und einflussreichen Haeckel anlegen. Einige wenige kündigten allerdings an, sie würden sich in einer Fachzeitschrift zu den Vorwürfen äußern. Zu ihnen gehörte der hoch angesehene Embryologe Wilhelm Roux (1850–1924), der in einem Artikel scharfe Kritik an der Haeckel'schen Darstellungsweise äußerte. Im Gegenzug gaben 46 namhafte Wissenschaftler eine öffentliche Erklärung ab, die folgende Aussagen enthielt: »Die unterzeichneten Anatomie- und Zoologieprofessoren, Direktoren von Anatomie- und Zoologieinstituten und Naturkundemuseen, erklären, dass sie die Schematisierungsmethoden von Haeckel nicht gutheißen, im Interesse der Wissenschaft und der Forschungsfreiheit aber gleichzeitig die von Dr. Brass und dem Keplerbund gegen Haeckel gerichteten Angriffe bedauern. Darüber hinaus erklären sie, dass die Evolutionstheorie nicht im Mindesten durch die ungenaue Reproduktion von Embryonen entkräftet wird.« 36 weitere Professoren unterschrieben wenig später einen Brief, der Haeckels Verfehlungen noch etwas deutlicher hervorhob, aber gleichzeitig auch die Evolutionstheorie verteidigte.

Nach diesem heftigen Schlagabtausch ging es in den Folgejahren etwas ruhiger zu. Haeckel widmete sich nach seiner Emeritierung im Jahre 1909 fast ausschließlich philosophisch-religiösen

Themen. 1917 erschien seine letzte Veröffentlichung, die den Titel »Kristallseelen« trug. Er bezeichnete darin die Seele als einen Komplex von Gehirnfunktionen, der sich durch seine natürliche Entstehung nicht grundsätzlich von der Tierseele unterscheidet. Zwei Jahre später starb der inzwischen 90-jährige Haeckel in seiner Villa Medusa in Jena.

Trotz einiger Fragwürdigkeiten hinsichtlich seiner Forschungs- und Publikationsmethoden war Ernst Haeckel zweifellos ein bedeutender Wissenschaftler, durch den nicht nur die Biologie und Anthropologie, sondern auch die Philosophie wichtige Anregungen erhielten. Darüber hinaus gelang es ihm durch seine auch für Laien verständliche Ausdrucksweise, große Bevölkerungskreise für neue wissenschaftliche Entwicklungen, insbesondere im Bereich der Evolutionsforschung und der Embryologie, zu interessieren. Sein populärstes Buch, das 1899 unter dem Titel »Welträthsel« erschien, erreichte viele Auflagen und wurde in mehr als 25 Sprachen übersetzt. Das von Haeckel formulierte »Biogenetische Grundgesetz« hat in einzelnen Punkten zu Recht viel Kritik erfahren, lenkte aber den Blick auf evolutive Vorgänge, die auch in der Embryonalentwicklung eine wichtige Rolle spielen. Heute weiß man, dass die frühe Embryogenese bei vielen Tierarten genetisch sehr ähnlich gesteuert wird. Schon kurz nach der Befruchtung werden Gene aktiviert, die eine grobe Körpergliederung festlegen. Kaskadenartig werden dann weitere Genreihen (insbesondere die sogenannten »HOX-Gene«) aktiv, die für weitere noch recht einheitliche Entwicklungsschritte verantwortlich sind. Durch die Ähnlichkeiten in den Steuerungsvorgängen weisen die verschiedenen Embryonen anfangs nur wenige Differenzen auf. Die großen Unterschiede zwischen den Tierarten entwickeln sich erst, wenn auf einer anderen genetischen Hierarchiestufe ganz bestimmte Einzelgene an- bzw. abgeschaltet werden. Haeckel hatte also ein wichtiges evolutionsbiologisches Prinzip durchaus richtig erkannt, nur seine vorgelegten Belege waren fragwürdig, und die theoretische Erklärung enthielt nach heutigem Kenntnisstand etliche Mängel.

## Amerikanischer Knochenkrieg

### Der Fossilienstreit zwischen Othniel Marsh und Edward Cope

»Erbitterter Streit zwischen Wissenschaftlern«, so lautete am 12. Januar 1890 die Hauptüberschrift auf der Titelseite der Tageszeitung *New York Herald*. Es folgte ein langer Artikel, in dem Professor Edward Drinker Cope (1840–1897) seinem Kollegen Othniel Charles Marsh (1831–1899) mit drastischen Worten vorwarf, er sei völlig inkompetent, habe geistigen Diebstahl begangen und mutwillig Fossilienfunde zerstört. Marsh revanchierte sich umgehend in der gleichen Zeitung mit einer Gegendarstellung, in der er seinerseits Cope des Einbruchs und des Diebstahls beschuldigte und ihn für geisteskrank erklärte. Bereits am 14. Januar schrieb ein weitsichtiger Redakteur des *Herald*: »Wenn diese Katzbalgerei nicht endlich aufhört, wird von den beiden Kontrahenten nicht mehr viel übrig bleiben.« Trotz dieser durchaus berechtigten Warnung dauerte der öffentliche Schlagabtausch zwischen den zwei bekanntesten Fossilienforschern Amerikas vierzehn Tage und erregte allgemein große Aufmerksamkeit. Cope, der die publizistische Schlacht angezettelt hatte, konnte dem *Herald* immer wieder negative Aussagen von früheren Mitarbeitern Marshs zuspielen. So hatte beispielsweise Marshs ehemaliger Assistent Samuel W. Williston (1852–1918) in einem Brief an Cope geschrieben, die Publikationen von Marsh seien »entweder die Arbeit oder zumindest die Worte seiner Mitarbeiter«. Der Vorwurf des geistigen Diebstahls traf Marsh hart. In seiner Wut bezeichnete er seine Kritiker als »kleine Männer mit großen Köpfen«. Das gab Otto Meyer, einem deutschstämmigen Mitarbeiter von Marsh, die Gelegenheit, seinen im *Herald* publizierten Anklagebrief über die rüden Arbeitsmethoden seines ehemaligen Chefs mit dem Satz zu beenden: »Ich nehme an, unter Wissenschaftlern ist ein kleiner Mann mit großem Kopf höher angesehen als ein großer Mann mit kleinem Kopf.« Durch die Artikelserie mit vielen gegenseitigen Verleumdungen und Beschimp-


*Kampfhähne der Wissenschaft*. Heinrich Zankl

ISBN: 978-3-527-32579-5

*Marshosaurus.* Fleischfresser, wurde bis zu 6 m lang, lebte während des oberen Jura vor etwa 154–142 Millionen Jahren. Fundort: Utah, USA (© The Natural History Museum, London, UK).

fungen wurde dem staunenden Publikum allmählich bewusst, dass hier ein schon lange andauernder Streit zwischen den beiden Wissenschaftlern einen neuen Höhepunkt erreicht hatte. Der Beginn der Feindschaft lässt sich heute nicht mehr einwandfrei feststellen, aber es wird vermutet, dass es 1872 bei einer Grabung in Wyoming zum endgültigen Zerwürfnis zwischen den anfangs durchaus kooperationswilligen Fossilienforschern kam.

Die Lebensläufe der beiden Widersacher waren sich anfangs recht ähnlich. Beide wuchsen auf einer Farm auf und verloren schon früh ihre Mutter. Schon als Knaben entwickelten Marsh und Cope einen starken Sammeltrieb und zeigten großes Interesse an der Natur und insbesondere an der Fossilienkunde. Beide verbrachten zu Studienzwecken auch einige Zeit in Europa. Obwohl er neun Jahre jünger war als Marsh, begann Edward Cope seine Forscherkarriere deutlich früher. Er studierte nach seinem Schulabschluss an der Universität von Pennsylvania vergleichende Anatomie und arbeitete in dieser Zeit auch in der Amphibien- und Reptiliensammlung der Academy of Natural Sciences in Philadelphia. Bereits 1859 veröffentlichte der damals knapp 19-jährige Cope seine erste wissenschaftliche Publikation über Salamander. Wenige Jahre später war er schon ein international anerkannter Fachmann für Herpetologie (Amphibien- und Reptilienkunde) und Ichthyologie (Fischkunde), obwohl er noch keinen vollwertigen universitären Abschluss hatte. Als 24-Jähriger lehrte er bereits am Haverford College Naturgeschichte und wurde wenig später als Kustos an die Akademie in Philadelphia berufen. Nach einigen Jahren als Forschungsreisender übernahm er die Stellung eines Kustos am National Museum of Natural History in Washington, bevor er ab 1889 als Professor für Geologie und Paläontologie an der Universität von Pennsylvania tätig wurde. Cope publizierte mehr als 1200 wissenschaftliche Veröffentlichungen, in denen er mehr als 1000 Arten ausgestorbener Wirbeltiere beschrieb. 1896 wurde er aufgrund seiner großen wissenschaftlichen Leistungen zum Präsidenten der schon damals recht einflussreichen amerikanischen Gesellschaft zur Förderung der Wissenschaften gewählt. Dieses ehrenvolle Amt hatte er aber nur kurz inne, da er im folgenden Jahr mit nur 57 Jahren verstarb. Seinen Körper vermachte er der Wissenschaft in dem festen Glauben, er könne als sogenanntes »Typusexemplar« für den modernen Menschen (*Homo sapiens*) dienen. Bei der Leichenpräparation wurden dann allerdings Zeichen einer beginnenden Syphilis entdeckt, was dazu führte, dass der Leichnam sang- und klanglos im Archiv verschwand und nicht als beispielhafte Verkörperung der menschlichen Art anerkannt wurde.

Othniel Marsh war im Gegensatz zu Edward Cope eher ein wissenschaftlicher Spätstarter. Seine eigentliche Ausbildung begann er erst mit etwa 20 Jahren, nachdem sein reicher Onkel George Peabody erkannt hatte, dass in seinem verschlossenen Neffen erstaunliche Talente steckten. Wegen seines schon relativ hohen Alters fand Marsh wenig Kontakt zu seinem Kommilitonen und galt als ungeselliger Eigenbrötler, der sich nur für seine Mineralien- und Fossiliensammlung interessierte. Die Tochter seiner Zimmerwirtin charakterisierte ihn wenig schmeichelhaft so: »Mit ihm bekannt gemacht zu werden empfanden die meisten nicht interessanter, als eine Mistgabel kennen zu lernen.« 1862 schloss Marsh sein Studium der Geologie und Mineralogie an der Sheffield Scientific School mit Auszeichnung ab. Sein Onkel belohnte ihn für die guten Leistungen mit der Finanzierung einer mehrjährigen Studienreise nach Europa, wo sich der junge Wissenschaftler vor allem in Anatomie und Paläontologie an den Universitäten in Berlin, Heidelberg und Breslau weiterbildete. In dieser Zeit besuchte er auch mehrfach seinen damals in London lebenden Onkel und überredete ihn zur Gründung des Peabody-Museums für Naturgeschichte an der Universität Yale, das heute weltweit zu den größten seiner Art zählt. Dieses hochwillkommene Engagement honorierte die Universität mit der Ernennung von Marsh zum Professor für Wirbeltierpaläontologie. Eine Gehaltszahlung war damit allerdings nicht verbunden, aber dank seines reichen Onkels war Marsh darauf auch nicht angewiesen. In den Folgejahren führte der frisch ernannte Professor zahlreiche Forschungsreisen durch, die ihn auch in den damals noch weitgehend unerforschten mittleren Westen der USA führten. Dank seiner guten Beziehungen bekam er dabei sogar militärischen Schutz, um auch in Gegenden Grabungen durchführen zu können, die noch in Indianerhand waren. Sogar der berühmte Buffalo Bill (William Cody) arbeitete zeitweilig für ihn als Scout. 1871 fand Marsh die ersten Knochen von Urpferden und publizierte danach einen Stammbaum der Pferde, der auch heute noch aktuell ist. 1897 entdeckte Marsh die ersten Fossilien von amerikanischen Flugsauriern, doch nur zwei Jahre später verstarb der Forscher und wurde in New Haven ehrenvoll begraben. Seine großen Verdienste um die Saurierforschung wurden unter anderem gewürdigt, indem eine Gruppe dieser Riesenechsen den Namen *Marshosaurus* erhielt.

Cope und Marsh lernten sich bereits in den frühen 60er Jahren des 19. Jahrhunderts während eines Europaaufenthaltes persönlich kennen und zunächst auch schätzen. Nach der Rückkehr in die Staaten besuchten sie sich mehrfach und unternahmen gemeinsame Grabungen. Die gegenseitige Hochachtung führte sogar dazu, dass sie eigene Fossilfunde mit dem Namen des jeweils anderen belegten. Cope benannte eine Echse *Coloestus marshii*, Marsh bezeichnete einen Saurier als *Mesosaurus copeanus*. Beide waren aber egozentrisch und rechthaberisch veranlagt, sodass ein Konflikt wohl schon in ihrem Charakter vorprogrammiert war. Edwin Colbert (1905–2001), einer der bekanntesten amerikanischen Paläontologen des 20. Jahrhunderts, beschäftigte sich intensiv mit Marsh und Cope und schrieb über die beiden: »Frei von der Notwendigkeit, sich anpassen zu müssen wie die meisten anderen Menschen, fehlte ihnen beiden ein gewisses Gefühl für zwischenmenschliche Beziehungen. Sie waren hochgradig machtbesessen und ehrgeizig. Keiner von beiden wurde von übermäßig vielen Skrupeln geplagt.«

Den ersten Knacks bekam die Beziehung zwischen Cope und Marsh wohl schon 1868. In der Artikelserie im *New York Herald* gab Cope an, er habe Marsh damals in New Jersey die Stätten gezeigt, wo die ersten amerikanischen Dinosaurier aus der Kreidezeit gefunden worden waren. Marsh scheint das ziemlich rigoros ausgenutzt zu haben, denn Cope berichtete weiter: »Bald danach, bei dem Versuch, Fossilien von diesen Stätten zu holen, fand ich alles verschlossen und aus finanziellen Gründen an Marsh verpfändet.«

Besonders stark ärgerte sich Cole aber darüber, dass Marsh wenig später einen Fehler publik machte, der Cope bei der Rekonstruktion des schlangenähnlichen *Elasmosaurus platyrus* unterlaufen war. Er hatte die Wirbel des Skeletts falsch angeordnet und den Kopf am Schwanzende angebracht. Marsh bemerkte das und machte sich darüber öffentlich lustig. Cope befürchtete den Ruin seines wissenschaftlichen Rufs und versuchte, alle Exemplare der Publikation, in der die falsche Rekonstruktion abgebildet war, wieder einzusammeln, was ihm aber nicht vollständig gelang.

Endgültig besiegelt wurde die Feindschaft zwischen den beiden Forschern vermutlich aber erst 1872 bei einer gemeinsamen Grabung im sogenannten »Bridger-Becken« in Wyoming. Das lässt sich aus mehreren ziemlich drastisch formulierten Briefen ableiten, die sich die Kontrahenten danach zugeschickt haben. Marsh schrieb beispielsweise: »Über die Nachrichten, die ich zu diesem Thema erhielt, habe ich mich sehr geärgert, und schließlich war ich so wütend darüber, dass sie sich mit Smith (einem Fossiliensucher, der zunächst für Marsh gearbeitet hatte) entfernt hatten, dass ich auf Sie losgehen wollte, zwar nicht mit Pistolen oder Fäusten, aber mit Buchstaben … Mein Lebtag habe ich mich nicht so geärgert.« Cope beschwerte sich in seinem Antwortbrief über die Machenschaften von Marsh und setzte hinzu: »Alle Exemplare, die Sie im August 1872 gesammelt haben, verdanken Sie mir.«

In den Folgejahren bekriegten sich die beiden Kampfhähne vor allem in zwei wissenschaftlichen Zeitschriften. Im *American Journal of Science* publizierte Marsh die meisten seiner Arbeiten, in denen oft auch Angriffe auf Cope enthalten waren. Die Zeitschrift *American Naturalist* stand unter dem Einfluss von Cope und gab ihm reichlich Gelegenheit, Marsh anzugreifen. Da Cope in kurzer Zeit sehr viel publizierte, gab es in seinen Arbeiten einige Unstimmigkeiten in den Datierungen und Interpretationen von Funden. Marsh spießte jede noch so kleine Differenz genüsslich auf und behauptete, Cope fälsche die Daten absichtlich, um sich Prioritätsrechte zu verschaffen. Cope konterte die dauernden Nörgeleien und Spitzfindigkeiten seines Konkurrenten mit der Bemerkung, an der Universität Yale gebe es einen »Professor für Copeologie«. Marsh kritisierte zwar gern seinen Konkurrenten, machte selbst aber auch durchaus schwere Fehler. Er ordnete beispielsweise einem Skelett sehr fahrlässig einen Schädel zu und behauptete, es handele sich um eine neue Art, die er »Brontosaurus« nannte. Erst viel später wurde erkannt, dass das Skelett von einem schon länger bekannten Apatosaurus stammte. Der falsche Kopf wurde sogar erst 1979 ausgetauscht, weil man nicht glauben wollte, dass sich der berühmte Saurierforscher Marsh bei der Rekonstruktion so gravierend geirrt haben könnte.

Zu besonders schweren Konfrontationen kam es zwischen den beiden Rivalen, nachdem im Staat Wyoming in Como Bluff ein großes Ausgrabungsgebiet entdeckt worden war. Es erstreckt sich als Sattel einer geologischen Auffaltung zwischen den Städten Rock River und Medicine Bow und ist heute noch als nationales Wahrzeichen und historischer Ort gesetzlich besonders geschützt. Marsh hatte dort 1877 mit einer großen Gruppe von Ausgräbern die Fossiliensuche begonnen, Cope folgte ihm mit einem eigenen Suchtrupp bald nach. Die beiden Männer spionierten sich gegenseitig aus und sabotierten bei jeder sich bietenden Gelegenheit die Arbeit der anderen Seite. So ließ Marsh große Mengen von irreführenden Fossilienresten in alten Grabungsbereichen ablagern, um Copes Arbeit zu erschweren, falls der dort nachgraben wollte. Manchmal wurden sogar Sprengungen durchgeführt, damit nachfolgende Suchtrupps nichts Wertvolles mehr finden konnten. Cope gelang es einmal sogar, einen ganzen Zug mit Fossilienfunden nach Philadelphia umzuleiten, obwohl er von Marshs Leuten beladen worden war und nach New Haven fahren sollte.

Letztlich siegte aber Marsh in dem »Knochenkrieg«, weil er über die größeren finanziellen Mittel und die besseren politischen Beziehungen verfügte. Er konnte deshalb die größeren Expeditionen ausrüsten und auch in Gegenden graben, die für Cope nicht zugänglich waren. Auf diese Weise brachte es Marsh auf 86 neu entdeckte Dinosaurier, während Cope sich mit 56 begnügen musste. Dafür publizierte er aber wesentlich mehr wissenschaftliche Artikel als sein Konkurrent. Trotz der höchst unerfreulichen Begleitumstände hat die Rivalität zwischen Marsh und Cope die Saurierforschung in den USA enorm vorangebracht. Die Sammlungen, die von den beiden Kontrahenten während ihres unfeinen Wettkampfs zusammengetragen wurden, zählen heute noch zu den größten und wertvollsten auf der ganzen Welt. In europäischen Fachkreisen rümpfte man damals allerdings vernehmlich die Nase über die rüden Forschungsmethoden und Umgangsformen der beiden US-Forscher, und auch in Amerika gab es Kritiker. Joseph Leidy (1823–1891), einer der besten Dinosaurierexperten in den USA, war von dem schmutzigen Grabenkampf so angewidert, dass er sich von diesem Forschungsbereich abwandte und andere wissenschaftliche Ziele verfolgte.

Aber nicht nur moralisch, auch finanziell hatten sich die zwei Streithähne in ihrem Dauerkrieg ruiniert. Marsh traf es nicht ganz so schwer, weil er es besser verstanden hatte, für seine Expeditionen Staatsgelder zu requirieren. Die öffentlichen Streitigkeiten mit Cope führten aber dazu, dass diese Zuweisungen weitgehend versiegten, sodass Marsh auf sein eigenes Geld zurückgreifen musste. Um sich über Wasser zu halten, bat er schließlich die Universität Yale um die Gewährung eines Gehaltes für seine Professur, die er zunächst ja völlig unbesoldet übernommen hatte. Cope, der in finanzieller Hinsicht von Anfang an die schlechteren Karten hatte, versuchte durch Aktienspekulationen sein Vermögen wieder aufzubessern, nachdem es durch die hohen Grabungskosten stark geschrumpft war. Die Transaktionen gingen aber schief, und er verlor auch noch den Rest seines Geldes, sodass er gezwungen war, seine wertvolle Fossiliensammlung zu verkaufen, um seine Schulden zu begleichen. Er starb schließlich verarmt und vereinsamt auf einem Feldbett inmitten von Saurierknochen. Aber sogar am Ende seines Lebens wollte Cope sich noch mit Marsh messen. Er legte fest, dass nach seinem Tode Gewicht und Volumen seines Gehirns bestimmt werden sollten, damit man es später mit dem von Marsh vergleichen könne. Dazu kam es dann aber doch nicht, weil Marsh diesem letzten Wettkampf nicht zustimmte.

Obwohl die zwei Kontrahenten sich keineswegs an die in den USA so hoch geachteten Regeln des »fair play« gehalten hatten, sind sie auch heute noch außerordentlich populär. Es wurden mehrere Bücher und zahlreiche Artikel über sie verfasst. David R. Wallace schreibt in seinem 1999 erschienenen Buch »The Bonehunters Revenge«, dass die beiden durch ihren Knochenkrieg einen legendären Status erreicht hätten, und fügt hinzu: »Wenn sie nicht gestritten hätten, wären ihre wissenschaftlichen Leistungen ordnungsgemäß registriert und weitgehend vergessen worden … Vielleicht wird ihre Geschichte überdauern als ein Mythos einer Zeit, die so gierig war, dass Männer um versteinerte Knochen kämpften.«

## Französische Intrige

### Jacques Deprat kämpft um seine Rehabilitierung

Wie alle Bereiche des menschlichen Lebens ist auch der Umgang von Wissenschaftlern miteinander nicht frei von Missgunst und Niedertracht. Das musste insbesondere der französische Geologe Jacques Deprat (1880–1935) erfahren, dessen vielversprechende wissenschaftliche Laufbahn durch Intrigen zerstört wurde. Er kämpfte jahrelang um seine Rehabilitierung und griff in seiner Verzweiflung auch zu fragwürdigen Mitteln, wodurch sich seine Situation jedoch nur noch weiter verschlimmerte. Auf diese Weise wurde er fast in den Selbstmord getrieben, bis es ihm schließlich doch noch gelang, eine erstaunliche Karriere auf einem ganz anderen Gebiet zu machen.

Jacques Deprat wurde in der kleinen Stadt Fontenay-aux-Roses nahe bei Paris geboren. Während seiner Kindheit zogen seine Eltern zweimal um und landeten schließlich mit ihrem einzigen Sohn in Besançon. Der Aufenthalt in dieser altehrwürdige Stadt im Nordosten Frankreichs war für die weitere Entwicklung von Jacques Deprat sehr wichtig, denn sie liegt am Fuße des französischen Jura, der in ihm eine große Begeisterung für die Bergwelt weckte. Sein Vater, ein Gymnasiallehrer, unterstützte diese Leidenschaft seines Sohnes und schenkte ihm schon in frühen Jahren ein geologisches Handbuch. Daneben gelang es ihm aber auch, seinen Sohn für die Literatur und das klassische Altertum zu interessieren.

Zwei glückliche Umstände beeinflussten den weiteren Werdegang von Jacques Deprat wesentlich: 1896 wurde in Besançon eine neue Universität gegründet. Ein junger Wissenschaftler namens Eugène Fournier (1871–1941) bekam den Auftrag, dort das Fach Geologie zu lehren. Dies verschaffte Jaques Deprat die Gelegenheit, nach dem Schulabschluss sein Lieblingsfach in seiner Heimatstadt zu studieren, denn ein Auswärtsstudium wäre vermutlich


*Kampfhähne der Wissenschaft*. Heinrich Zankl

ISBN: 978-3-527-32579-5

für seine Eltern nicht finanzierbar gewesen. Fournier, der sich bald zu einem der führenden Höhlenforscher Frankreichs entwickelte, verstand es sehr gut, seine eigene Begeisterung für die Geologie auf seine Studenten zu übertragen. Deprat wurde schnell von ihr angesteckt und betrieb sein Studium mit großem Eifer. Noch vor seinem ersten akademischen Examen publizierte er als Neunzehnjähriger bereits wissenschaftliche Artikel über die Geologie des Jura und wurde in die französische Gesellschaft für Geologie aufgenommen. Nur ein Jahr später schloss er sein Studium mit sehr guten Noten ab. Da eine weitere wissenschaftliche Qualifizierung an der Universität von Besançon nicht möglich war, ging Deprat nach Paris, wo er durch eine Empfehlung von Professor Fournier eine Arbeitsmöglichkeit im Labor des Mineralogen Alfred Lacroix (1863–1948) am Nationalmuseum für Naturgeschichte fand. Allerdings erhielt er keine Bezahlung, sodass er weitgehend auf die recht magere Unterstützung durch seine Eltern angewiesen war. Glücklicherweise lebte einer seiner Cousins in Paris, bei dem er wohnen konnte. Unter der Aufsicht von Lacroix forschte Deprat im Rahmen seiner Doktorarbeit über den Aufbau und die Geodynamik der Erdkruste (Tektonik). Aufgrund seiner sehr erfolgreichen wissenschaftlichen Tätigkeit erhielt er nach zwei Jahren ein staatliches Stipendium für geologische Untersuchungen auf der griechischen Insel Euböa. In nur acht Monaten stellte Deprat eine geologische Karte der Insel fertig, die unter Fachleuten jahrzehntelang als eine der besten Griechenlands galt. Außerdem führte er an Hand von Fossilfunden zahlreiche Datierungen von Gesteinsformationen durch. Aus dieser Arbeit ging Deprats viel beachtete Doktorarbeit hervor, mit der er 1904 an der Sorbonne promovierte. Obwohl er seine Promotion mit einer sehr guten Note abschloss, fand er zunächst keine Anstellung, sodass er nach Besançon zurückkehren musste, wo er durch Vermittlung seines alten Lehrers Fournier an der Universität einen unbezahlten Lehrauftrag für ein Spezialgebiet der Geologie bekam. Trotz seiner schwierigen finanziellen Lage heiratete Deprat in dieser Zeit und bekam zwei Töchter, wobei er und seine Familie im Hause seiner Eltern leben mussten. Um Geld zu verdienen, arbeitete er zeitweilig für den Geologischen Kartendienst auf Sardinien und Korsika. Da sein Doktorvater Lacroix inzwischen Mitglied in der Akademie der Wissenschaften in Paris geworden war, hatte Deprat die Möglichkeit, dort wissenschaftliche Beiträge über die tektonische Geschichte Korsikas einzureichen, die großen Anklang fanden und seinen wissenschaftlichen Ruf weiter festigten.

Trotz all dieser Erfolge gelang es Deprat aber nicht, eine Stelle an einer Universität zu finden, die einigermaßen ausreichend bezahlt war. Sehr enttäuscht meldete er sich deshalb 1908 bei dem Bergbauingenieur Honoré Lantenois (1863–1940), der damals Direktor der Minenverwaltung in Indochina war und einen geeigneten Mann suchte, um den dortigen Geologischen Dienst weiter auszubauen und ihm vor allem ein höheres wissenschaftliches Niveau zu geben. Lantenois war beeindruckt von Deprats guten Referenzen und seiner langen Publikationsliste. Er empfahl deshalb dessen Anstellung mit folgenden Worten: »Er ist einer der gescheitesten unserer jungen Leute … Er ist ein Forscher, der mit exzellenter Gesundheit und großer physischer und intellektueller Energie gesegnet ist … Er ist der Mann, den wir in diesem Lande brauchen. Ich glaube nicht, dass wir in Frankreich einen besseren Leiter für den Geologischen Dienst in Indochina finden können.« Nach diesem umfassenden Lob erhielt Deprat Ende 1908 schließlich einen recht gut dotierten Vertrag, der ihm unter anderem auch völlige Publikationsfreiheit zubilligte.

Zuversichtlich brach er im Mai 1909 mit seiner Familie zu der mehrwöchigen Seereise in das ferne Land auf, das damals eine Kolonie Frankreichs war. Lantenois empfing die Ankömmlinge freundlich und unterstützte sie auch beim Bezug eines großen Hauses am Rande von Hanoi. Deprat stürzte sich mit großem Elan in die neue Arbeit, wobei er allerdings bald feststellen musste, dass er als einziger akademisch voll ausgebildeter Geologe deutlich aus dem Rahmen fiel. Auch sein zeitweilig engster Mitarbeiter, Henri Mansuy (1857–1937) hatte sich sein beachtliches archäologisches und geologisches Wissen mehr oder minder selbst beigebracht, nachdem er einige Jahre beim Militär gewesen war. Deprat kam mit dem deutlich älteren Mansuy zunächst gut aus, obwohl ihn dessen marxistisch-anarchistischen Ansichten zunehmend irritierten. Besonders störte Deprat aber Mansuys schon fast kriecherisches Verhalten gegenüber den höheren französischen Kolonialbeamten und insbesondere gegenüber Lantenois, um dessen Freundschaft er geradezu buhlte. Vermutlich wollte er damit seine Karriere fördern – und das gelang ihm auch, denn er wurde 1912 zum Chef-Geologen ernannt und erreichte damit den gleichen Rang wie Deprat. Trotzdem wuchs sein Neid auf Deprat, der wissenschaftlich viel angesehener war als er.

Das Verhältnis zwischen Deprat und Lantenois war ebenfalls schon bald nicht mehr ganz ungetrübt, denn sie hatten sehr unterschiedliche Vorstellungen über ihre Stellung im Geologischen Dienst. Lantenois fühlte sich eindeutig als übergeordnet, Deprat wollte das aber nicht anerkennen und pochte vor allem auf seine Selbständigkeit in wissenschaftlichen Angelegenheiten. Auch mit einigen anderen hochgestellten Kolonialbeamten, Ingenieuren und Offizieren hatte Deprat zunehmend Schwierigkeiten, denn sie hielten nicht viel von seiner geologischen Arbeit. Beispielsweise musste er sich sagen lassen: »Geologie ist eine poetische Wissenschaft« oder »Geologie hat keinen praktischen Nutzen«. Deprats Antworten auf diese ziemlich unqualifizierten Äußerungen waren oft ziemlich scharf und verbesserten das Klima keineswegs.

Ende 1909 unternahm Deprat gemeinsam mit Mansuy die erste große Expedition in die chinesische Provinz Yünnan. Die wissenschaftlichen Ergebnisse waren so bedeutend, dass Deprat und Mansuy 1911 in die französische Akademie der Wissenschaften aufgenommen wurden und 1914 sogar eine Goldmedaille der Geographischen Gesellschaft erhielten. Eine weitere Expedition in noch weitgehend unerforschte Regionen Südchinas und Nordvietnams brachte den beiden Geologen noch größere Anerkennung ein. Der Präsident der Geologischen Gesellschaft Frankreichs lobte sie mit den Worten: »Mansuy und Deprat verdienen den höchsten Dank der Nation, denn ihre bedeutende, unter großen Risiken durchgeführte Arbeit ehrt die Nation und die Wissenschaft.« Die Freude über diese hochoffizielle Belobigung währte aber nicht lange, denn bei der Rückkehr nach Hanoi gab es bald wieder unerfreuliche Zusammenstöße mit Lantenois, der Deprat den wissenschaftlichen Ruhm nicht gönnte und ihn mit bürokratischen Schikanen drangsalierte. Die Auseinandersetzungen erreichten ihren ersten Höhepunkt, als sich Mansuy auf die Seite von Lantenois schlug und behauptete, Deprat habe einen wissenschaftlichen Betrug begangen, indem er der offiziellen Sammlung asiatischer Fossilien des Geologischen Dienstes einige europäische Fundstücke hinzugefügt habe. Es handelte sich dabei um zehn gut erhaltene Trilobiten (Urkrebse), die als typische Leitfossilien für das europäische Kamb-

Ein fossiler Trilobit: *Ogygiocarella debuchii* aus dem Ordovicium, etwa 470 Millionen Jahre alt (© Shrewsbury Museums, Shrewsbury, UK).

rium galten, das ein über 500 Millionen Jahre zurückliegendes Erdzeitalter darstellt. In asiatischen Kambriumschichten war dieser Trilobitentyp dagegen noch nie beobachtet worden. Lantenois stilisierte die eher unwichtige und auch noch gar nicht eindeutig bewiesene Angelegenheit zu einem großen Skandal hoch, indem er die besagten Trilobiten nach Frankreich schickte, um sie von drei hochrangigen Wissenschaftlern begutachten zu lassen. Sie kamen zu dem einstimmigen Urteil, dass es sich um europäische Trilobiten handeln müsse. Deprat geriet in eine sehr schwierige Lage, da zwei der Gutachter ehemalige Förderer von ihm waren, deren Urteil er nicht anfechten konnte und wollte. Außerdem war er selbst auch der Meinung, dass die Trilobiten sehr europäisch aussahen, gleichzeitig wusste er aber, dass er nur in Asien gefundene Fossilien in die Sammlung des Geologischen Dienstes aufgenommen hatte. Für Deprat gab es deshalb nur eine Erklärung: Mansuy musste absichtlich Fossilien vertauscht haben, um ihm zu schaden.

Voller Zorn holte Deprat zum Gegenschlag aus: Er wurde beim Gouverneur von Indochina vorstellig und veranlasste ihn, ein Telegramm an den Kolonialminister in Frankreich zu schicken, das folgenden Wortlaut hatte: »Bezugnehmend auf Ihr offizielles Schreiben vom 3. Dezember. Wissenschaftlicher Fälschung bezichtigter Geologe Deprat weist inkriminierten Trilobitenfund zurück. Mansuy hat zum eigenen Vorteil gefundene Trilobiten mit europäischen Trilobiten vertauscht, die ihm Deprat unvorsichtigerweise überließ. Kolonie wird Untersuchung durchführen. Bitte um Ihre weitere Unterstützung. Verständigen Sie Vermittler des Kolonieministers. Liefern Sie jede verfügbare Information. Bestätigen Sie europäische Herkunft der von August bis Dezember von Lantenois an Douvillé geschickten Trilobiten und Identifikation derselben durch Fotografien in Artikel im *Memoire de service*.«

Dieser Entlastungsversuch Deprats hatte aber genau die gegenteilige Wirkung, denn es stellte sich heraus, dass die in Frage stehenden Trilobiten nicht von Mansuy vertauscht worden waren. Man nahm deshalb allgemein an, Deprat habe die Aktion nur gestartet, um sich auf Kosten seines unschuldigen Mitarbeiters reinzuwaschen. Darüber freute sich vor allem Lantenois, der nun endlich einen konkreten Anlass hatte, um gegen Deprat vorzugehen. Dank seines Einflusses bei der Kolonialverwaltung gelang es ihm, nicht nur die zeitweilige Suspendierung Deprats, sondern auch dessen Degradierung durchzusetzen. Diese scharfen Maßnahmen missbilligte allerdings der Vorstand der Geologischen Gesellschaft Frankreichs, bei der Deprat aufgrund seiner großen wissenschaftlichen Verdienste noch einigen Rückhalt hatte. Es wurde beschlossen, eine Untersuchungskommission einzusetzen, um die undurchsichtige Angelegenheit aufzuklären. Deprat setzte große Hoffnungen in die Arbeit der Kommission, da er glaubte, endlich seine Unschuld beweisen zu können. Er wusste jedoch nicht, dass Lantenois mit dem Präsidenten der Gesellschaft befreundet war und deshalb erheblichen Einfluss auf die Zusammensetzung des Gremiums nehmen konnte. Trotzdem kam es auch nach 21 Sitzungen der Kommission noch nicht zu einer Verurteilung Deprats, weil Professor Jules Bergeron (1853–1919), der als fachlich besonders kompetent galt, sich nicht festlegen wollte. Unglücklicherweise verstarb Bergeron im Juli 1919 und schon auf der nächsten Sitzung des Gremiums wurde über Deprat ein Schuldspruch gefällt. Man stützte sich dabei auch auf ein Gutachten von Professor Lucien Cayeux (1864–1944), der erklärte, die Trilobiten, die Deprat als asiatische Funde bezeichnet hatte, könnten aus geologischen Gründen nur aus Gesteinsformationen des Böhmer Walds stammen.

Damit war Deprat endgültig erledigt, und es war für Lantenois nicht mehr schwer, seine Entlassung aus dem Geologischen Dienst zu erreichen. Deprat war völlig verzweifelt und trug sich mit Selbstmordgedanken, da er sich unschuldig fühlte, es aber nicht beweisen konnte. Verbittert zog er sich zurück und begann mit dem Schreiben eines autobiografischen Romans, in dem er die ganze Affäre aus seiner Sicht schilderte. Dabei kam in dem Geologen ein ganz neues Talent zum Vorschein, denn das Buch war so spannend geschrieben und gut formuliert, dass es ein großer Erfolg wurde. Unter dem Pseudonym »Herbert Wild« publizierte Deprat noch weitere zehn Romane, von denen einer sogar den Prix Goncourt erhielt, der als der wichtigste Literaturpreis Frankreichs gilt. Aufgrund seines Erfolges als Schriftsteller konnte er es sich sogar leisten, eine Berufung auf eine Professur für Geologie in Konstantinopel auszuschlagen. Das neue Glück war aber nicht von langer Dauer, denn 1935 verunglückte der nun bekannte Schriftsteller im Alter von nur 55 Jahren bei einer Bergtour in den Pyrenäen tödlich. Zu dieser Zeit war man noch allgemein der Meinung, dass Deprat den Schwindel mit den Trilobiten wirklich begangen hatte, obwohl er in seinem autobiografischen Roman seine Unschuld beteuert hatte und Mansuy als den Hauptverantwortlichen angab. Zweifel an seiner Schuld hätten eigentlich schon 1927 aufkommen müssen, als bei neuen Grabungen in Indochina Fossilien gefunden wurden, die jenen sehr ähnlich sahen, die er angeblich in betrügerischer Absicht von Europa nach Asien geschafft hatte. Aber erst 1991 wurde Deprat offiziell durch einen feierlichen Akt der Geologischen Gesellschaft Frankreichs rehabilitiert, nachdem erneute Untersuchungen die Echtheit seiner asiatischen Trilobitenfunde bestätigt hatten. Heute wundert sich auch niemand mehr darüber, dass in Europa und Asien vergleichbare Fossilfunde gemacht wurden, denn man weiß, dass die beiden Kontinente sich geologisch über lange Zeit ähnlich entwickelt haben. Vor etwa 500 Millionen Jahren lagen sie auch noch sehr nahe beieinander und sind erst später auseinandergedriftet. Der bekannte französische Geologe Michel Durand-Delga (1923–1992), der sich intensiv mit der tragischen Lebensgeschichte Deprats beschäftigt hat, schrieb über die beiden Hauptkontrahenten in dem Fossilienstreit: »Das Schicksal wollte es, dass ein sich selbst allzu sicherer, kompromissunfähiger und schwärmerischer, aber auch dominierender Mann wie Deprat auf einen alten Einzelgänger wie Mansuy stieß, der eitel, neidisch und misstrauisch war und keine hierarchische oder wissenschaftliche Autorität ertrug: ein ehemaliger Anarchist, hin- und hergerissen zwischen seinem Hass auf die Bourgeoisie und dem Wunsch, Nutzen aus der Position zu ziehen, die er sich mit viel Glück erobert hatte.«

Der geologisch vorgebildete Schriftsteller Roger Osborne (1936–2007) hat sich in seinem 1999 publizierten Buch »The Deprat Affair« ebenfalls sehr ausführlich mit dem außergewöhnlichen Lebenslauf Deprats auseinandergesetzt und dabei sehr anschaulich die komplizierten sozialen Verhältnisse beschrieben, die damals in Frankreich und seinen Kolonien herrschten. Seiner Meinung nach ist Deprat in Indochina vor allem daran gescheitert, dass er nicht den richtigen Zirkeln zugehörte und sich nicht ausreichend an die geltenden gesellschaftlichen Konventionen hielt.

## Rassistische Nobelpreisträger

### Philipp Lenard und Johannes Stark begründen die »deutsche Physik«

Philipp Eduard Anton Lenard (1862–1947) war ein hochbegabter Physiker, der 1905 für seine Arbeiten über Kathodenstrahlen mit dem Nobelpreis ausgezeichnet wurde. Charakterlich war er jedoch schwierig, denn er neigte zu Überheblichkeit, Intoleranz und Neid. Sein übertriebener Nationalstolz trieb ihn schließlich in die Arme der Nazis, denen er als wissenschaftliches Aushängeschild diente.

Philipp Lenard wurde im damals österreichisch-ungarischen Preßburg (heute Bratislava in der Slowakei) als Sohn eines wohlhabenden deutschen Weinhändlers geboren. Der Vater war sehr deutsch-national eingestellt und beeinflusste seinen Sohn stark in diese Richtung. Nach dem Abitur studierte Philipp Lenard zunächst Naturwissenschaften, insbesondere Weinchemie an den Technischen Hochschulen in Wien und Budapest. Das Studium dieser Fachrichtung befriedigte ihn aber nicht, sodass er zunächst dem Wunsch seines Vaters nachkam und in der familieneigenen Weinhandlung mitarbeitete. Diese Tätigkeit langweilte ihn jedoch bald. Er ging deshalb nach Deutschland und begann in Heidelberg ein Studium der Physik. Dort lernte er die renommierten Wissenschaftler Hermann Quincke (1834–1924) und Robert Bunsen (1811–1899) kennen und schätzen. Nach nur dreijährigem Studium promovierte Lenard bereits und wurde für einige Jahre Assistent bei Hermann Quincke. Für Lenards weiteren Lebensweg sollt ein Forschungsaufenthalt in London große Bedeutung erlangen, den er 1890 antrat, aber schon nach kurzer Zeit sehr enttäuscht abbrach. Seit dieser Zeit hielt er alles, was aus England kam, für minderwertig. Nach einem kurzen Aufenthalt in Breslau wurde Lenard Assistent bei dem schon damals berühmten Physiker Heinrich Hertz (1857–1894) in Bonn. Bei ihm habilitierte er sich und erhielt 1894 zunächst eine Professur in Breslau, wechselte aber schnell nach Aachen, weil er dort bessere Forschungsmöglichkeiten vor-


*Kampfhähne der Wissenschaft*. Heinrich Zankl

ISBN: 978-3-527-32579-5

Das Schwarze Korps

ZEITUNG DER SCHUTZSTAFFELN DER NSDAP

Das sind Staatsfeinde!

Auf nach London!

Der tiefere Sinn

Zwei Möglichkeiten

Krank sind 2 vH.

»Das schwarze Korps«, war das Kampf- und Werbeblatt der SS. (Untertitel: *Organ der Reichsführung SS – Zeitung der Schutzstaffeln der NSDAP)* und erschien im Franz-Eher-Verlag, der auch den Völkischen Beobachter herausgab.

fand. Zwei Jahre später erhielt er einen Ruf nach Heidelberg und bald darauf nach Kiel, wo er Leiter eines neu errichteten physikalischen Institutes wurde, das ihm hervorragende Arbeitsbedingungen bot. Trotzdem kehrte er 1907 nach Heidelberg zurück und wurde Direktor des Instituts für Physik und Radiologie, das während der Nazizeit auch seinen Namen trug.

Einer der Hauptarbeitsbereiche von Lenard war die Erforschung der Kathodenstrahlung. Auf diesem Gebiet forschte auch Conrad Röntgen (1845–1923), der in Würzburg eine Professur innehatte. Röntgen bat Lenard 1895 um Hilfe bei der Beschaffung von Entladungsröhren, die er für seine Experimente benötigte. Es entwickelte sich kurzfristig ein guter kollegialer Kontakt, der aber völlig erlosch, als Röntgen ein Jahr später durch die Entdeckung der X-Strahlen, die später Röntgenstrahlen genannt wurden, zu großen Ehren kam. Lenard ärgerte sich sehr, dass ihm diese wichtige Entdeckung nicht selbst geglückt war. Außerdem nahm er Röntgen übel, dass dieser in seinen Publikationen Lenards Hilfe bei der Gerätebeschaffung nicht erwähnt hatte. Zur offenen Feindschaft kam es aber erst, als Röntgen 1901 der erste Nobelpreis für Physik verliehen wurde. Verbittert bezeichnete Lenard seinen Rivalen als »Hebamme bei der Geburt der Strahlen«, während er sich selbst für die Mutter hielt. Er nahm auch nie das Wort »Röntgenstrahlen« in den Mund, sondern sprach immer nur von »Hochfrequenzstrahlen«. Sein Zorn legte sich auch nicht, als er 1905 selbst den Nobelpreis bekam. Vielmehr verfolgte er Röntgen noch über dessen Tod hinaus mit Hass und Ablehnung. Vermutlich hat Lenard auch das Gerücht in die Welt gesetzt, Röntgen habe die entscheidenden Experimente gar nicht selbst gemacht, sondern für seine Publikationen die Versuchsergebnisse eines Mitarbeiters benutzt. Als 1944 die Würzburger Physikalisch-Medizinische Gesellschaft beim Reichsministerium für das Postwesen beantragte, anlässlich des 50. Jahrestages der Erfindung der Röntgenstrahlen im nächsten Jahr eine Sondermarke herauszubringen, sorgte der damals noch sehr einflussreiche Lenard dafür, dass der Antrag mit der boshaften Begründung abgelehnt wurde, eine solche Ehrung gebe es nur für berühmte Männer.

Röntgen war aber nicht der einzige renommierte Wissenschaftler, mit dem Lenard im Streit lag. 1898 kam es zu einer heftigen Auseinandersetzung mit dem englischen Physiker und späteren Nobelpreisträger Joseph John Thompson (1856–1940), der angeblich bei seinen Experimenten auf Arbeiten von Lenard zurückgegriffen hätte, ohne ihn ausreichend zu zitieren. Die ohnehin schon vorhandene Voreingenommenheit gegenüber England steigerte sich bei Lenard nach diesem Streit in sachlich nicht mehr nachvollziehbaren Hass.

Auch gegen Albert Einstein (1879–1955) entwickelte Lenard nach anfänglicher Hochachtung eine immer stärkere Ablehnung, die zunächst noch durchaus sachlich begründet war, weil er die Allgemeine Relativitätstheorie für falsch hielt (siehe auch S. 67). Später trat aber zunehmend ein rassistisch motivierter Antisemitismus in

Erscheinung, der dazu führte, dass Lenard schließlich die gesamte »jüdische Physik« verdammte und das hohe Lied der »arischen« bzw. »deutschen Physik« sang.

Es lässt sich heute nicht mehr genau feststellen, ab wann Lenard endgültig in das nationalistische und antisemitische Fahrwasser geriet. Wahrscheinlich hat dabei schon seine Erziehung eine wichtige Rolle gespielt. Auch der bereits vor dem Ersten Weltkrieg herrschende »Krieg der Geister«, in den sich viele namhafte Wissenschaftler verschiedener Nationen verwickelt hatten, dürfte Lenards nationalistische Tendenzen gefördert haben. Die Niederlage Deutschlands im Weltkrieg und die Abdankung des Kaisers sowie die nachfolgende Weimarer Republik machten aus ihm schließlich einen engstirnigen Nationalisten und Rassisten. Die Ermordung von Walther Rathenau (1867–1922) im Juni 1922 spielte dabei eine besonders wichtige Rolle: Nach der Tat, die Lenard öffentlich gutgeheißen hatte, wurde anlässlich des Staatsbegräbnisses in ganz Deutschland Trauerbeflaggung angeordnet. Während an der Universität Heidelberg die Anordnung allgemein befolgt wurde, verhinderte Lenard am physikalischen Institut die Fahnensetzung. Demonstrativ hielt er auch noch während des Begräbnisses eine Vorlesung ab und provozierte damit den Unmut linksorientierter Studenten. Als sich etliche von ihnen gemeinsam mit Gewerkschaftlern vor dem Institut versammelten, traktierte Lenard sie mit Wassergüssen. Die Protestler drangen daraufhin in das Institut ein und brachten Lenard nach einem kurzen Handgemenge in das Gewerkschaftshaus. Um Schlimmeres zu verhindern, nahm ihn die Polizei kurzfristig sogar in Schutzhaft. In dem nachfolgenden Gerichtsverfahren wurden seine »Entführer« freigesprochen, weil er sie provoziert hatte. Besonders ärgerte sich Lenard darüber, dass er vom Badischen Kultusministerium für sein Verhalten auch noch eine schriftliche Rüge erhielt. Da an dieser Affäre auch einige Juden beteiligt gewesen sein sollen, sah sich Lenard in seinem latenten Antisemitismus bestärkt. In den Folgejahren verwandelte er sein Institut in ein Zentrum nationalsozialistischer Propaganda. 1924 veröffentlichte er den Aufruf »Hitlergeist und Wissenschaft«, in dem er Hitler unterstützte, der sich damals wegen eines Putschversuchs in Festungshaft befand. Hitler bedankte sich nach seiner Entlassung persönlich für den wertvollen Beistand bei einem Besuch in Heidelberg.

Der zweite Physik-Nobelpreisträger, der den Aufruf für Hitler unterzeichnete, war Johannes Stark (1874–1957). Er hatte in München promoviert und ging dann als Privatdozent nach Göttingen, wo er 1906 außerordentlicher Professor wurde. Zwei Jahre später erhielt er einen Ruf auf einen Lehrstuhl in Aachen, wo er fast zehn Jahre sehr erfolgreich tätig war. 1917 wechselte er an die Universität in Greifswald und erhielt dort 1919 die Nachricht über seine Auszeichnung mit dem Nobelpreis, mit der insbesondere die Entdeckung des Dopplereffektes an Kanalstrahlen gewürdigt wurde. Diese hohe Ehre brachte Stark einen Ruf an die Universität Würzburg ein, wo er sich jedoch so heftig mit seinen Kollegen zerstritt, dass er 1922 seine Professur aufgab. Da er sowohl die Quantentheorie als auch die Relativitätstheorie rigoros ablehnte, gelang es ihm trotz seines Nobelpreises nicht mehr, eine Professur zu erlangen. Stattdessen wurde er Organisator einer nationalistisch und rassistisch orientierten Gruppe von Physikern, die das Ziel verfolgte, eine »deutsche Physik« zu etablieren. Sie lehnte die Relativitätstheorie und die Quantenmechanik als »jüdische Physik« ab und polemisierte vor allem gegen Einstein und Planck.

1929 veröffentlichte Lenard ein Buch mit dem Titel »Große Naturforscher«, das in Deutschland sehr populär wurde und in kurzer Zeit mehrere Auflagen erreichte. Darin vertrat er die irrwitzige Auffassung, dass große wissenschaftliche Leistungen nur von Angehörigen der »arisch-germanischen Rasse« vollbracht worden wären. Da sein verehrter Lehrer Heinrich Hertz jedoch Halbjude war, verstieg sich Lenard zu der Behauptung, die hervorragenden experimentellen Fähigkeiten habe Hertz von seiner arischen Mutter geerbt. Die von ihm eher negativ eingeschätzte Neigung von Hertz, sich auch mit theoretischen Problemen zu beschäftigen, wurde seinem jüdischen Vater zugeschrieben. Nachdem 1933 die meisten Wissenschaftsorganisationen in Deutschland durch die Nazis gleichgeschaltet worden waren und fast alle jüdischen Professoren ihre Universitätspositionen verloren hatten, kamen die Vertreter der »deutschen Physik« in Machtpositionen. Insbesondere Johannes Stark erhielt als Präsident der Physikalisch-Technischen Reichsanstalt und später als Präsident der Notgemeinschaft der Deutschen Wissenschaft großen politischen Einfluss. Er prägte auch die Begriffe »weißer Jude« und »Gesinnungsjude« für nicht jüdische Vertreter der Relativitäts- und Quantentheorie. Insbesondere Werner Heisenberg (1901–1976), der 1932 den Nobelpreis erhielt, wurde so bezeichnet, weil er sich dafür engagiert hatte, dass Stark nicht auch noch zum Vorsitzenden der Deutschen Physikalischen Gesellschaft gewählt wurde. Im Gegenzug verhinderte Stark die Berufung von Heisenberg an die Universität München.

1936 publizierte Lenard ein vierbändiges Lehrbuch, dem er den Titel »Deutsche Physik« gab. Im Vorwort waren unter anderem folgende abstruse Sätze zu lesen: »›Deutsche Physik?‹, wird man fragen. Ich hätte auch arische Physik oder Physik der nordisch gearteten Menschen sagen können, Physik der Wirklichkeits-Ergründer … Physik derjenigen, die Naturforschung begründet haben. … ›Die Wissenschaft ist und bleibt international!‹, wird man mir einwenden wollen. Dem liegt aber ein Irrtum zugrunde. In Wirklichkeit ist die Wissenschaft, wie alles, was Menschen hervorbringen, rassisch, blutsmäßig bedingt … Der unverbildete deutsche Volksgeist sucht nach Tiefe, nach widerspruchsfreien Grundlagen des Denkens mit der Natur, nach einwandfreier Kenntnis vom Weltganzen.«

1940 kam es zu einer Aussprache zwischen Vertretern der »deutschen Physik« und undogmatischen Physikern, wie z. B. Carl Friedrich von Weizsäcker (1912–2007). Es wurde eine schriftliche Vereinbarung verfasst, die folgende besonders wichtige Punkte enthielt: 1. Die theoretische Physik ist ein notwendiger Bestandteil der Physik. 2. Die spezielle Relativitätstheorie gehört zum festen Bestandteil der Physik, bedarf aber einer weiteren Nachprüfung. 3. Die vierdimensionale Darstellung von Naturvorgängen ist ein mathematisches Hilfsmittel und keine neue Raum- und Zeitanschauung. 4. Die Quantenmechanik ist die einzige bekannte Möglichkeit zur Beschreibung der Atomvorgänge; ein tieferes Verständnis über den Formalismus hinaus ist erwünscht. Lenard lehnte diese Vereinbarung vehement ab und bezeichnete sie als Verrat. Er hatte aber inzwischen nicht mehr genug Einfluss, um die Übereinkunft zu verhindern. Nach Kriegsende ließen die Siegermächte Lenard wegen seines hohen Alters weitgehend unbehelligt. Er verstarb 1947 im badischen Messelhausen. Auf einer im selben Jahr stattfindenden Physikertagung wurde Lenard posthum mit folgenden Worten gewürdigt: »Wir können und wollen die Verfehlungen des Pseudopolitikers L. nicht verschweigen oder entschuldigen, aber als Physiker gehört er zu den Großen.« Sein wissenschaftlicher

Nachlass wird im Deutschen Museum in München aufbewahrt. Während im österreichischen Klagenfurt 2008 eine nach ihm benannte Gasse einen anderen Namen erhielt, existiert in der alten Hansestadt Lemgo weiterhin eine Philipp-Lenard-Straße.

Lenards antisemitischer Mitstreiter Stark kam nicht ganz so ungeschoren davon. Er wurde zunächst zu vier Jahren Zwangsarbeit verurteilt, erreichte aber in einem Berufungsverfahren, dass er nur noch eine Geldstrafe bezahlen musste. An dieser Herabsetzung der Strafe war maßgeblich Albert Einstein beteiligt, der ihm aufgrund einer paranoiden Persönlichkeitsstörung eine weitgehende Schuldunfähigkeit bescheinigte. Stark konnte so einen geruhsamen Lebensabend verbringen, bis er 1957 auf seinem Alterssitz in Traunstein starb. An der Ernst-Moritz-Arndt-Universität in Greifswald existieren bis heute zwei Stark-Gedenktafeln, über deren Berechtigung allerdings in den letzten Jahren heftig gestritten wurde. In der bayrischen Stadt Amberg trägt auch heute noch eine Straße seinen Namen.

# Großes Unverständnis

## Unfaire Angriffe auf Einstein

Albert Einstein (1879–1955) war wohl nicht nur der genialste, sondern für lange Zeit auch der umstrittenste Physiker des 20. Jahrhunderts. Schon bald nach seiner Geburt in Ulm zogen seine Eltern nach München um, wo Albert den größten Teil seiner Schulzeit verbrachte. Er musste aber das Gymnasium noch vor dem Abitur verlassen, weil die Familie nach Italien übersiedelte. Um ohne Abitur studieren zu können, nahm der 16-Jährige am Polytechnikum (heute ETH) in Zürich an einer Aufnahmeprüfung teil, die er jedoch wegen sprachlicher Mängel nicht bestand. Er holte deshalb in Aarau das Abitur nach und begann mit dem Studium, das er allerdings nicht sehr intensiv betrieb. 1900 verließ er das Polytechnikum als Fachlehrer für Mathematik und Physik. Mit diesem Abschluss hatte er jedoch keine guten Berufschancen und war nach etlichen erfolglosen Bewerbungen schließlich froh, eine Anstellung als Hauslehrer zu finden. Bald darauf erhielt er auch die Schweizer Staatsbürgerschaft, die er zeitlebens behielt, obwohl er sein Leben weitgehend in anderen Ländern verbrachte. Zwei Jahre später wurde Einstein durch Empfehlung eines Freundes als technischer Experte III. Klasse beim Patentamt in Bern angestellt. Die Arbeit interessierte ihn zwar nicht besonders, aber er hatte ein leidliches Auskommen und konnte heiraten. Aus der Ehe mit seiner aus Serbien stammenden Studienkollegin Mileva Mari gingen die Söhne Hans Albert und Eduard hervor. Außerdem gab es noch eine uneheliche Tochter, deren Existenz aber lange verheimlicht wurde und über die deshalb bis heute wenig bekannt ist. In seiner Freizeit beschäftigte sich Einstein intensiv mit philosophischen Fragen und Problemen der theoretischen Physik.

Das Jahr 1905 wird oft als Einsteins »annus mirabilis« (Wunderjahr) bezeichnet, weil er in diesem Jahr mehrere wichtige Arbeiten über Lichtquanten, Molekülgrößen und Molekularbewegung sowie

*Kampfhähne der Wissenschaft.* Heinrich Zankl

ISBN: 978-3-527-32579-5

Albert Einstein, Fotografie veröffentlicht in USA 1920. (Quelle: »The Solar Eclipse of May 29, 1919, and the Einstein Effect,« The Scientific Monthly 10:4 (1920), 418–422, on 418).

Elektrodynamik publizierte. In der Fachwelt war man höchst erstaunt darüber, dass ein weitgehend unbekannter Patentamts-Angestellter plötzlich so bedeutende Publikationen veröffentlichte. Viele Physikprofessoren waren deshalb sehr skeptisch und sparten nicht mit Kritik an den neuen Ideen. Zumindest die Arbeit mit dem Titel: »Eine neue Bestimmung der Moleküldimension« wurde aber gleich als so wichtig erachtet, dass Einstein damit promovieren konnte. Das Patentamt belohnte diese Leistung, wenn auch nicht gerade fürstlich, indem es Einstein zum Experten II. Klasse beförderte. Kurz danach bekam der aufstrebende Wissenschaftler aber einen Dämpfer, da die Universität Bern seinen Antrag auf Habilitation ablehnte. Ein Jahr später war Einstein im zweiten Anlauf jedoch erfolgreich, und bald folgte die Berufung als Professor für theoretische Physik zunächst nach Zürich und dann nach Prag.

1912 kehrte Einstein noch einmal an die ETH in Zürich zurück, bevor er in Berlin Mitglied der Preußischen Akademie der Wissenschaften und wenig später auch Direktor des Kaiser-Wilhelm-Instituts für Physik wurde.

Die Zeit in Berlin, die immerhin 18 Jahre umfasste, war von großen wissenschaftlichen Erfolgen, aber auch vielen privaten Schwierigkeiten geprägt. Einstein war drei Jahre krank, seine Ehe scheiterte, und er verheiratete sich wieder. Zunehmend sah er sich nicht nur fachlichen, sondern auch persönlichen Angriffen ausgesetzt, wobei seine jüdische Herkunft eine besondere Rolle spielte. Während einer im Dezember 1932 angetretenen USA-Reise erfuhr Einstein von der Machtübernahme der Nazis in Deutschland und kehrte deshalb nicht mehr nach Berlin zurück. Er übernahm eine Professur in Princeton, die er bis zu seinem Tode am 18. April 1955 innehatte. Aber sogar nach seinem Ableben war ihm keine Ruhe vergönnt. Der Arzt Thomas Harvey (1912–2007) entwendete nämlich vor der Einäscherung Einsteins Gehirn, weil er meinte, man könne vielleicht an dessen Struktur Genialitätsmerkmale erkennen. Harvey schnitt das Gehirn in Stücke und fixierte sie in Formalin. In diesem Zustand blieb es jahrzehntelang unbeachtet in Harveys Besitz, bevor er es unter dem Druck der Öffentlichkeit stückweise für wissenschaftliche Untersuchungen zur Verfügung stellte. In der Folge wurden drei Studien veröffentlicht, die in verschiedenen Gehirnarealen Hinweise auf eine besonders große geistige Leistungsfähigkeit gefunden haben wollten. Unumstritten ist allerdings nur, dass Einsteins Gehirn mit 1230 Gramm ein relativ niedriges Gewicht hatte, da der Durchschnittswert bei etwa 1400 Gramm liegt.

Aufgrund seiner großen wissenschaftlichen Verdienste wurde Einstein bereits ab 1910 fast jedes Jahr für den Nobelpreis vorgeschlagen, wobei zunächst vor allem die spezielle Relativitätstheorie als preiswürdig galt. Sie war aber so revolutionär, dass viele angesehene Physiker mit ihr Probleme hatten. Im Nobelpreiskomitee für Physik wurde die Preisverleihung an Einstein vor allem von Allvar Gullstrand (1862–1930) lange bekämpft. Er hatte 1911 den Nobelpreis für Medizin und Physiologie erhalten, weil er durch hoch komplexe Berechnungen nachgewiesen hatte, dass die Linse des Auges kontinuierlich ihre Brechzahl ändert, um auf der Netzhaut ein scharfes Bild zu erzeugen. Damit hatte er die Grundlage für eine bessere Korrektur von bestimmten Sehfehlern (z. B. Astigmatismus) gelegt. Da Gullstrand der erste schwedische Nobelpreisträger für Medizin war und zeitlebens alle Rufe an ausländische Universitäten ablehnte, wurde er zu einer Art Nationalheld hochstilisiert. Er hatte in seinen wissenschaftlichen Arbeiten zweifellos auch bewiesen, dass er einiges von Mathematik und Physik verstand, sodass es naheliegend schien, ihn über die Vergabe der Physiknobelpreise mitentscheiden zu lassen. Er wurde deshalb 1911 in das entsprechende Nobelpreiskomitee berufen und übernahm von 1922 bis 1929 sogar den Vorsitz dieses wichtigen Gremiums. Nachdem Einstein seine Relativitätstheorie veröffentlicht hatte, stellte Gullstrand eigene Berechnungen an und kam dabei zu erheblich abweichenden Ergebnissen. Deshalb sprach er sich regelmäßig gegen die Preisverleihung für die Relativitätstheorie aus. Sein Einfluss war so groß, dass das Nobelkomitee ihm etliche Jahre folgte.

Tatkräftige Unterstützung erhielt Gullstrand zunächst von dem nationalistisch eingestellten französischen Physiker Pierre Duhem (1861–1916), der sich zur Relativitätstheorie, die damals meist Relativitätsprinzip genannt wurde, so äußerte: »Die Tatsache, dass das Relativitätsprinzip alle Empfindungen des gesunden Menschenverstandes durcheinanderbringt, erweckt nicht das Misstrauen der deutschen Physiker – ganz im Gegenteil … Das Prinzip zu akzeptieren bedeutet gleichzeitig, alte Lehrsätze umzustoßen, in denen von Raum, Zeit und Bewegung die Rede war, alle Theorien der Mechanik und der Physik. Eine solche Verwüstung hat nichts an sich, das dem germanischen Denken missfallen könnte. Auf dem Gebiet, auf dem die alten Lehrsätze beseitigt werden, wird der geometrische Verstand der Deutschen voller Freude eine ganze Physik neu errichten, deren Grundlage das Relativitätsprinzip sein wird. Wenn diese neue Physik unter Missachtung des gesunden Menschenverstandes allem widerspricht, was aufgrund von Beobachtungen und Erfahrungen in der Mechanik des Himmels und in der irdischen Mechanik aufgebaut worden war, so werden die Anhänger der rein deduktiven Methode nur um so stolzer sein auf die unbeugsame Strenge, mit der sie die zerstörerischen Konsequenzen ihres Postulats bis zum Ende verfolgt haben werden.« Der Biologe Pierre-Jean Achalme unterstützte Duhem, indem er schrieb, die Relativitätstheorie sei eine wissenschaftliche Entwicklung, die am besten mit dem Futurismus und dem Kubismus in der Kunst verglichen werden könne, weil sie darauf bedacht sei, bewährte Traditionen zu zerstören.

Während in Frankreich die Ablehnung der Relativitätstheorie bald nur noch wenig Unterstützung fand, startete in Deutschland insbesondere der Physik-Nobelpreisträger Philipp Lenard (1862–1947) neue Angriffe, die zunehmend mit antisemitischen Parolen unterlegt waren (siehe auch S. 58). Lenards Einwände gegen die allgemeine Relativitätstheorie bezogen sich anfangs vor allem auch darauf, dass sie dem gesunden Menschenverstand widerspreche. Einstein antwortete darauf kühl: »Der gesunde Menschenverstand ist als Schiedsrichter in physikalischen Fragen ungeeignet.« Ab 1920 wurden dann in Lenards Angriffen sowohl sein deutscher Nationalismus als auch sein Antisemitismus immer deutlicher. In einem »Mahnwort an deutsche Naturforscher« schrieb Lenard beispielsweise zunächst noch etwas verklausuliert über eine »vor nicht Rassekundigen versteckte Begriffsverwirrung, welche um Herrn Einstein als deutschem Naturforscher schwebt«. Doch dann wurde er deutlicher: »Es ist eine bekannte jüdische Eigenschaft, sachliche Fragen sofort aufs Gebiet von persönlichem Streit zu verschieben.« Über die Relativitätstheorie ist zu lesen: »Lebt gesunder deutscher Geist … wieder auf, so wird von selbst der Fremdgeist weichen müssen, der als dunkle Macht überall auftaucht und der auch in allem, was zur Relativitätstheorie gehört, so deutlich sich ausprägt.«

Auf die politische Ebene wurde die Auseinandersetzung um Einstein vor allem durch den nationalistischen Agitator Paul Weyland (1888–1972) gehoben. Er organisierte gemeinsam mit dem Physiker Ernst Gehrcke (1878–1960) im August 1920 eine große Anti-Einstein-Veranstaltung in der Berliner Philharmonie, bei deren Eröffnung der geniale Physiker als »Umstürzler schlimmster Sorte und wissenschaftlicher Bolschewist« bezeichnet wurde. Die Relativitätstheorie nannte Weyland »wissenschaftlichen Dadaismus«. Einstein, der es sich nicht hatte nehmen lassen, bei seiner öffentlichen Beschimpfung anwesend zu sein, antwortete auf die Angriffe mit einem ebenfalls sehr scharf formulierten Artikel im *Berliner Tagblatt,* in dem er sich gegen die »deutschen Nationalisten mit oder ohne Hakenkreuz« stellte und sich selbst als »Juden mit internationalen, liberalen Ansichten« bezeichnete. Einen Monat später fand die Versammlung der Deutschen Naturforscher in Bad Nauheim statt, wo es zu einem öffentlichen Streitgespräch zwischen Lenard und Einstein kam. Weyland schrieb über diese Tagung einen Artikel, in dem zu lesen war: »Der einzige positive Sinn dieser Naturforschertagung war, dass die Scheidung der Geister sich vollzogen hat und unter Leitung Lenards die Vergewaltigung der Physik durch mathematische Dogmen abgelehnt wird.« In den Folgejahren wurden die Angriffe gegen Einstein und andere jüdische Physiker immer heftiger. Lenard prägte schließlich den Begriff »deutsche« bzw. »arische Physik«, die er als erstrebenswerte Alternative zur »jüdischen Physik« ansah (siehe auch S. 60).

Trotz der Auseinandersetzungen um die Relativitätstheorie setzte sich unter den international führenden Physikern immer mehr die Auffassung durch, dass Einstein ein genialer Wissenschaftler sei, dem man auf Dauer den Nobelpreis nicht vorenthalten könne. Um den weiterhin vorhandenen Widerstand von Allvar Gullstrand zu umgehen, kam sein Kollege im Nobelkomitee, Carl Wilhelm Oseen (1879–1944), auf eine schlaue Idee: Er schlug vor, Einstein nicht für die Relativitätstheorie, sondern für die Entdeckung des fotoelektrischen Effekts auszuzeichnen. Diesem Kompromiss wollte sich auch Gullstrand nicht versagen, sodass im Nobelkomitee 1922 schließlich einstimmig beschlossen werden konnte, Einstein den Physik-Nobelpreis rückwirkend für 1921 zu verleihen. Die Nachricht über die hohe Auszeichnung erreichte den Physiker auf einer Vortragsreise in Japan, die er deswegen aber nicht abbrechen wollte. Es entstand deshalb auf diplomatischer Ebene ein heftiger Streit zwischen der Schweiz und Deutschland, welcher Botschafter Einstein bei dem Festakt in Stockholm vertreten dürfte. Einstein hatte nämlich seine Schweizer Staatsbürgerschaft beibehalten, als er nach Berlin ging, wo er als Mitglied der Preußischen Akademie der Wissenschaften automatisch die preußische und damit auch die deutsche Staatsbürgerschaft erhielt. Nach längeren Diskussionen zogen die Schweizer ihren Anspruch zurück, sodass schließlich der deutsche Botschafter den Preis stellvertretend in Empfang nehmen konnte.

Die Ehrung durch den Nobelpreis konnte aber nicht verhindern, dass es für Einstein in Deutschland immer schwieriger wurde. Anlässlich seines 50. Geburtstags kam es 1929 in Berlin zu einem großen Eklat. Der Oberbürgermeister besuchte Einstein, nannte ihn in einer Ansprache den »größten Sohn Berlins« und kündigte an, dass die Stadt ihm als Ehrengabe ein Grundstück an der Havel schenken werde. Gegen diese Schenkung organisierten rechtsgerichtete Kreise so starken Widerstand, dass Einstein schließlich auf die Ehrengabe verzichtete und das Grundstück kaufte. Wenige Jahre später musste er dann Berlin endgültig verlassen und sich in den USA in Sicherheit bringen. Kurz vor seiner Abreise hat er aber für die Deutsche Liga für Menschenrechte noch sein politisches Vermächtnis auf Schallplatte gesprochen, ein Plädoyer für Gerechtigkeit und Demokratie: »Meine Leidenschaft für die soziale Gerechtigkeit hat mich oft in Konflikt mit den Menschen gebracht, ebenso meine Abneigung gegen jede Bindung und Abhängigkeit, die mir absolut notwendig erschien ... Aus Stellung und Besitz entspringende Vorrechte sind mir immer ungerecht und verderblich erschienen, ebenso wie ein übertriebener Personenkultus. Ich bekenne mich zum Ideal der Demokratie, trotzdem mir die Nachteile demokratischer Staatsform bekannt sind.«

Einstein hatte eine grundsätzlich pazifistische Einstellung. Das Militär nannte er einmal die »schlimmste Ausgeburt des Herdenwesens«. Trotzdem befürwortete er die Entwicklung der Atombombe in den USA, weil er die Sorge hatte, die Deutschen könnten als Erste in den Besitz einer solchen Massenvernichtungswaffe kommen. Nach dem Weltkrieg setzte sich Einstein intensiv für ein Atomwaffenverbot ein. Welch große Gefahr er in diesen Waffen für die gesamte Menschheit sah, formulierte er einmal so: »Ich weiß nicht, welche Waffen im nächsten Krieg zur Anwendung kommen, wohl aber, welche im übernächsten: Pfeil und Bogen.«

Mit seinen politischen Ansichten eckte er auch in den USA an. Edgar Hoover (1895–1972), der legendäre FBI-Chef und übereifrige Kommunistenjäger, bezeichnete Einstein als sehr suspektes Objekt und ordnete eine umfangreiche Überprüfung an, deren Ergebnisse in einer streng geheimen Akte festgehalten wurden, die schließlich 1427 Seiten umfasste. Sie wurde erst im Jahr 2000 durch eine gerichtliche Anordnung zumindest teilweise öffentlich zugänglich und ermöglichte dem amerikanischen Wissenschaftsjournalisten Fred Jerome die Publikation eines Buches, dessen Titel sich ungefähr so übersetzen lässt: »Die Einstein-Akte. J. Edgar Hoovers Geheimkrieg gegen die berühmtesten Wissenschaftler der Welt«. Bei den Geheimdienstaktionen gegen Einstein hat wohl auch der schon erwähnte Paul Weyland eine wichtige Rolle gespielt. Er war bei den Nazis schon 1933 wegen seiner kriminellen Vergangenheit und seiner allgemeinen Unzuverlässigkeit in Ungnade gefallen und wurde sogar zeitweilig in einem Konzentrationslager eingesperrt. Deshalb galt er nach dem Krieg als unverdächtig und wurde vom amerikanischen Geheimdienst CIA angeworben. Auf diese Weise bekam er die Gelegenheit, mit Beschuldigungen gegen Einstein dazu beizutragen, dass eine intensive Bespitzelung einsetzte, die bis zu dessen Tod anhielt. Vermutlich haben nur sein hohes wissenschaftliches Ansehen und seine enorme Popularität Einstein davor bewahrt, in die Mühlen der US-Justiz zu geraten, die damals wegen »antiamerikanischer Umtriebe« alle verfolgte, die im Verdacht standen, Sozialisten oder Kommunisten zu sein. Auch der aus Italien stammende Physiker Oreste Piccioni (1915–2002) und viele andere Wissenschaftler hatten unter dieser Hexenjagd zu leiden (siehe auch S. 93).

# Gewaltige Kräfte

## Alfred Wegener verteidigt die Kontinentaldrift

Der 6. Januar des Jahres 1912 dürfte dem jungen Privatdozenten für Meteorologie Alfred Lothar Wegener (1880–1930) noch für lange Zeit ziemlich unangenehm im Gedächtnis geblieben sein. An diesem Tag hielt er auf der Jahresversammlung der Geologischen Gesellschaft Deutschlands in Frankfurt einen Vortrag mit dem Thema: »Neue Ideen über die Herausbildung der Großformen der Erdrinde«. Wegener begann seine Ausführungen mit dem heute wenig aufregend erscheinenden Satz: »Im Folgenden soll ein roher Versuch gemacht werden, die Großformen unserer Erdoberfläche, das heißt die Kontinentaltafeln und die ozeanischen Becken, durch ein einziges umfassendes Prinzip genetisch zu deuten, nämlich durch das Prinzip der Beweglichkeit der Kontinentalschollen.« Aber schon diese Ankündigung sorgte in dem voll besetzten Saal für große Unruhe. Damals war man nämlich noch allgemein der Meinung, dass die Kontinente und Ozeane auf der Erde feste Positionen hätten und ihre Form und Lage seit Urzeiten immer gleich geblieben seien. Als Wegener seinen Vortrag beendet hatte, schlug eine Welle der Empörung über ihm zusammen. Es fielen Worte wie »Fantasiegebilde«, »bloße Gedankenspielerei«, »völliger Blödsinn«. Auch die schriftlichen Stellungnahmen zu seiner Theorie fielen nicht freundlicher aus. Der bekannte österreichische Paläoklimatologe Fritz Kerner-Marilaun (1866–1944) meinte, Wegeners Thesen wären »Fieberfantasien eines von Krustendrehkrankheit und Polschubseuche schwer Befallenen«. Und der deutsche Geologieprofessor Max Semper (1870–1952) schrieb, dass »die Tatsächlichkeit der Kontinentalverschiebungen ... mit unzulänglichen Mitteln unternommen und völlig missglückt« sei. Wegener solle doch »künftig die Geologie nicht weiter beehren, sondern Fachgebiete aufsuchen, die bisher vergaßen, über ihr Tor zu schreiben: O heiliger Sankt Florian, verschon dies Haus, zünd andere an.«

*Kampfhähne der Wissenschaft*. Heinrich Zankl

ISBN: 978-3-527-32579-5

Der so heftig Gescholtene hatte schon früh seine Liebe zur Natur entdeckt. Er schloss das Gymnasium als Klassenbester ab und studierte von 1900–1904 Physik, Meteorologie und Astronomie in Berlin, Heidelberg und Innsbruck. Im Alter von nur 25 Jahren promovierte Wegener über ein astronomisches Thema. Danach wandte er sich aber mehr der Meteorologie zu. Nebenbei stellte er gemeinsam mit seinem Bruder Kurt einen Dauerrekord im Ballonfahren auf, bei dem die beiden Brüder 52 Stunden lang in der Luft blieben. 1906/07 nahm Alfred Wegener an einer Grönlandexpedition teil und baute dort die erste meteorologische Station auf. Die Expedition nahm allerdings einen tragischen Verlauf, denn der Leiter Ludvig Mylius-Erichsen (1872–1907) kam dabei mit zwei weiteren Teilnehmern ums Leben.

Wegener habilitierte sich bald nach seiner Rückkehr von Grönland für die Fächer Meteorologie, praktische Astronomie und kosmische Physik in Marburg und publizierte sein erstes Buch mit dem Titel »Thermodynamik der Atmosphäre«. Im Herbst 1911 fielen ihm eher zufällig die Ähnlichkeiten des Küstenverlaufs von Westafrika und Südamerika auf, und er entdeckte paläontologische Zusammenhänge in Form von ähnlichen Fossilien. Daraus entwickelte er die Theorie, dass der kompakte Urkontinent »Pangäa« in Schollen zerfallen sein könnte, die langsam auseinandergedriftet sind. Diese Vorstellungen standen allerdings in krassem Gegensatz zur sogenannten »Landbrücken-Hypothese«, die davon ausging, dass zu Urzeiten zwischen den feststehenden Kontinenten Landbrücken bestanden hätten, über die ein Austausch von Lebewesen stattfinden konnte. Diese Verbindungen wären dann später durch Absenkungen verloren gegangen. Seinem früheren Geologieprofessor und späteren Schwiegervater Wladimir Köppen (1846–1940) schilderte Wegener seine Theorie am 6. November 1911 in einem Brief so: »Wenn ich auch nur durch die übereinstimmenden Küstenkonturen darauf gekommen bin, so muss die Beweisführung natürlich von den Beobachtungsergebnissen der Geologie ausgehen. Hier werden wir gezwungen, eine Landverbindung zum Beispiel zwischen Südamerika und Afrika anzunehmen, welche zu einer bestimmten Zeit abbrach. Den Vorgang kann man sich auf zweierlei Weise vorstellen: 1) durch Versinken eines verbindenden Kontinents … oder 2) durch das Auseinanderziehen von einer großen Bruchspalte. Bisher hat man, von der unveränderlichen Lage jedes Landes ausgehend, immer nur 1) berücksichtigt und 2) ignoriert. Dabei widerstreitet 1) aber ... unseren physikalischen Vorstellungen. Ein Kontinent kann nicht versinken, denn er ist leichter als das, worauf er schwimmt.« Wegeners Ausführungen überzeugten Köppen allerdings nicht, und er warnte ihn sogar, dass er mit einer solchen eher abwegigen Theorie seine wissenschaftliche Karriere ruinieren könnte.

Wegener ließ sich aber von dem einmal eingeschlagenen Weg nicht abbringen und war überzeugt, die neue Theorie in der Fachwelt durchsetzen zu können. Kurz vor dem ersten öffentlichen Vortrag über seine Kontinentaldrift-Hypothese schrieb er die folgenden Zeilen nieder: »Und wenn sich hier nun eine Fülle überraschender Vereinfachungen ergibt, wenn es sich zeigt, dass jetzt Sinn und Verstand in die ganze geologische Entwicklungsgeschichte der Erde kommt, warum sollen wir zögern, die alte Anschauung über Bord zu werfen? Warum soll man zehn oder gar 30 Jahre mit dieser Idee zurückhalten? Ist sie etwa revolutionär? Ich glaube nicht, dass die alten Vorstellungen noch zehn Jahre zu leben haben.«

Die heftigen und zum Teil sehr unsachlichen Angriffe, die Alfred Wegener nach seinem Vortrag über sich ergehen lassen musste, trafen ihn zwar hart, aber er war weiterhin fest entschlossen, seiner Theorie zum Durchbruch zu verhelfen. Er verfasste zwei wissenschaftliche Artikel, die im April und Juli 1912 publiziert wurden und in denen er seine Vorstellungen ausführlich begründete. Danach brach er zu seiner zweiten Grönlandexpedition auf, die fast mit einer Tragödie geendet hätte, denn bei der Durchquerung des Inlandeises gingen die Nahrungsmittel aus. Nur einem glücklichen Zufall war es zu verdanken, dass die entkräfteten Teilnehmer an einem Fjord auf einen Pastor trafen, der auf dem Weg zu einer entlegenen Gemeinde war und deshalb reichlich Proviant dabei hatte.

Nach der Rückkehr aus Grönland heiratete Wegener Else Köppen und zog mit ihr nach Marburg, um seine Universitätslaufbahn wieder aufzunehmen. Das junge Glück dauerte aber nicht lange, denn schon bald brach der Erste Weltkrieg aus. Wegener wurde sofort eingezogen und erlitt schon bald erhebliche Verwundungen, die ihn für Kampfeinsätze untauglich machten. Er wurde deshalb zum Heereswetterdienst versetzt. Trotz der damit verbundenen intensiven Reisetätigkeit stellte Wegener 1915 die erste Fassung seines

Hauptwerks »Die Entstehung der Kontinente und Ozeane« fertig. Das Büchlein hatte nur einen Umfang von 94 Seiten und wurde wenig beachtet, was unter anderem wohl auch auf den Krieg zurückzuführen war. Nach Kriegsende zog Wegener mit seiner Frau und den beiden inzwischen geborenen Töchtern nach Hamburg, wo er eine Anstellung bei der Deutschen Seewarte fand. 1919 erschien eine deutlich erweiterte Auflage seines Buches über die Entstehung der Kontinente und Ozeane, in der der Autor noch mehr Belege für seine Kontinentalverschiebungstheorie vorlegte. Jetzt wurde es zumindest in Europa zur Kenntnis genommen, aber der Inhalt stieß in der Fachwelt immer noch überwiegend auf Ablehnung. Trotz aller Anfeindungen wurde Wegener 1921 zum außerordentlichen Professor an die neu gegründete Universität in Hamburg berufen. Drei Jahre später erhielt er dann sogar einen ordentlichen Lehrstuhl für Meteorologie und Geophysik an der Universität in Graz. Die dritte, stark überarbeitete Fassung seines Werkes über die Kontinentaldrift erschien 1922 und wurde auch ins Englische übersetzt, sodass nun auch im angloamerikanischen Sprachraum vermehrt Diskussionen über die Verschiebungstheorie geführt wurden. Die Stellungnahmen waren aber weiterhin meist sehr negativ. So schrieb beispielsweise der angesehene britische Geologe Philip Lake (1865–1949) in einem Artikel in dem Wissenschaftsjournal *Nature* über Wegener: »Er sucht nicht die Wahrheit, sondern er vertritt eine Sache und ist blind für jeden Fakt und jedes Argument, das dagegen spricht … Es ist nicht schwer, die Teile eines Puzzles zusammenzufügen, wenn man ihre Gestalt verändert; hat man dies aber getan, so ist der Erfolg kein Beweis dafür, dass man die Teile richtig angeordnet hat. Es beweist nicht einmal, dass alle Teile zum gleichen Puzzle gehören.« Der amerikanische Paläontologe E.W. Berry (1875–1945) schlug in die gleiche Kerbe und kritisierte Wegeners Belege für seine Verschiebungstheorie: »eine selektive Suche in der Literatur nach bestätigenden Details unter nahezu vollständiger Ignoranz widersprechender Tatsachen. Das Ergebnis ist eine Selbstvergiftung, die eine subjektive Idee als objektives Faktum erscheinen lässt.« Sein Kollege Bailey Willis (1857–1949) urteilte noch strenger: »Weitere Diskussionen dieses Themas überfrachten und verstopfen die Literatur und vernebeln den Geist der Studenten.« Wegener reagierte auf diese Angriffe mit Gegenvorwürfen, die er in einem Brief an seinen Schwiegervater einmal so formulierte: »Professor P.s Brief ist typisch! Er würde sich niemals belehren lassen. Diejenigen, die darauf bestehen, nur die Fakten zu sehen und sich nicht mit Hypothesen abzugeben, stützen sich selbst auf falsche Hypothesen, ohne es wahrhaben zu wollen! ... Nichts in diesem Brief bezieht sich auf die Mühe, die Dinge zu ergründen, es geht nur um das Vergnügen, die Grenzen anderer darzustellen.« An anderer Stelle schrieb er über seine Kontrahenten: »... Hätten sie die Verschiebungstheorien schon auf der Schule gelernt, so würden sie sie mit demselben Unverstand in allen, auch den unrichtigen Einzelheiten, ihr ganzes Leben hindurch vertreten, wie jetzt das Absinken von Kontinenten.«

Die Auseinandersetzungen um die Verschiebungstheorie haben sich sogar in einem zehnstrophigen Gedicht bzw. Lied niedergeschlagen, das sich erst viel später in einem Notizbuch Wegeners fand und das hier auszugsweise wiedergegeben werden kann:

Papst Franz lebt herrlich in der Welt
In Steiermark am Grazer Feld
Und schicket jeden in die Höll
Der nicht so will, wie er wohl wöll.

Doch weh! Er ist ein böser Wicht
An die Verschiebung glaubt er nicht,
Sie paßt ihm nicht in sein System,
Drum weg damit, was unbequem.

Sein Kardinal in langem Bart
Ist auch von keiner bess'ren Art,
Steckt voller Bissigkeit, oh Graus!
Und blies ihr gern das Leb'nslicht aus.

Die beiden in dem Gedicht Genannten können unschwer identifiziert werden. Beim »Papst« handelt es sich um Franz Heritsch (1886–1945), der Ordinarius für Geologie und Paläontologie an der Universität Graz war und Wegeners Theorie damals noch strikt ablehnte. Als sein »Kanzler« wurde der Geologe Robert Schwinner (1878–1953) bezeichnet, der auch in Graz tätig war und ebenfalls gegen die Verschiebungstheorie kämpfte.

Die »Polarstern« ist ein als Eisbrecher ausgelegtes Forschungs- und Versorgungsschiff und eines der leistungsfähigsten Polarforschungsschiffe der Welt. Sie setzt damit die über 100-jährige Tradition der deutschen Antarktisforschung fort, die mit der ersten Südpolarexpedition der Gauss von 1901 bis 1903 eingeleitet wurde.

Trotz aller Rückschläge verteidigte Wegener seine Theorie mit aller Kraft und erreichte immerhin, dass 1926 in New York ein ganzes Symposium der American Association of Petroleum Geologists nur dem Thema »Kontinentaldrift« gewidmet wurde. Aber auch bei dieser Veranstaltung gab es fast ausschließlich ablehnende Stellungnahmen. Einer der wichtigsten Kritikpunkte war zweifellos die ungeklärte Frage, wo denn die ungeheure Energie herkommen sollte, die für eine Verschiebung ganzer Kontinente notwendig wäre. Wegener hatte als treibende Kraft die Gezeiten der Meere angenommen, aber die Geophysiker konnten schnell nachweisen, dass diese Kräfte keinesfalls ausreichen konnten. 1928 berechnete der britische Geologieprofessor Arthur Holmes (1890–1965), dass die im Inneren der Erde erzeugte Hitze zu hoch ist, um nur durch Vulkantätigkeit abgeleitet zu werden. Deshalb formulierte er die Theorie, im Erdinneren müsse eine starke Konvektionsströmung vorhanden sein. Wegener griff diesen Gedanken sofort auf und stellte in der 1929 erschienenen vierten Auflage seines Buches diese Konvektion als mögliche Triebkraft für die Kontinentalverschiebung dar. Im Vorwort zu dieser letzten von ihm bearbeiteten Auflage rief Wegener auch alle geologischen Disziplinen auf, sich an der »Entschleierung der früheren Zustände unserer Erde« zu beteiligen. Wörtlich schrieb er: »Nur durch Zusammenfassung aller Geo-Wissenschaften dürfen wir hoffen, die Wahrheit zu ermitteln, d.h., dasjenige Bild zu finden, das die Gesamtheit der bekannten Tatsachen in der besten Ordnung darstellt und deshalb den Anspruch auf größte Wahrscheinlichkeit hat; und auch dann müssen wir ständig darauf gefasst sein, dass jede neue Entdeckung, aus welcher Wissenschaft immer sie hervorgehen möge, das Ergebnis modifizieren kann. Diese Überzeugung diente mir als Ansporn, wenn mir bei der Neubearbeitung dieses Buches bisweilen der Mut sinken wollte …«

Dieser Aufruf kann als Vermächtnis Wegeners angesehen werden, denn es war ihm nicht mehr vergönnt, den Weg seiner Verschiebungstheorie weiter zu verfolgen oder zu beeinflussen. Der Geophysiker begann nämlich noch im gleichen Jahr mit den Vorbereitungen für eine neue Grönlandexpedition. Er testete zunächst im Rahmen einer Erprobungsreise seine Ausrüstung, insbesondere die neu entwickelten Propellerschlitten. Die Hauptexpedition startete dann 1930 mit dem Ziel, von drei festen Stationen aus die Dicke des Eisschildes zu messen und ganzjährige Wetterbeobachtungen durchzuführen. Aber durch ungünstiges Wetter ging von Anfang an viel Zeit verloren, sodass alle Planungen durcheinandergebracht wurden. Im Oktober 1930 brach Wegener mit zwei Begleitern auf, um die Station »Eismitte« mit Proviant zu versorgen. Nur unter Aufbietung aller Kräfte gelang es ihnen, das Ziel mit starker Verspätung zu erreichen. Da einer der Männer sich dabei die Zehen erfror, musste Wegener eine Notamputation durchführen und den Gefährten in der Station zurücklassen. Mit nur einem Begleiter trat er dann den Rückweg zur Weststation an. Aber dort kamen die beiden nie an. Im Frühjahr 1931 fand man nach einer großen Suchaktion die Leiche Wegeners, der wohl aufgrund der extremen Anstrengungen einem Herzversagen erlegen war. Sein Begleiter ist bis heute verschollen geblieben. Vermutlich hatte er sich nach dem Tode seines Gefährten allein auf den Weg gemacht und war dabei auch umgekommen. Da man kein Tagebuch fand, wird vermutet, dass der Begleiter Wegeners letzte Aufzeichnungen an sich genommen hatte. Einzelheiten über den tragischen Tod des großen Wissenschaftlers und mutigen Forschers sind daher bis heute nicht bekannt geworden. Wegeners Bruder Kurt brachte die Expedition nach diesem tragischen Ereignissen zum Abschluss.

Durch den frühen Tod von Alfred Wegener hatten seine Gegner leichtes Spiel, denn es fehlten weitere Impulse, um der Verschiebungstheorie zum Durchbruch zu verhelfen. Noch in den 50er Jahren wurden deshalb überwiegend ablehnende Stellungnahmen publiziert. Beispielsweise schrieb Harold Jeffreys (1891–1989) in seinem 1952 erschienenen Buch »Die Erde», dass »die Parteigänger der Kontinentaldrift in 30 Jahren keine Erklärung zustande gebracht haben, die einer Nachprüfung standhält«. Der russische Geophysiker Wladimir Beloussow (1907–1990) äußerte sich 1954 sogar noch kritischer: »Viele Hypothesen der Geotektonik haben der geotektonischen Wissenschaft erheblichen Schaden zugefügt ... Das anschaulichste Beispiel dafür hat Wegeners Hypothese von der Kontinentalverschiebung geliefert. Sie ist fantastisch und hat nichts mit Wissenschaft zu tun.« Und auch Fred Hoyle (1915–2001), der große englische Astrophysiker, reihte sich 1955 noch in die Ablehnungsfront ein und schrieb in seinem Buch »Grenzen der Astronomie«: »Wie es ein Kontinent, der aus 35 Kilometer starkem Felsgestein besteht, anstellen soll, sich fortzubewegen, ist nie wirklich erklärt worden.«

Erst 1960 hatte sich so viel neues Wissen auf dem Gebiet der Geotektonik angesammelt, dass es auch den größten Skeptikern kaum mehr möglich war, die Kontinentalverschiebungstheorie weiterhin rundweg abzulehnen. Die neuen Vorstellungen werden unter dem Schlagwort »Plattentektonik« zusammengefasst und besagen, dass die oberste Gesteinsschale der Erde (Lithosphäre) aus etwa 20 starren Platten besteht, die auf einem zähflüssigen Erdmantel schwimmen. Ihre Bewegung kommt durch die sogenannte »Mantelkonvektion« zustande, die auf der hohen Temperaturdifferenz zwischen Erdkern und Erdoberfläche beruht. Heißes Material aus dem Erdinneren steigt wegen seiner geringeren Dichte auf, während das darüber liegende kältere Gestein infolge seiner höheren Dichte absinkt. Wenn zwei dieser Platten aufeinandertreffen, können sie sich über- bzw. untereinanderschieben oder so gegeneinanderdrücken, dass ein Gebirge entsteht. Bei der Kollision zweier Platten kommt es an den Rändern durch die Reibung oft zu starken Spannungen und zu so enormer Erhitzung, dass tiefere Gesteinsschichten schmelzen. Durch den hohen Druck und die extremen Spannungen in der Erde können Vulkane und Erdbeben entstehen. Bis heute sind zwar noch längst nicht alle Fragen geklärt, die mit der Kontinentalverschiebung zusammenhängen, aber in ihren Grundzügen kann sie als bewiesen gelten. Damit wurde nach langen Jahren der Ablehnung der viel gescholtene Alfred Wegener nicht nur rehabilitiert, sondern weltweit berühmt.

Um die großen Verdienste zu würdigen, die sich Wegener vor allem mit der Verschiebungstheorie, aber auch auf anderen Wissenschaftsgebieten erworben hat, wurde 1980 das in Bremerhaven gegründete Deutsche Zentrum für Polar- und Meeresforschung nach ihm benannt. Es ist inzwischen eines der weltweit führenden Forschungsinstitute in diesem Bereich. Die über 700 Mitarbeiter des Instituts haben vor allem die Aufgabe, die deutsche Polarforschung zu koordinieren und die erforderliche Ausrüstung und Logistik zur Verfügung zu stellen. Dafür wurde sogar ein eigenes Forschungsschiff mit dem Namen »Polarstern« gebaut. Auch die Astronomen wollten Wegener ehren und gaben einem Asteroiden und einem Mondkrater seinen Namen.

Warum seine Verschiebungstheorie so lange und so heftig bekämpft wurde, ist heute kaum mehr zu verstehen. Professor Rolf Emmermann (geb. 1940), der ehemalige Leiter des Geoforschungszentrums Potsdam, hat dafür in einem Interview folgende Erklärung gegeben: »Das ist häufig so, wenn Außenseiter – Wegener war ja nicht Geologe von Haus aus, er war Meteorologe … wenn Außenseiter dann kommen und einem Geologen sagen wollen, das ist meine Interpretation, jetzt hört mal, ihr müsst eure Erde vielleicht mit ganz anderen Augen sehen als ihr das bisher … tut, dann denkt jeder erst mal, na ja, er versteht vielleicht sein Gebiet, aber er soll sich doch raushalten aus dem, was wir eigentlich über Generationen überbracht bekommen haben.«

Diese Denkweise ist in den immer stärker spezialisierten Wissenschaftsdisziplinen leider auch heute noch ziemlich oft anzutreffen und erschwert den Fortschritt manchmal ganz erheblich.

# Unfairer Astronom

## Sir Arthur Eddington blockiert unbequemen Nachwuchsforscher

Wer hat der Astronomie und insbesondere der Astrophysik des 20. Jahrhunderts durch seine Forschungsarbeiten enormen Auftrieb verschafft, gleichzeitig aber auch zeitweilig die Entwicklung beider Wissenschaftsgebiete stark behindert? Dieses nicht unbedingt nachahmenswerte Kunststück brachte Sir Arthur Stanley Eddington (1882–1944) zustande. Er wurde in dem kleinen englischen Städtchen Kendal in einer Quäkerfamilie geboren, die in recht ärmlichen Verhältnissen leben musste, insbesondere nachdem Arthurs Vater schon bald nach der Geburt seines Sohnes während einer Typhusepidemie gestorben war. Schon als Kind interessierte sich Arthur sehr für den Nachthimmel. Mit Hilfe eines geliehenen Fernrohrs beobachtete er oft stundenlang die Sterne und erwarb sich bereits in frühen Jahren erstaunliche Kenntnisse der Astronomie. Seine zweite Leidenschaft waren die Zahlen. Als seine Mutter ihn einmal für längere Zeit allein gelassen hatte, fragte sie ihn nach ihrer Rückkehr, was er denn so gemacht habe. Stolz antwortete Arthur: »Ich habe alle Wörter in der Bibel gezählt.« Die ganze Bibel hatte er natürlich nicht geschafft, aber immerhin die fünf Bücher Moses. Trotz der familiären Armut erhielt der sehr aufgeweckte und wissbegierige Arthur eine gute Ausbildung, denn ihm wurde schon mit 16 Jahren ein Stipendium für das Owen's College (dem Vorläufer der University of Manchester) gewährt, wo er Physik studierte und bereits nach drei Jahren ein hervorragendes Abschlussexamen ablegte. Anschließend bewarb er sich erfolgreich um ein Stipendium für das berühmte Trinity College in Cambridge, wo er sich vor allem in Mathematik weiterbildete. Dort wurde er schon in seinem zweiten Studienjahr »Senior Wrangler«, weil er die Prüfungen als Jahrgangsbester abgelegt hatte. Vor ihm hatte noch nie jemand in so jungen Jahren diese Auszeichnung erhalten.


*Kampfhähne der Wissenschaft.* Heinrich Zankl

ISBN: 978-3-527-32579-5

Seine astronomische Laufbahn begann Eddington 1906 als Chefassistent am königlichen Observatorium in Greenwich, wo er sich zunächst vor allem für die Bewegung der Sterne interessierte. Schon im folgenden Jahr wurde er Dozent am Trinity College und war dort so erfolgreich, dass er 1913 einen Ruf auf den renommierten Plume-Lehrstuhl für Astronomie und Experimentalphilosophie erhielt. Bald darauf wurde er zum Direktor des Cambridge-Observatoriums ernannt. Damit verbunden war die Zuweisung einer großen Wohnung, die Eddington gemeinsam mit seiner Mutter und seiner Schwester bezog. An anderen Frauen scheint er nicht interessiert gewesen zu sein, jedenfalls hat er nie geheiratet. Eddingtons Biografin Allie Vibert Douglas (1894–1988) schreibt, er habe lediglich zu einem Menschen eine dauerhafte Freundschaft entwickelt – und das war Charles Trimble (1883–1958). Bei ihm konnte Eddington, laut Douglas, »die scheue Zurückhaltung ablegen, die ein fast unüberwindliches Hindernis für alle engeren Beziehungen zu anderen Menschen bildete«. Auch Trimble stammte aus ärmlichen Verhältnissen und hatte im gleichen Jahrgang wie Eddington am Trinity College studiert. Ob eine homosexuelle Beziehung zwischen den beiden bestanden hat, ist bis heute ungeklärt, da damals ein solches Verhältnis noch mit hohen Strafen bedroht wurde und es deshalb in aller Regel strikt geheim gehalten wurde. Es wäre aber denkbar, dass sich einige der zwischenmenschlichen Schwierigkeiten Eddingtons durch die dauernde Furcht vor der Entdeckung seiner homosexuellen Veranlagung erklären lassen. Auch bei seiner wissenschaftlichen Arbeit blieb er am liebsten allein und war oft so in Gedanken vertieft, dass er gar nicht hörte, wenn jemand an seine Tür klopfte. Davon berichtete auch sein norwegischer Kollege Svein Rosseland (1894–1985), der bei einem Besuch einige Zeit vor Eddingtons Zimmer warten musste, bis sein immer energischeres Klopfen endlich wahrgenommen wurde. Eddington begrüßte ihn dann ziemlich geistesabwesend mit den Worten: »Ach Sie sind es. Kommen Sie herein. Ich habe gerade das Neutron entdeckt.«

Als Eddington seine wissenschaftliche Laufbahn in der Astronomie begann, war vor allem der Bereich der Astrophysik noch sehr unterentwickelt. Man wusste sehr wenig über die Entstehung und den Aufbau der Sterne sowie ihre Beziehungen zueinander. Eddington nahm sich vor, die grundlegenden Vorgänge zu erforschen, die sich bei der Entstehung eines Sternes abspielen. Seine Vorstellungen beschrieb er einmal so: »Es sieht beinahe so aus, als ob die Natur beim Erzeugen von Sternen ein normales Modell vor Augen gehabt und keine starken Abweichungen ... geduldet hätte.« Dieses »Standardmodell« eines Sternes schlug Eddington erstmals 1917 vor, wobei er annahm, es würde nur für Riesensterne mit geringer Dichte gelten. Bei weiteren Untersuchungen entdeckte Eddington, dass die Helligkeit eines Sternes von seiner Masse abhängt. Erstaunlicherweise galt diese Beziehung nicht nur für die weniger dichten Riesensterne, sondern auch für Zwergsterne mit hoher Dichte. Die von Eddington entwickelte Masse-Leuchtkraft-Gleichung stimmte auch sehr gut mit astronomischen Beobachtungen überein, wodurch sie eine besondere Bedeutung erhielt und allgemein anerkannt wurde. Für einen Typ von Zwergsternen galt die Eddington'sche Gleichung aber nicht, nämlich für die sogenannten »Weißen Zwerge«, die zwar noch heiß sein können, aber nur wenig Licht abstrahlen. Für diese Sonderform interessierte sich Eddington in den Folgejahren besonders. Er vermutete, dass es sich um überalterte Sterne handelt, und wollte an ihnen erforschen, wie solche Sterne enden. Seine Fragestellung formulierte er sehr anschaulich: »Der Stern scheint sich in eine Zwickmühle gebracht zu haben. Letztlich muss sein Vorrat an subatomarer Energie versiegen und der Stern abkühlen. Aber kann er das? Die enorme Dichte ist der hohen Temperatur zu verdanken, die die Atome zerstört hat. Wenn er abkühlt, kehrt er vermutlich zu irdischer Dichte zurück. Das würde bedeuten, dass der Stern zur 5000-fachen Größe seiner gegenwärtigen Gestalt expandieren müsste. Doch die Expansion verlangt Energie ... und der Stern scheint keine Energie mehr zur Verfügung zu haben. Was um Himmels willen soll der Stern tun, wenn er ständig Wärme verliert, aber nicht genügend Energie besitzt, um abzukühlen?« Dies war damals nicht das einzige Rätsel, das die Weißen Zwerge den Astrophysikern aufgaben. Es war auch noch unklar, wieso sie so klein und so dicht sind.

Trotz aller Bemühungen konnte Eddington diese Fragen damals nicht klären und wandte sich daher einem anderen Thema zu, das gerade aktuell wurde. Es war die allgemeine Relativitätstheorie, die Einstein 1915 publiziert hatte. Wegen des Krieges bekam Eddington aber erst zwei Jahre später ein Exemplar der Arbeit zu Gesicht. Er erkannte sofort die große Bedeutung der neuen Theorie und machte sie umgehend durch eigene Artikel im englischen Sprachraum bekannt. Deshalb wurde ihm 1919 wohl auch die Aufgabe übertragen, eine wissenschaftliche Expedition zu organisieren, um auf der portugiesischen Insel Principe vor der Küste Westafrikas eine Sonnenfinsternis zu beobachten. Dabei sollte auch überprüft werden, ob die Vorhersage Einsteins zutrifft, dass aufgrund der Relativitätstheorie das Licht in der Nähe eines Sterns mit großer Masse abgelenkt wird. Trotz schlechten Wetters gelang es, viele Sterne in der Nähe der Sonne vor, während und nach der Sonnenfinsternis zu fotografieren und ihre Positionen zu vergleichen. Tatsächlich ergaben die Messungen Abweichungen etwa in der Größenordnung, wie sie auf Grund der allgemeinen Relativitätstheorie zu erwarten waren. Damit hatte Eddington ihre Gültigkeit sozusagen experimentell nachgewiesen – was ihn sehr berühmt werden ließ. Er selbst bezeichnete diese Entdeckung einmal als wichtigstes Ereignis in seinem Leben. Später kamen allerdings gewisse Zweifel auf, ob die Messergebnisse tatsächlich alle so gut zur Relativitätstheorie passten oder ob Eddington nicht einige weggelassen hatte, die seinen Erwartungen nicht so ganz entsprachen. Das änderte aber nichts daran, dass er seit dieser Zeit als großer Experte für die Relativitätstheorie angesehen wurde und diesen Ruhm auch sichtlich genoss. Gern erzählte er immer wieder die Geschichte, wonach ihn bei einer Sitzung der Royal Society ein bekannter Physiker mit folgenden Worten etwas spöttisch ansprach: »Nun, Professor Eddington, Sie müssen einer von den drei Wissenschaftlern in der Welt sein, die die Relativitätstheorie verstehen.« Er habe daraufhin geantwortet: »Oh! Ich weiß nicht.« Als der Physiker dann sagte: »Seien Sie nicht so bescheiden«, will Eddington geantwortet haben: »Nein, nein, ganz im Gegenteil! Ich frage mich nur, wer der Dritte sein könnte!«

Auch wenn ihm die Beschäftigung mit der Relativitätstheorie einen erheblichen Gewinn an Ruhm und Popularität beschert hatte, vergaß Eddington seine geliebten Sterne nicht und grübelte weiter über deren Aufbau und Lebenszyklus nach. 1926 publizierte er ein Buch mit dem Titel »Der innere Aufbau der Sterne«, in dem er die damals noch recht gewagte Hypothese aufstellte, die Quelle für die stellare Energie sei die Fusion von Atomen im extrem heißen Kern der Sterne. Die Stabilität eines Sternes erklärte er damit, dass der im Sterninneren entstehende Druck durch die Schwerkraft der kühleren äußeren Schichten ausgeglichen wird.

Eddington war allerdings klar, dass das Problem der Weißen Zwerge damit noch nicht gelöst war. Deshalb war er seinem Kollegen Ralph Howard Fowler (1889–1944) sehr dankbar, als dieser mit Hilfe der neuen Quantenphysik die Theorie aufstellte, dass alle Sterne am Ende ihres Lebenszyklus nicht völlig kollabieren, sondern als kalte unsichtbare Steinmassen weiter durchs Weltall fliegen.

Weniger gut kam Eddington mit einem anderen Kollegen aus, der Edward Arthur Milne (1896–1950) hieß und mit Fowler eng zusammenarbeitete. Am 8. November 1929 kam es im Rahmen einer Sitzung der Royal Astronomical Society (R.A.S.) zwischen Eddington und Milne zum ersten schweren Zusammenstoß in der Öffentlichkeit. Eddington verriss Milnes Vortrag über den inneren Aufbau von Sternen total, in dem er unter anderem sagte: »Es ist schwierig, diese Arbeit zu erörtern. Professor Milne erläutert nicht im Einzelnen, warum er zu Ergebnissen gelangte, die sich grundsätzlich von den meinen unterscheiden; und mein Interesse am Rest des Artikels ist eher gering, weil ich auch beim besten Willen kein Körnchen Wahrheit darin vermuten kann.« Diesem ersten Angriff ließ Eddington in den folgenden Monaten noch einige weitere folgen, die bei Milne starke Wirkung zeigten. In einem Brief an seinen Bruder beklagte sich der Gescholtene: »Eddington äußert sich sehr unfreundlich über meine Arbeit – er spricht von Sophismus, Mystizismus, unbegründeten Spekulationen. Gegenwärtig führt er sich sehr päpstlich auf und ist äußerst empfindlich, was seine alte Theorie angeht, obwohl sie im Kern verfault ist. Es ist schon erstaunlich, dass sich die wissenschaftliche Welt so lange so gründlich hat hinters Licht führen lassen.« Als Eddingtons Kritik noch schärfer und unsachlicher wurde, beschwerte sich Milne bei einem einflussreichen Mitglied der Royal Astronomical Society, dem er schrieb: »Ich kann Ihnen gar nicht sagen, in welche Unruhe mich das Ganze gestürzt hat. Ich musste mir vor der ganzen R.A.S. sagen lassen, Unsinn verzapft zu haben, nur weil ich zu anderen Ergebnissen gekommen bin.« Auch Eddington hatte wohl bemerkt, dass er den Bogen überspannt hatte, und äußerte sich etwas versöhnlicher: »Ich verzweifle fast an dem Versuch, meine Kontroverse mit Professor Milne aus den Verwicklungen zu befreien, in die sie geraten ist.«

Während die zwei Kampfhähne in England mühsam einen Waffenstillstand schlossen, kam per Schiff aus Indien ein junger Physiker angereist, der bald das Hauptziel für neue Attacken von Eddington werden sollte. Es handelte sich um Subrahmanyan Chandrasekhar (1910–1995), der allgemein nur »Chandra« genannt wurde. Er war der Neffe des indischen Physikers Chandrasekhara Venkata Raman (1888–1970), der 1930 den Nobelpreis für Physik bekommen hatte. Chandra wollte am Trinity College in Cambridge bei dem schon erwähnten Professor Fowler promovieren. Um sich auf die ersten Gespräche mit Fowler vorzubereiten, las er auf der langen Schiffsreise nicht nur Arbeiten über die Relativitätstheorie, sondern auch Eddingtons Buch über den inneren Aufbau der Sterne und Fowlers Artikel über dichte Materie, in dem mit Hilfe der Quantenphysik erklärt wurde, dass auch sehr dichte Sterne nicht vollständig kollabieren können. Chandra berechnete anhand Fowlers Angaben die Dichte im Zentrum eines Weißen Zwergs auf etwa eine Million Gramm pro Kubikzentimeter. Das führte ihn zu der Annahme, dass die Elektronen im Kern des Sternes sich unter dem gewaltigen Druck fast mit Lichtgeschwindigkeit bewegen müssten und deshalb die Relativitätstheorie zur Anwendung kommen könnte. Dieses Phänomen bezeichnete er als »relativistisch entartetes Elektronengas«. Weitere überschlägige Berechnungen ergaben, dass die Masse eines Weißen Zwergs begrenzt sein muss, und zwar auf etwas weniger als die Sonnenmasse. Damit hatte Chandra eine neue wichtige Naturkonstante entdeckt, die für die Erklärung des Phänomens der Weißen Zwerge von großer Bedeutung war. Die Konstante bekam später die Bezeichnung »Chandrasekhar-Grenze«, der Grenzwert wurde allerdings nach genaueren Berechnungen auf das 1,45-fache der Sonnenmasse angehoben. Wenn ein Weißer Zwerg diese Massengrenze deutlich übersteigt, muss er nach Chandras Berechnungen instabil werden und innerhalb kürzester Zeit vollständig kollabieren.

Als Chandra nach einigen Einreiseschwierigkeiten endlich in Cambridge ankam, begann er sofort mit der Ausarbeitung von zwei Publikationen über die von ihm entdeckte Massengrenze. Erstaunlicherweise hielt sein Doktorvater Fowler die Arbeiten nicht für besonders wichtig, sondern tat sie mit dem Standardkommentar »sehr interessant« ab. Trotzdem veröffentlichte Chandra sie 1931 im *Astrophysical Journal*, musste aber feststellen, dass die

Subrahmanyan Chandrasekhar
(Mit freundlicher Genehmigung der University of Chicago).

Kollegen in Cambridge kaum darauf reagierten. Lediglich Milne schrieb ihm aus Oxford einen Brief, in dem er feststellte: »Ihre Schlussfolgerung in ihrer gegenwärtigen Form erwächst aus den merkwürdigen Eigenschaften (relativistische Entartung), aber ich glaube, Sie sind dem Eddington'schen Fehler verfallen, physikalische Konsequenzen aus einer unvollständigen algebraischen Behandlung abzuleiten.« Trotzdem bemühte sich Milne um Chandra, da er in ihm einen möglichen Verbündeten gegen Eddington sah. In seinem nächsten Brief versuchte er sogar, den jungen Inder zu einem Angriff auf Eddington zu bewegen, indem er schrieb: »Es ist für die Wissenschaft von grundsätzlicher Bedeutung, dass dort, wo ein Fehler gemacht worden ist, auf ihn hingewiesen wird – so höflich wie möglich –, und da es genug Kontroversen zwischen Eddington und mir gegeben hat, sollte es auf keinen Fall so aussehen, als resultiere der Hinweis auf den Fehler nur aus den bestehenden Antipathien zwischen A.S.E. und mir.«

Chandra konnte diesem Ansinnen zunächst entfliehen, weil er für einige Zeit nach Göttingen ging, wo damals eine Hochburg der neuen Quantenphysik bestand. Aber schon kurz nach seiner Rückkehr kam es zu einem erneuten Gespräch mit Milne, der seine Vorstellungen über den totalen Kollaps Weißer Zwerge weiterhin ablehnte. Chandra schrieb dazu später: »Milne weigerte sich, das Ergebnis anzuerkennen, und zwar aus dem einfachen Grund, weil es seine These verletzte« – die besagte, dass alle Sterne nicht mehr weiter komprimierbare Kerne bilden und sich deswegen niemals in nichts auflösen könnten. Chandra war von der negativen Stimmung in England so deprimiert, dass er für eine Zeit lang in Kopenhagen aufhielt und hoffte, bei dem schon damals berühmten Niels Bohr (1885–1962) so viel über theoretische Physik zu erfahren, dass er die Astrophysik aufgeben könne. Das gelang aber nicht, und er musste notgedrungen nach Cambridge zurückkehren, um dort ohne allzu große Begeisterung seine Doktorarbeit zu beenden. Als Chandra Fowler fragte, ob er das Manuskript der Arbeit sehen wolle, bekam er die nicht sehr aufbauende Antwort: »Nein, definitiv nein! Geben Sie sie einfach ab.«

Auch bei der mündlichen Prüfung, die von Fowler und Eddington abgenommen wurde, schienen die beiden Professoren nur wenig Interesse an der Arbeit des Doktoranden zu haben, vielmehr stritten sie sich dauernd um irgendwelche Kleinigkeiten. Angesichts dieser unerfreulichen Umstände hatte Chandra nur wenig Hoffnung, dass seine Bewerbung um den Posten eines Fellows am Trinity College Erfolg haben könnte. Umso mehr freute er sich, als er erfuhr, dass er doch zu den Auserwählten gehörte. Mit deutlich gesteigertem Selbstvertrauen publizierte Chandra 1934 einen Artikel in der Zeitschrift *The Observatory*. Um Eddington milde zu stimmen, schrieb er am Schluss: »Die allgemeinen Anhaltspunkte sprechen also bei gewöhnlichen Sternen für Eddingtons Hypothese des idealen Gases.« Auf die Darstellung der Besonderheiten bei den Weißen Zwergen verzichtete er vorsichtshalber. Der Artikel hatte die gewünschte Wirkung, denn Eddington besuchte ihn nun häufig und besorgte ihm sogar eine der schnellsten Rechenmaschinen, die es damals gab. Auch Milne beglückwünschte ihn zu der Arbeit, weshalb Chandra kurzfristig das Gefühl hatte, es wäre ihm gelungen, eine wissenschaftliche Basis zu erarbeiten, die beide Streithähne akzeptieren könnten.

Doch am 11. Januar 1935 musste er auf einer Sitzung der Royal Astronomical Society in London feststellen, dass er sich grundlegend geirrt hatte. An diesem Tage hatte er die Ehre, direkt vor Eddingtons Beitrag ein halbstündiges Referat halten zu dürfen. Chandra beschloss, diesmal keine Rücksichten auf irgendwelche

Animositäten zu nehmen, sondern seine Vorstellungen auch über die Weißen Zwerge ungeschminkt darzustellen. Sein Schlusssatz lautete: »Das Leben eines Sterns von kleiner Masse muss sich wesentlich von dem eines Sterns großer Masse unterscheiden ... Für einen Stern kleiner Masse ist das Stadium des Weißen Zwergs ein erster Schritt zum völligen Erlöschen. Ein Stern von großer Masse kann nicht in das Stadium des Weißen Zwergs eintreten, sodass wir hier andere Möglichkeiten in unsere Spekulationen einbeziehen müssen.« Alle waren nun gespannt auf Eddingtons Reaktion. Die ließ auch nicht lange auf sich warten. Er schritt würdevoll zum Podium und begann mit dem theatralischen Satz: »Ich weiß nicht, ob ich diese Sitzung lebendig verlassen werde.« Dann warf er Chandra vor, er ginge von einer völlig falschen Grundlage aus, da die Masse eines Weißen Zwergs keine Obergrenze habe und es so etwas wie eine relativistische Entartung gar nicht gäbe. Im weiteren Verlauf seines Referats verhöhnte und verspottete er den jungen Astrophysiker in übelster Weise. Zum Beispiel bezeichnete er Chandras Ausführungen als »stellare Possenschneiderei« und sagte abschließend: »Es sollte ein Naturgesetz geben, das einen Stern daran hindert, sich so absurd zu verhalten.« Keiner der Anwesenden getraute sich, Chandras Partei zu ergreifen. Als dieser sich selbst verteidigen wollte, erteilte ihm der Vorsitzende nicht das Wort, sondern rief den nächsten Referenten auf. Chandra war von den weitgehend unsachlichen und teilweise geradezu bösartigen Attacken schwer getroffen. Später schrieb er darüber, es war »ein vollkommen unerwartetes Ereignis, das mein wissenschaftliches Selbstvertrauen fast zerstört hätte ... Eddington war es gelungen, mich als kompletten Idioten hinzustellen.«

Da auch in der Folgezeit niemand öffentlich für ihn Partei ergriff, begriff Chandra allmählich, dass er in England keine Entwicklungschancen hatte, und ging in die USA. Zunächst war er am Observatorium der berühmten Harvard University tätig, wurde aber bald an das ebenfalls sehr renommierte Yerkes-Observatorium berufen, das der Universität von Chicago angegliedert war. An seinen Vater schrieb er: »Alles in allem bin ich davon überzeugt, dass Amerika das erste Land ist, das mich für bedeutend genug hält, um mir ein Jahresgehalt und eine gehobene Position an einer Universität anzubieten. In Indien nimmt man meine Existenz überhaupt nicht zur Kenntnis, und in England ... hat man Vorurteile und zögert, Indern eine dauerhafte Anstellung zu geben ...« Mit seiner ihm frisch angetrauten Frau lebte er sich in den USA schnell ein und war wissenschaftlich bald sehr erfolgreich. 1939 veröffentlichte er ein Buch über die Struktur von Sternen, in dem er sich noch einmal intensiv mit den Weißen Zwergen beschäftigte. Eddingtons Kommentar dazu war kurz und bösartig: »Wie nett, dass er alle seine Fehler an einem Ort versammelt hat.« Danach wandte Chandra sich anderen Themen zu, da ihm bewusst wurde, dass Eddington in diesem Bereich weiterhin jeden Fortschritt blockierte. Aber auch sein nächstes Buch über die Dynamik von Sternen wurde von Eddington in völlig unsachlicher Form begutachtet. Er schrieb unter anderem: »In dem Maße, wie auf einem Forschungsfeld Fortschritte erzielt werden, weicht die bestechende Einfachheit der Pioniere komplizierten Ausarbeitungen. In den letzten drei Jahren hat sich Dr. Chandrasekhar intensiv mit den mathematischen Grundlagen der Sterndynamik auseinandergesetzt ... Natürlich lässt sich diese massive Vorgehensweise irgendwie rechtfertigen; trotzdem bleibt das deprimierende Gefühl, dass ein Forschungsfeld, das vor 30 Jahren als fröhliches Abenteuer begann, in eine Phase stumpfer Hässlichkeit eingetreten ist.«

1939 trafen sich Eddington und Chandra noch einmal persönlich in Paris anlässlich einer internationalen Astrophysikertagung. Im Vorfeld hatte Eddington Chandra schon folgende Warnung zukommen lassen. »Wenn wir bei unseren vorgesehenen Themen bleiben, sollten wir uns, denke ich, nicht in die Quere kommen. Sollten Sie jedoch in irgendeiner Form auf Einzelheiten der Theorie der Weißen Zwerge eingehen, erwarte ich, dass wir in vollkommenen Widerspruch zueinander geraten.« Der Organisator der Tagung hatte aber inzwischen Chandra den Rücken mit folgenden Sätzen gestärkt: »Glauben Sie bitte nicht einen Augenblick lang, dass Sie das Thema der Weißen Zwerge fallen lassen müssten, denn zahlreiche Teilnehmer haben den Wunsch geäußert, dass Sie es behandeln und nicht Sir Arthur.« So war denn eine neue Auseinandersetzung der beiden Referenten unvermeidlich. Im Gegensatz zu früher gab es diesmal aber eine ganze Reihe von Wortmeldungen, die Chandra unterstützten, sodass Eddington sich schließlich gezwungen sah, etwas zurückzustecken. Am Ende der Tagung startete er sogar einen halbherzigen Versöhnungsversuch, indem er zu ihm sagte: »Tut mir leid, wenn ich Ihnen heute Morgen zu nahe getreten bin.« Chandra fragte kühl: »Sie haben ihre Meinung nicht geändert?« Als Eddington mit einem klaren Nein antwortete, erwiderte Chandra scharf: »Was tut Ihnen dann leid?« Dann wendete er sich ab. Bis zu seinem Tod im November 1944 bekämpfte Eddington weiter Chandras Theorie über die Weißen Zwerge und behinderte damit aufgrund seiner großen Autorität die Entwicklung in diesem Bereich der Astrophysik erheblich. Heute ist allgemein anerkannt, dass Sterne vollkommen kollabieren können. Chandra schuf mit seinen Arbeiten auch wichtige Grundlagen für die Erforschung der sogenannten »Schwarzen Löcher« im Weltall. Gemeinsam mit William Alfred Fowler (1911–1995) wurde er dafür 1983 mit dem Nobelpreis für Physik geehrt. Aber schon ein Jahr vor dieser großen Auszeichnung erhielt er eine Einladung vom Trinity College in Cambridge. Er sollte anlässlich des 100. Geburtstags von Eddington die Festrede halten. Chandra stand vor einem Dilemma: Einerseits wollte er Eddington als Wissenschaftler durchaus gerecht werden, andererseits konnte er aber auch dessen unfaires Verhalten nicht unerwähnt lassen. Der Ausweg, den er schließlich fand, war genial: Er hielt nicht eine Rede, sondern zwei. In der ersten Rede würdigte er Eddingtons wissenschaftliche Leistungen sehr ausführlich. Bei seiner zweiten Ansprache, die er am übernächsten Tag hielt, ging er mit seinem Gegner hart ins Gericht. Schon am Anfang stellte er klar: »Leider wird diese Vorlesung nicht ausgesprochen erfreulich sein.« Dann zählte er Eddingtons bösartige Kommentare auf und verglich sie mit den wissenschaftlichen Erkenntnissen des Jahres 1982. Gegen Ende seiner Rede erklärte er: »Ich kann nur sagen, dass es mir schwerfällt, zu verstehen, warum Eddington, einer der ersten und hartnäckigsten Verfechter der allgemeinen Relativitätstheorie, die Schlussfolgerung so unannehmbar fand, dass in der natürlichen Evolution der Sterne Schwarze Löcher auftreten können.« Seinen Schlusssatz formulierte Chandra sehr geschickt und setzte hinzu: »Und so erinnern wir uns heute mit Verehrung eines großen Geistes, der unbeirrt der Sonne entgegenschwebte.« Von Eddington war nämlich bekannt, dass er große Sympathien für die griechische Sagengestalt des Ikarus empfunden hatte. Der war bekanntlich aus Übermut der Sonne zu nahe gekommen und stürzte ab, weil seine Flügel schmolzen. Mit diesem Hinweis deutete er recht diplomatisch seine Meinung an, dass Eddington in wissenschaftlicher Hinsicht nach einem steilen Höhenflug tief gestürzt sei. Chandra starb am 21. August 1995 im gesegneten Alter von 85 Jahren in Chicago. 1999 wurde ihm posthum noch die große Ehre zuteil, dass ein großes Röntgenteleskop, das in den Weltraum geschossen wurde, den Namen »Chandra-X-Ray Observatory« erhielt.

## Antiprotonen vor Gericht

### Oreste Piccioni verklagt Emilio Segrè

Das Ereignis war höchst ungewöhnlich und rief nicht nur in den USA, sondern auf der ganzen Welt ein entsprechendes Medienecho hervor: Der aus Italien stammende Physiker Oreste Piccioni (1915–2002) verklagte 1972 seinen Kollegen und Landsmann Emilio Segrè (1905–1989) vor einem US-Gericht wegen des Diebstahls von geistigem Eigentum. Gleichzeitig forderte er Schadensersatz in Höhe von 125 000 Dollar und eine öffentliche Erklärung, in der Segrè anerkennen sollte, dass die Idee für ein wichtiges Experiment von Piccioni stamme. Bei dem Streit ging es um die Entdeckung der Antiprotonen, für die Segrè und sein Kollege Owen Chamberlain (1920–2006) 1959 mit dem Nobelpreis für Physik ausgezeichnet worden waren. Piccioni hatte sich also mit seiner Klage mehr als 13 Jahre Zeit gelassen. Die ganze Geschichte erscheint zunächst ziemlich abwegig, sie wird aber verständlicher, wenn man sich etwas näher mit Piccionis Lebensweg und dem Ablauf der vorangegangenen Ereignisse befasst.

Oreste Piccioni wurde 1915 in Siena geboren. Er studierte in Rom an der sehr renommierten Universität La Sapienza Physik und promovierte 1938 bei dem berühmten Atomphysiker Enrico Fermi (1901–1954). Nach kurzer Assistentenzeit wurde er selbst zum Professor ernannt und beschäftigte sich vor allem mit kosmischer Strahlung. International bekannt wurde er durch ein Experiment, mit dessen Hilfe er nachweisen konnte, dass die Mesonen nicht, wie vielfach vermutet, für die starken subatomaren Bindungskräfte verantwortlich sind. Während des Zweiten Weltkriegs sympathisierte Piccioni mit der antifaschistischen Widerstandsbewegung. Als die deutsche Wehrmacht gegen Ende des Krieges große Teile Italiens besetzte, floh er in den Süden, wurde aber gefangen genommen und in ein Lager gebracht. Ein Freund bestach die Aufseher mit Schokolade, Zigaretten und Damenstrümpfen


*Kampfhähne der Wissenschaft*. Heinrich Zankl

ISBN: 978-3-527-32579-5

und erreichte so Piccionis Freilassung. Danach unterstützte er die Untergrundkämpfer aktiv, indem er für sie heimlich Radios baute. Kurz nach Kriegsende übersiedelte Piccioni in die USA, weil ihm an dem schon damals weltberühmten Massachusetts Institute of Technology (MIT) eine interessante Position angeboten worden war. Nach zwei Jahren wechselte er an das neu errichtete Brookhaven National Laboratory in Upton/New York, wo er noch bessere Arbeitsbedingungen erwartete. Dort erfuhr er 1954, dass im Lawrence Livermoore Laboratory in Berkeley/Kalifornien der damals weltweit leistungsfähigste Teilchenbeschleuniger installiert wurde, der den Namen Bevatron trug. Piccioni war fasziniert von den experimentellen Möglichkeiten, die dieses Gerät für die Erforschung subatomarer Strukturen eröffnete, und versuchte deshalb, möglichst schnell an das Bevatron heranzukommen. Glücklicherweise arbeitete Emilio Segrè, der ebenfalls aus Italien stammte, in dem Institut in Berkeley. Ihn sprach Piccioni im Dezember 1954 während einer Physikertagung an, und schon wenig später konnte er einer Vorführung des bewunderten Gerätes beiwohnen. Bei dieser Gelegenheit machte Piccioni Segrè Vorschläge, wie man mit Hilfe des Bevatrons die Antiprotonenforschung verbessern könne, denn bis zu diesem Zeitpunkt waren alle Versuche erfolglos geblieben, diese wichtigen Elemente der Antimaterie durch Zerstörungsexperimente zu erforschen. Piccioni hatte die Idee, das Moment und die Flugzeit der Antiprotonen zu messen und daraus ihre Masse zu berechnen. Dabei musste es allerdings gelingen, sehr wenige Antiprotonen innerhalb einer riesigen Wolke von Mesonen zu erfassen. Um das zu erreichen, wollte er ein Spektrometer mit zweifacher Magnetlinse und einen sogenannten Tscherenkow-Zähler einsetzen.

Segrè war von diesen Plänen sehr angetan, und deshalb wurde vereinbart, die Antiprotonen-Untersuchungen gemeinsam durchzuführen. Sehr zufrieden kehrte Piccioni nach Brookhaven zurück und wartete auf die Nachricht, wann die Versuche beginnen können. Als er längere Zeit nichts von Segrè hörte, fuhr Piccioni erneut nach Berkeley, um den Zeitplan und das weitere Vorgehen noch einmal persönlich zu besprechen. Er war wie vom Donner gerührt, als er dort erfuhr, dass Segrè mit seinen Kollegen Chamberlain, Wigand und Ypsilantis die besprochenen Experimente bereits durchgeführt hatte und damit erstmals die Existenz von Anti-

Edwin McMillan, links, und Edward Lofgren rechts auf der Ummantelung des Bevatrons. (Mit freundlicher Genehmigung der Lawrence Berkeley National Laboratory).

protonen eindeutig nachweisen konnte. Piccioni reiste empört ab und schrieb einen geharnischten Protestbrief an Ernest O. Lawrence (1901–1958), der damals Chef des Strahlungslabors war, in dem das Bevatron stand. In dem Schreiben berichtete Piccioni von den Versprechungen, die Segrè ihm gemacht, aber nicht eingehalten hatte. Lawrence bat Piccioni daraufhin zu einem Gespräch, aber anstatt ihm behilflich zu sein, kanzelte er ihn in Anwesenheit mehrerer hochrangiger Physiker wie einen Schuljungen ab und verbat sich weitere Belästigungen. Segrè befürchtete, Piccioni könne in ohnmächtiger Wut mit seinen Anschuldigungen an die Öffentlichkeit gehen und versuchte deshalb, den erregten Kollegen zu besänftigen. Er versprach Piccionis weitere Karriere intensiv zu fördern und ihm insbesondere bei seiner Einbürgerung in die USA behilflich zu sein. Bei diesem Vorhaben benötigte Piccioni tatsächlich erhebliche Unterstützung, denn vor allem wegen seiner linksgerichteten politischen Einstellung machten ihm die Behörden in dem langwierigen Verfahren immer wieder große Schwierigkeiten. Ob Segrè in dieser Hinsicht tatsächlich tätig wurde, ist nicht überliefert, aber er erreichte immerhin, dass Piccioni sich jahrelang ruhig verhielt. Als dann aber Segrè und Chamberlain 1959 den Nobelpreis erhielten, platzte dem leicht erregbaren Piccioni wieder der Kragen, und er wandte sich erneut an den Direktor des Strahlungsinstituts in Berkeley, der inzwischen McMillan hieß, weil Lawrence verstorben war. Es fand ein neues Gespräch statt, bei dem auch Segrè anwesend war. Man versprach Piccioni, ihn für den Nobelpreis vorzuschlagen, wenn er die unangenehmen Vorkommnisse nicht wieder aufrühren würde. Piccioni schluckte den Köder und wartete die nächsten Jahre brav auf Nachricht aus Stockholm. Erst 1972 wurde ihm klar, dass er verschaukelt worden war. Nun beschloss er, die Angelegenheit gerichtlich zu klären, und reichte die schon erwähnte Klage beim zuständigen Gericht in Alameda/Kalifornien ein. Das Verfahren ging durch mehrere Instanzen und zog sich über zwei Jahre hin. Am Ende unterlag Piccioni vor dem obersten Gerichtshof der USA aus formalen Gründen, weil seine Ansprüche bereits verjährt waren. Das Gericht stellte aber fest, dass ihm durch Segrès Verhalten erheblicher Schaden zugefügt worden war, sodass Piccioni zumindest moralisch einen Teilerfolg erzielt hatte. Auch der Wissenschaftshistoriker J. L. Heilbronn, der sich mit dem Fall intensiv beschäftigte, kam nach dem Studium vieler Unterlagen, einschließlich zahlreicher persönlicher Briefe, in seinem 1989 erschienenen Artikel »Die Entdeckung des Antiprotons« zu dem Ergebnis, dass Piccioni tatsächlich betrogen worden war. Gleichzeitig betonte er aber auch, dass Piccioni durch öffentliche Äußerungen ohne Zweifel einige Tabus verletzt hatte: »den Einfluss der Politik auf die Wissenschaft, das nicht genau bestimmbare Berufsethos der Wissenschaftler, die Schwierigkeit, die Verdienste einzelner Forscher bei wissenschaftlichen Großprojekten genau zu unterscheiden, die Prestigeträchtigkeit des Nobelpreises, aber auch das Kriterium des Alters für beruflichen Erfolg und Beförderung und die Gefahren der Großphysik, bei der wenige Personen direkt die Verteilung und Verwendung großer Geldsummen kontrollieren«. Für diesen Tabubruch musste Piccioni jahrelang büßen, denn viele Physiker hielten es für unverzeihlich, dass er den Streit um seine Beteiligung an den Antiprotonen-Versuchen außerhalb der Wissenschaft ausgetragen hatte. Das von ihm angestrengte Gerichtsverfahren wurde vor allem auch in Brookhaven als Nestbeschmutzung aufgefasst. Dort wurde Piccioni so lange schikaniert, bis er seine Stellung aufgab und an die Universität in San Diego wechselte, wo er noch viele Jahre sehr erfolgreich einige große Forschungsprojekte leitete. Seine Verdienste vor allem auf dem Gebiet der Teilchenphysik wurden 1999 von der italienischen Akademie der Wissenschaften durch die Verleihung der Matteuci-Medaille gewürdigt. Damit stand in einer Reihe mit so berühmten Forscherpersönlichkeiten wie Albert Einstein, Pierre und Marie Curie, Ernst Rutherford und Niels Bohr, die alle auch mit dieser hoch angesehenen Auszeichnung geehrt worden waren. Piccioni verstarb am 13. April 2002 im gesegneten Alter von 86 Jahren in seinem Haus in der Nähe von Santa Fe/Kalifornien. In einem Nachruf würdigte ihn ein Kollege von der Universität in San Diego mit folgenden Worten: »Er war ein Genie. Was die physikalischen Fähigkeiten betrifft, war er einer der weltweiten Spitzenphysiker im Bereich der frühen Elementarteilchenforschung.« Trotz dieses Lobes scheint Piccionis Tabubruch mit der nachfolgenden Ächtung durch das physikalische Establishment noch bis heute nachzuwirken. Obwohl seine großen wissenschaftlichen Verdienste unzweifelhaft sind, wird er in kaum einem Nachschlagewerk außerhalb Italiens erwähnt. An der Unterminierung seines Rufes hat auch Segrè tatkräftig mitgewirkt. In seiner 1993 erschienenen Autobiografie wird der Name Piccioni nur in wenigen Zeilen erwähnt. Zunächst weist Segrè daraufhin, dass er Piccionis Ratschläge zur Antiprotonenforschung am Bevatron mehrfach in Publikationen erwähnt habe. Dann wird kurz die Niederlage Piccionis vor Gericht erwähnt. Schließlich zitiert Segrè einen Kollegen, der zu ihm einmal gesagt haben soll: »Armer Oreste, armer Oreste!« Als Segrè ihn gefragt hat: »Warum armer Oreste und nicht armer Emilio?«, soll dieser geantwortet haben: »Nein, armer Oreste und nicht armer Emilio, weil Oreste verrückt ist, und du bist es nicht!« Dass Segrè mit dieser Darstellung seinem Kollegen und Landsmann gerecht geworden ist, darf durchaus bezweifelt werden. Aber der Gewinn des Nobelpreises in Physik ist ja auch noch keine Garantie für einen noblen Charakter.

## Unklare Herkunft

Streit über den Ursprung des Menschen

Die Paläoanthropologie, die manchmal auch Prähistorische Anthropologie genannt wird, beschäftigt sich hauptsächlich mit der Entwicklungsgeschichte des Menschen. Grundlage der Forschung sind vor allem Fossilfunde, wobei sich insbesondere bei sehr alten Fundstücken immer die schwierige Frage stellt, ob sie überhaupt schon der menschlichen Evolution zuzuordnen sind oder ob sie eher in den Stammbaum der Menschenaffen passen. Nach dem heutigen Kenntnisstand haben sich vor etwa sechs bis acht Millionen Jahren die Entwicklungslinien getrennt, aus denen später der heutige Mensch bzw. der Schimpanse hervorgegangen ist. Da trotz intensiver Grabungstätigkeit auf der ganzen Welt bisher nur wenige gut erhaltene Fossilien aus der Frühzeit der menschlichen Entwicklung entdeckt worden sind, ist jeder neue Fund eine Sensation und macht seinen Entdecker oft schnell berühmt. Gleichzeitig entsteht aber meist auch ein heftiger Streit um die Einordnung in den humanen Stammbaum, denn nicht selten wird nur ein Schädelfragment oder vielleicht sogar nur ein Zahn entdeckt, sodass sehr unterschiedliche Interpretationen des Fundes möglich sind. Manchmal kommt es sogar vor, dass Fossilfunde von überehrgeizigen Forschern gefälscht werden. In dieser Hinsicht hat beispielsweise der Piltdown-Mensch eine traurige Berühmtheit erlangt, dessen Schädel 1912 in England der Öffentlichkeit vorgestellt worden ist. Er ist mit dem lateinischen Namen *Eonanthropus dawsoni* belegt. Sein Alter wurde auf etwa 500 000 Jahre geschätzt. Erst Jahrzehnte später ist eindeutig bewiesen worden, dass es sich um eine Fälschung handelte. Dem mutmaßlichen Hersteller Charles Dawson (1864–1916) hatte man jedoch inzwischen schon ein Denkmal gesetzt, das heute noch in der Nähe des Dorfes Piltdown in der Grafschaft Sussex zu besichtigen ist.

*Kampfhähne der Wissenschaft*. Heinrich Zankl

ISBN: 978-3-527-32579-5

In der zweiten Hälfte des 19. Jahrhunderts wurde über die Bedeutung und Aussagekraft menschlicher Fossilfunde vor allem aus weltanschaulichen Gründen heftig gestritten (siehe auch S. 34). In der Folgezeit kam es vermehrt zu Auseinandersetzungen zwischen einzelnen Forschern, die sich gegenseitig vorwarfen, Fundstücke falsch interpretiert und nicht richtig in den menschlichen Stammbaum eingeordnet zu haben. Dabei spielten oft persönliche Eitelkeiten und Rivalitäten eine größere Rolle als fundierte wissenschaftliche Argumente.

Eine besonders intensive und lang anhaltende Fehde begann in den 70er Jahren des 20. Jahrhunderts zwischen dem britisch-stämmigen Leakey-Clan und dem jungen ehrgeizigen US-Anthropologen Donald C. Johanson (geb. 1943). Der Senior der Familie Leakey, die schon über ein halbes Jahrhundert in der Paläoanthropologie eine maßgebliche Rolle spielt, war Louis Seymour Bazett Leakey (1903–1972), der als Sohn eines britischen Missionar-Ehepaars in Kenia geboren wurde. Er interessierte sich schon als Kind für menschliche Fossilien und studierte daher an der renommierten Universität in Cambridge Anthropologie und Archäologie. Im Anschluss daran leitete er mehrere Ausgrabungskampagnen in Afrika. Ab 1945 war Louis Leakey am Nationalmuseum von Kenia angestellt. Von dort aus organisierte er mit seiner zweiten Frau Mary (1913–1996) weitere Expeditionen in Ostafrika, die insbesondere in der Olduvai-Schlucht, die im heutigen Tansania liegt, sehr erfolgreich waren. Dort fanden sie 1959 zahlreiche Fragmente eines gorillaähnlichen Schädels, den sie einer neuen Hominidenart zuordneten, die sie *Zinjanthropus boisei* nannten. Da der Fund auf ein Alter von 1,75 Millionen Jahren geschätzt wurde, hielt man ihn für einen der frühesten Vertreter der humanen Entwicklungslinie und gab ihm wegen seines sehr großen Gebisses den Spitznamen »Nussknackermensch«. Später kamen allerdings Zweifel auf, ob er wirklich in die Gruppe der menschlichen Vorfahren eingeordnet werden kann, und er erhielt den Namen *Australopithecus boisei* bzw. *Paranthropus boisei*. Der Zusatz »boisei« war eine Geste der Dankbarkeit an den Londoner Geschäftsmann Charles Boise, der durch seine großzügige finanzielle Unterstützung die aufwendigen Expeditionen der Leakeys erst ermöglichte. In den 60er Jahren machte das Ehepaar Leakey, zum Teil gemeinsam mit seinen Söhnen Jonathan und Richard, noch weitere wichtige Hominidenfunde und bestätigte damit die damals noch sehr umstrittene Vermutung von Charles Darwin (1809–1882), dass die frühesten Vorfahren des heutigen Menschen in Afrika beheimatet waren. Während Jonathan Leakey (geb. 1940) sich später dem Tier- und Pflanzenhandel zuwandte, trat Richard (geb. 1944) nach einigen Umwegen in die Spuren seiner Eltern und widmete sich der Paläoanthropologie. Allerdings brach er seine wissenschaftliche Ausbildung in England bereits nach sechs Monaten ab und kehrte nach Kenia zurück, um vor allem im Bereich des Turkana-Sees (dem früheren Rudolf-See) nach Fossilien zu suchen. 1972 entdeckte er dort einen etwa 2 Millionen Jahre alten Schädel, der ungewöhnlich gut erhalten war. Da der Gehirnschädel recht groß erschien, bezeichnete Richard Leakey seinen Fund als *Homo habilis*. Dieser Name, der schon von Louis Leakey für einen fossilen Schädel aus der Olduvai-Schlucht verwendet wurde, sollte anzeigen, dass es sich dabei um Frühmenschen handelte, die bereits handwerkliche Fähigkeiten besaßen, denn das lateinische Wort »habilis« bedeutet »geschickt« oder »fähig«. Heute wird der Schädel allerdings der Gruppe *Homo rudolfensis* zugeordnet, weil er sich von den anderen Schädeln des *Homo habilis* doch deutlich unterscheidet. Durch den zweifellos sehr bedeutenden Fossilfund wurde Richard Leakey weltweit ähnlich bekannt wie seine Eltern. In Kenia ehrte man ihn durch die Berufung zum Direktor des Nationalmuseums und Chefarchäologen, obwohl er keinen akademischen Abschluss hatte. In den Folgejahren machte Richard Leakey weitere wichtige Funde und stieg zum Superstar der Paläoanthropologie auf. Das in den USA sehr populäre *Time Magazine* widmete ihm 1977 sogar eine Titelstory.

Während Richard Leakey in Kenia seine Erfolge feierte, nahm der amerikanische Anthropologe Donald Johanson an der internationalen Afar-Forschungsexpedition teil, die von 1972–1977 dauerte und in eine unwirtliche Gegend namens Hadar in der äthiopischen Provinz Afar führte. Das aufwendige Forschungsvorhaben war zunächst vor allem auf geologische Ziele ausgerichtet, aber auch prähistorische Untersuchungen sollten stattfinden. Neben dem französischen Paläontologen Yves Coppens (geb. 1934) durfte auch Johanson teilnehmen, weil Richard Leakey ihn als guten Paläoanthropologen empfohlen hatte. Johanson verschob für diese Chance sogar die Fertigstellung seiner Doktorarbeit und wollte unbedingt erfolgreich sein. Ein Mitglied des Expeditionsteams erinnerte sich

*Australopithecus boisei* lebte vor ca. 2,3 bis 1,4 Millionen Jahren in Ostafrika und wurde von Mary Leakey gefunden. (© Hans-Peter Willig).

später: »Johanson war besessen von dem Wunsch, Hominiden zu finden. Er wollte sich die Expedition vollkommen unterordnen, um seine Suche zum einzigen Zweck der Grabungen zu machen.« Als Richard Leakey das Lager 1973 besuchte, fragte er Johanson, ob er denn wirklich glaube, hier auf menschliche Fossilien zu stoßen. Der war sich seiner Sache so sicher, dass er antwortete: »Älter als Ihre, darauf wette ich eine Flasche Wein.« Leakey nahm die Wette an – und musste ein Jahr später eingestehen, dass er sie verloren hatte. Johanson fand nämlich tatsächlich ein relativ gut erhaltenes Hominidenskelett, dessen Alter auf über drei Millionen Jahre geschätzt wurde. Durch diesen Erfolg schien er völlig außer Rand und Band geraten zu sein, denn die Reisejournalistin Virgina Morell beschrieb seine Reaktion so: »Er hielt Arm-, Schenkel- und Handknochen hoch in die Kamera und rief aus: He, Richard, sieh dir den an! Und der ist auch gut! Jetzt hab ich dich, Richard! Jetzt hab ich dich.« Die Forschergruppe feierte die ganze Nacht durch und sang gemeinsam immer wieder das damals sehr populäre Lied der Beatles »Lucy in the Sky with Diamonds«. Dabei wurde spontan die Idee geboren, dem vermutlich weiblichen Skelett, den Spitznamen »Lucy« zu geben. Unter diesem Namen wurde der Fund schnell in aller Welt bekannt. Johanson vermarktete ihn sehr geschickt, indem er Lucy sofort als den ältesten Vertreter des menschlichen Stammbaumes bezeichnete, der bisher gefunden wurde. Damit entwertete er bewusst die Funde von Richard Leakey, der darüber verständlicherweise nicht sehr erfreut war. In den folgenden beiden Jahren fand Johanson mit seinem Team im Hadar-Grabungsfeld noch weitere ähnliche Skelette, woraus er gleich eine »erste Familie« machte. Die Fossilien ordnete Johanson einer neuen Hominidenart zu, die er *Australopithecus afarensis* nannte. Bei den sehr zeitaufwendigen Präparations- und Bestimmungsarbeiten half vor allem der Paläoanthropologe Tim White (geb. 1950). Mit ihm gemeinsam publizierte Johanson 1979 in dem angesehenen Wissenschaftsjournal *Science* eine Arbeit, in der die menschliche Evolution anhand eines Stammbaumes neu dargestellt wurde. Darin war die Gruppe *Australopithecus afarensis* als Basis der Menschheitsentwicklung eingezeichnet. Von ihr aus führte ein Abzweig über den *Homo habilis* zum *Homo sapiens*. In einem anderen Zweig, der blind endete, war der *Australopithecus boisei* zu finden, den Louis Leakey ursprünglich als *Zinjanthropus* bzw. »Nussknackermenschen« bezeichnet hatte. Die Veröffentlichung ärgerte Richard Leakey gleich in mehrfacher Hinsicht. White hatte nämlich ursprünglich eng mit ihm kooperiert und vertrat nun auf einmal die Positionen der Konkurrenz. Außerdem schienen Leakey die vorliegenden Daten noch nicht ausreichend, um Lucy als Mutter der Menschheit zu bezeichnen. Besonders zornig war Richard Leakey aber darüber, dass Johanson den »Nussknackermenschen«, aus der menschlichen Ahnenreihe entfernt hatte. Auch Mary Leakey war empört, denn ihr Ehemann war auf diesen Fund besonders stolz gewesen und hatte ihm für die menschliche Evolution eine große Bedeutung beigemessen. Außerdem nahm sie Johanson übel, dass er bei der Aufstellung seines Stammbaumes auch ihre Funde einbezogen hatte, ohne sie vorher zu fragen. In einem Brief an einen Kollegen bezeichnete sie Johansons Publikation als »schlampig« und schlug vor, gemeinsam etwas gegen ihn zu unternehmen. Auf einer 1978 stattfindenden Tagung sagte Mary Leakey dann sehr deutlich ihre Meinung über Johansons Arbeitsweise und kritisierte heftig, dass er Lucy als Vertreterin einer neuen Hominidenart eingestuft hatte. Die Auseinandersetzung fand auch bald Niederschlag in der Presse. So berichtete beispielsweise die *New York Times* sogar auf Seite 1: »Zwei bekannte Anthropologen forderten einander … heraus.

Gegenstand des Streites ist die Frage, ob ein Fund … tatsächlich zu einer neuen vormenschlichen Art gehört, einem Vorfahren aller anderen bekannten menschlichen und menschenähnlichen Lebewesen. Zwei Amerikaner behaupteten …, ihnen sei ein solcher Fund gelungen. Der Kenia-Anthropologe Richard Leakey stellt dies in Frage. Einer der Amerikaner, Dr. Donald C. Johanson, erschien gemeinsam mit Mrs. Leakey auf einem hiesigen Symposium zur Evolution des Menschen und verteidigte seine Interpretation auf das Energischste.« Während diese Diskussion noch einigermaßen gesittet verlief, verschärfte sich die Situation erheblich, als Johanson 1981 in seinem Lucy-Buch Mary Leakey mit recht unfairen Worten angriff: »Sie … belästigte uns … mit einer Haarspalterei bezüglich der Nomenklatur, mit Fehlern, die wir ihrer Meinung nach bei der Benennung der neuen Art begangen hatten.« Die Leakeys reagierten darauf mit einer öffentlichen Beschwerde. Da die Medien solche Auseinandersetzungen immer gerne aufgreifen, wurden Donald Johanson und Richard Leakey zu einer Fernsehdiskussion eingeladen. Johanson malte gleich zu Beginn der Sendung seinen neuen Stammbaum an die Tafel, um seinen Gegner zu überrumpeln. Darüber ärgerte sich Leakey so, dass er die Zeichnung demonstrativ durchstrich und ein großes Fragezeichen danebenstellte, um seine Position klarzumachen, wonach die Basis für diesen Stammbaum völlig unzureichend war. Auch der Rest der Diskussion verlief äußerst kontrovers. Auf beiden Seiten fielen verletzende Worte. Nach diesem Zusammenstoß wollten die beiden Kontrahenten nichts mehr miteinander zu tun haben. 1984 versuchte das Amerikanische Museum für Naturgeschichte, die zwei prominenten Wissenschaftler im Rahmen einer großen Ausstellung mit dem Titel »Vorfahren: Vier Millionen Jahre Menschheit« noch einmal zu einem gemeinsamen Auftritt zu bewegen. Richard Leakey lehnte aber eine Teilnahme ab und gab für die Ausstellung keine Fundstücke aus der Leakey-Sammlung frei. Angeblich soll er auch dafür gesorgt haben, dass andere Museen sich ebenfalls nicht an ihr beteiligten. Vor allem wegen gesundheitlicher Probleme zog sich Richard Leakey bald danach aus der Feldforschung zurück und widmete sich mehr der Verwaltung des kenianischen Nationalmuseums. Von 1989 bis 1994 war er auch Direktor des Kenia Wildlife Service. Während dieser Tätigkeit, durch die er sich in Kenia viele Feinde machte, stürzte er mit dem Flugzeug ab und verlor beide Beine. Es kam sogar das Gerücht auf, er sei einem Anschlag zum Opfer gefallen. Trotz der schweren Behinderung engagierte sich Leakey weiter politisch und wurde 1997 ins kenianische Parlament gewählt. Er wurde danach mehrfach mit dem Tode bedroht und musste sich schließlich aus der aktiven Politik zurückziehen. Sein zweite Frau Meave (geb. 1942) setzte die Grabungsarbeit vor allem am Turkana-See fort, und inzwischen ist auch ihre Tochter Louise (geb. 1972) an dieser Arbeit beteiligt, sodass jetzt schon die dritte Generation des Leaky-Clans in der paläoanthropologischen Forschung vertreten ist. Meave hat mehrere bedeutende Hominidenfunde gemacht. Als besonders wichtig gilt ein 1999 gefundener Schädel, dem sie den wissenschaftlichen Namen *Kenyanthropus platyops* gab, was am ehesten mit »flachgesichtiger Keniamensch« übersetzt werden kann. Sein Alter wird mit 3,5 Millionen Jahren angegeben, und er sieht viel menschlicher aus als die etwa gleich alte Lucy.

Johanson scheint zu befürchten, dass seine Funde an Bedeutung verlieren könnten und versucht wohl deshalb, durch verstärkte publizistische Aktivitäten seinen Ruhm aufrechtzuerhalten. 2007 hat er mit den Originalfossilien einen auf sechs Jahre angelegten Ausstellungsmarathon durch mehrere amerikanische Museen gestartet, wobei auch eine sehr publikumswirksame Rekonstruktion von Lucy gezeigt wird. Richard Leakey kommentiert den Plan wenig schmeichelhaft mit den Worten: »Das ist eine Form der Prostitution, eine drastische Art der Ausbeutung menschlicher Vorfahren, die verboten werden sollte.« Die harsche Kritik bezieht sich vor allem auf die lang andauernde Verwendung der Originalknochen für Ausstellungszwecke, denn nach Leakeys Meinung werden die unersetzlichen Fossilien auf diese Weise großen Gefahren ausgesetzt. Angesichts der in den USA sehr zahlreichen fundamentalistisch eingestellten Christen, die Darwins Evolutionslehre mit allen Mitteln bekämpfen, sind diese Befürchtungen auch tatsächlich nicht ganz unbegründet.

Zu Beginn des 21. Jahrhunderts haben andere Forschergruppen einige sehr alte Fossilfunde publiziert, sodass die menschliche Entwicklungslinie heute vermutlich schon über sechs Millionen Jahre zurückverfolgt werden kann. Auch bei der Entdeckung und Bewertung dieser Fossilien ist vielfach mit höchst unfairen Methoden gekämpft worden. So ist beispielsweise der englischstämmige Kenianer Martin Pickford (geb. 1943) im Jahr 2000 in Kenia bei einer Grabung verhaftet worden, weil er angeblich keine gültige Lizenz gehabt hat. Wenige Tage später ist er allerdings wieder freigekommen und hat kurz danach gemeinsam mit einer französischen Kollegin die Fossilien eines Hominiden der Öffentlichkeit vorgestellt, dem er den klangvollen Namen »Millenium Man« gegeben hat. Inzwischen trägt der Fund die wissenschaftliche Bezeichnung *Orrorin tugenensis,* und es wird ihm ein Alter von etwas mehr als sechs Millionen Jahren zugeschrieben. Pickford hat bei der Vorstellung des »Millenium Man« schwere Vorwürfe gegen Richard Leakey erhoben, der seiner Meinung nach der Drahtzieher bei seiner Verhaftung gewesen sei. Pickford hat sogar versucht, vor Gericht eine Entschädigung zu erstreiten, was ihm aber nicht gelungen ist. Die Feindschaft zwischen den beiden aus England stammenden Kenianern dauert schon lange an und erreichte bereits 1995 einen ersten Höhepunkt, als Pickford ein Buch mit dem sehr provokativen Titel »Richard Leakey – Meister des Betrugs« publizierte. Darin erhebt er zahlreiche schwere Vorwürfe gegen seinen Kollegen. Unter anderem wird behauptet, Leakey sei korrupt und intrigant und habe als Direktor der kenianischen Museen öffentliche Gelder veruntreut. Außerdem sei Leakey ein gefürchteter Schürzenjäger und habe mit brutaler Autorität lange dafür gesorgt, dass in Kenia nur ihm und seiner Familie Grabungsrechte zugesprochen werden. Leakey hat auf diese Vorwürfe zwar nie öffentlich reagiert, aber man kann wohl annehmen, dass er Pickford diese unfairen Angriffe sehr übel genommen hat.

Als besonders wichtig für die Hominidenforschung gilt neben Kenia auch weiterhin die Afarregion in Äthiopien. Um die dortigen Grabungsrechte kämpfen seit einigen Jahren der österreichische Anthropologe Horst Seidler (geb. 1944) und sein äthiopischer Kollege Yohannes Haile-Selassie (geb. 1961), der den ca. 5,5 Millionen Jahre alten Hominiden *Ardipithecus kadabba* entdeckt hat. Der Äthiopier, der Doktorand bei Tim White gewesen ist, wirft Seidler vor, sich mit Hilfe äthiopischer Behörden eine Grabungslizenz für den Fundort Galili erschlichen zu haben, obwohl ihm bekannt war, dass Haile-Selassi dort schon seit Jahren erfolgreiche Ausgrabungen durchführt. Seidler bestreitet diese Vorwürfe natürlich, deutet aber an, dass unter Anthropologen recht raue Sitten herrschen. Während eines Interviews sagte er: »Die Aggression kann bis zur

Vernichtung gehen. Weshalb gerade wir besonders aggressiv sind, weiß ich nicht.« Im Streit zwischen Seidler und Haile-Selassie mischt auch der US-Amerikaner Tim White mit, der, wie schon erwähnt, früher enge Beziehungen zu Johanson unterhalten hat, inzwischen aber auch mit ihm zerstritten ist. White bezeichnet Seidler als »Emporkömmling« und »bloßen Computertomografietechniker«. Der wertet die Angriffe wiederum als den »Versuch einer Gruppe, ihre Hand über alles zu halten und die anderen nicht an den Futtertrog zu lassen«. Der bekannte deutsche Hominidenforscher Friedemann Schrenk (geb. 1956) bezeichnet in einem Interview mit dem *Spiegel* den Streit als »eine unappetitliche Auseinandersetzung um Ruhm und Erfolg«. Und er fügt selbstkritisch hinzu: »In Wahrheit tragen wir unsere eigenen Probleme in Afrika aus. Das ist in hohem Maße unfair diesen Ländern gegenüber.«

## Nützliche Aussage

Die Seeburg-Affäre um das Wachstumshormon

Das Wachstumshormon (Englisch: »growth hormon«) Somatotropin wird im Vorderlappen der Hirnanhangsdrüse (Hypophyse) gebildet. Es steuert vor allem das Längenwachstum des Körpers, sodass ein Mangel in Kindheit und Jugend zu Minderwuchs führt. Im Gegensatz zu vielen anderen Hormonen ist das Somatotropin artspezifisch. Eine Behandlung des Menschen mit tierischem Wachstumshormon ist deshalb nicht möglich. Daher wurde das humane Somatotropin lange Zeit aus den Hypophysen menschlicher Leichen gewonnen. Anfang 1985 musste dieses Herstellungsverfahren aber eingestellt werden, weil sich gezeigt hatte, dass dabei manchmal infektiöse Eiweißpartikel (Prionen) übertragen wurden, die zu schwerwiegenden Gehirnerkrankungen führen konnten. Es wurde daher intensiv nach einer Methode gesucht, mit der das humane Wachstumshormon (hGH) gentechnisch hergestellt werden kann. Dafür war es notwendig, das hGH-Gen zu isolieren und in das Genom eines Bakterienstammes so zu integrieren, dass es für die Hormonproduktion genutzt werden kann.

Mit dieser schwierigen Aufgabe beschäftigte sich der deutsche Mediziner Peter Seeburg (geb. 1944), der nach seiner Promotion an der Universität in Tübingen 1975 ein Stipendium erhielt, um als »postdoctoral fellow« an der University of California in San Francisco (UCSF) molekularbiologische Forschung zu betreiben. Nach erheblichen Anfangsschwierigkeiten gelang der Arbeitsgruppe, in der Seeburg tätig war, schließlich die zielgenaue Übertragung des hGH-Gens auf Bakterien. Da hiermit die wichtigste Voraussetzung für die gentechnische Herstellung des Hormons geschaffen war, stellte die UCSF 1978 einen Patentantrag, in dem auch die an der Entwicklung beteiligten Forscher als Mitinhaber des Patents genannt wurden.


*Kampfhähne der Wissenschaft.* Heinrich Zankl

ISBN: 978-3-527-32579-5

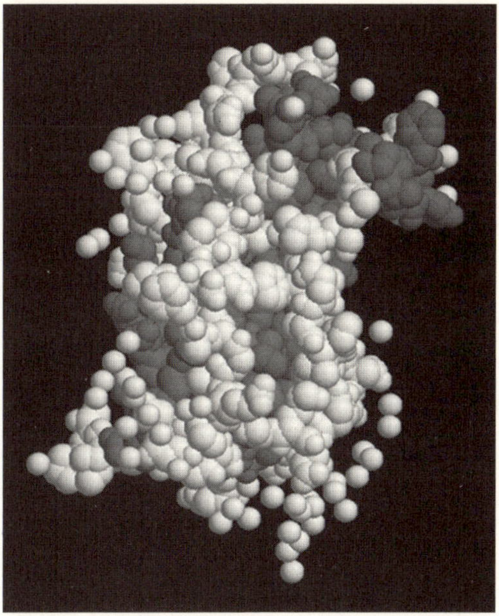

Räumliches Modell des Wachstumshormons Somatotropin, dessen gentechnische Herstellung erstmals 1978 gelang.

Wenig später verließ Seeburg die UCSF und trat eine wesentlich besser dotierte Stelle bei der Firma Genentech an, die 1976 in San Francisco gegründet worden war. Zusammen mit dem jüngeren Kollegen David Goeddel (geb. 1951) und einigen weiteren Mitarbeitern versuchte Seeburg in den Labors von Genentech, das hGH-Gen erneut auf Bakterien zu übertragen. Aus irgendwelchen Gründen kam es dabei jedoch zu großen Problemen. Seeburg geriet mächtig unter Druck, da die Verantwortlichen bei Genentech ankündigten, das Somatotropin-Projekt einzustellen, wenn nicht bald Fortschritte erzielt würden. In dieser schwierigen Situation kam der deutsche Mediziner auf eine ziemlich verwegene Idee: Am Silvesterabend des Jahres 1978 verschaffte er sich heimlich Zutritt zu seinem ehemaligen Labor an der UCSF und holte sich ein Röhrchen mit dem Bakterienstamm, in dem das hGH-Gen bereits integriert war. Zu diesem recht fragwürdigen Vorgehen sagte Seeburg später entschuldigend: »Das war kein Diebstahl. Ich wollte nur Unannehmlichkeiten mit dem Laborleiter aus dem Weg gehen.« In einem Artikel in dem Fachjournal *Nature* schrieb er außerdem, dass 100 000 Kinder auf der ganzen Welt von der »beschleunigten« Hormonproduktion bei Genentech profitiert hätten, weil sie früher wegen ihrer Wachstumsprobleme behandelt werden konnten. Seeburg behauptet bis heute, die ungewöhnliche Beschaffungsaktion sei mit seinem damaligen Kollegen Goeddel abgesprochen gewesen, was dieser allerdings vehement bestreitet. Er vertritt sehr energisch den Standpunkt, dass das wichtige Gen bei Genentech ein zweites Mal isoliert und in Bakterien kloniert worden sei.

Auf jeden Fall gelang in den Folgemonaten die gentechnische Herstellung von humanem Somatotropin, und das Verfahren wurde von Genentech umgehend als Patent angemeldet. Danach veröffentlichten Seeburg, Goeddel und einige Koautoren ihre Methode 1979 in *Nature*. In dem Artikel wurde der Eindruck erweckt, das Gen sei für diesen Zweck bei der Firma Genentech isoliert und kloniert worden. Die klinische Prüfung des Hormons kostete noch viel Zeit und Geld, aber 1990 konnte dann schließlich die Zulassung als Medikament erreicht werden. In den Folgejahren bescherte es Genentech unter dem Handelsnamen *Protropin* mehrere Milliarden Dollar Umsatz. Allerdings musste die Firma zwischendurch auch 50 Millionen Dollar Strafe zahlen, weil sie bei der Werbung für *Protropin* einige gesetzliche Vorschriften nicht eingehalten hatte. Der Gewinn war insgesamt aber riesig und rief verständlicherweise die UCSF auf den Plan. Dort erinnerte man sich, dass bereits 1978 ein eigenes Patent auf die Klonierung des hGH-Gens angemeldet worden war. Die Anwälte der UCSF verklagten deshalb Genentech wegen vorsätzlicher Patentverletzung und erhoben Schadensersatzansprüche in der enormen Höhe von 1,2 Milliarden Dollar. Bei dem darauffolgenden Gerichtsverfahren, das weltweit großes Aufsehen erregte, trat Seeburg als einer der wichtigsten Zeugen auf. Er war inzwischen auf eine Professur an der Universität Heidelberg berufen worden und bekam einige Jahre später sogar einen Ruf als Direktor und wissenschaftliches Mitglied am Max-Planck-Institut für Medizinische Forschung, das ebenfalls in Heidelberg angesiedelt ist.

Im April 1999 sagte Seeburg unter Eid vor einem Gericht in San Fancisco aus, er habe in dem *Nature*-Artikel von 1979 bewusst verschwiegen, dass er den bei Genentech für die Hormonproduktion verwendeten Bakterienstamm aus dem Labor der UCSF geholt hatte. Er nannte das eine »technische Ungenauigkeit«, die nicht mit einer falschen Angabe gleichzusetzen sei. Alle anderen Koautoren bestritten die Verwendung des UCSF-Klons, sondern bestanden darauf, dass eine Neuklonierung stattgefunden habe. Goeddel warf Seeburg vor, »skurrile Beschuldigungen« in die Welt zu setzen. Um die erneute Herstellung des Genklons nachzuweisen, veröffentlichte Genentech die damaligen Laborbücher, die aber gerade in den wichtigen Bereichen zu ungenau formuliert waren, um Beweiskraft zu haben. Außerdem zogen die Anwälte des Unternehmens Seeburgs Glaubwürdigkeit in Zweifel, weil er damals Drogen- und Alkoholprobleme gehabt hätte und eigene finanzielle Interessen am Ausgang des Prozesses vorhanden wären. Für den Fall, das die UCSF Recht bekäme, sei Seeburg nämlich an den Lizenzeinnahmen beteiligt. Die Anwälte der Universität konterten mit dem Hinweis, die Koautoren Seeburgs seien alle befangen, da sie als Angestellte der Firma Genentech deren Interessen vertreten müssten. Die gerichtlichen Auseinandersetzungen zogen sich über etliche Wochen hin, bis die Jury endlich mit acht zu eins Stimmen zu Gunsten der UCSF entschied. Die eine Gegenstimme reichte aber aus, um das Verfahren zu blockieren. Dies machte den Weg frei für eine außergerichtliche Einigung zwischen den Kontrahenten. Sie kam Ende 1999 zustande und führte dazu, dass die UCSF von Genentech 200 Millionen Dollar bekam. Einen beträchtlichen Teil dieser Summe erhielten allerdings die Wissenschaftler, die an der Isolierung und Klonierung des hGH-Gens beteiligt waren. Für Seeburg bedeutete das immerhin einen Gewinn von etwa 17 Millionen Dollar. Er sagte dazu etwas treuherzig: »Das ist viel Geld, aber es ist für mich kein Grund zu lügen.«

Vielleicht sieht er den Geldsegen auch als eine Art Schmerzensgeld, denn er musste unter der Affäre noch einige Zeit leiden. In den Medien wurde ihm weltweit mehr oder minder deutlich die Fälschung von Daten vorgeworfen, wodurch sein wissenschaftlicher Ruf einige unschöne Kratzer bekam. Die zweifellos nicht immer faire Berichterstattung über den Streit um das Wachstumshormon rief im Februar 2000 sogar die Nobelpreisträgerin Christiane Nüsslein-Volhard (geb. 1942) auf den Plan. Unter der Überschrift »Ehrverlust ist Strafe genug« verteidigte sie Seeburg in der *Zeit* gegen den Vorwurf des Fälschens und der Geldgier. Ihr Schlusssatz lautete: »Es gibt in jedem Beruf so etwas wie einen ethischen oder moralischen Kodex, den verletzt zu haben zwar nicht mit Kerker, Rausschmiss, Zwangsarbeit oder Bußgeld, aber durchaus mit so etwas wie Ehrverlust bestraft wird. Und das kann sehr schmerzhaft sein.«

Auch die Max-Planck-Gesellschaft musste sich notgedrungen mit der Affäre beschäftigen. Sie setzte eine hochrangige Untersuchungskommission ein, die im Dezember 1999 ihren Abschlussbericht vorlegte. Darin wurde ein klares wissenschaftliches Fehlverhalten von Seeburg festgestellt. Weil die Verfehlungen aber schon über 20 Jahre zurücklagen und es an der UCSF damals noch keine eindeutigen Vorschriften über den Umgang mit im Auftrag der Universität hergestelltem wissenschaftlichem Material gab, empfahl die Kommission dem Präsidenten der Max-Planck-Gesellschaft, gegen Seeburg nur eine Rüge auszusprechen und von weiteren disziplinarischen Maßnahmen abzusehen. Diesem Vorschlag folgte der Präsident dann auch umgehend, wofür er in den Medien zum Teil heftig attackiert wurde. Seeburgs Karriere hat die Affäre offensichtlich kaum geschadet, denn er ist wenige Monate nach dem Tadel des Präsidenten geschäftsführender Direktor des Max-Planck-Instituts in Heidelberg geworden.

Auch David Goeddel, der wichtigste Gegenspieler Seeburgs im Streit um die Patentrechte, hat die Auseinandersetzungen gut überstanden. Er gründete nach seinem Ausscheiden bei Genentech ein eigenes Unternehmen, das 2004 von dem Biotechnologie-Konzern Amgen übernommen wurde. Goeddel erhielt danach die zweifellos gut dotierte Position eines Vizepräsidenten dieser großen Aktiengesellschaft. Die UCSF verwendete den Geldsegen aus dem Patentstreit vor allem für den Bau eines neuen Forschungsgebäudes. Das Wachstum der Firma Genentech wurde durch die Zahlung der hohen Schadensersatz-Summe nur kurzfristig beeinträchtigt. Dank der Entwicklung vieler neuer Medikamente stieg der Wert des Unternehmens, das seit 1990 mehrheitlich dem Schweizer Pharmakonzern Roche gehörte, schnell an. Im März 2009 übernahm Roche Genentech vollständig und bezahlte für knapp 50 Prozent der Aktien 46,8 Milliarden Dollar.

## Fragwürdiger Hockeyschläger

### Heftiger Streit um Theorie des Klimawandels

Es ist schon erstaunlich, welch bedeutende Rolle ein Hockeyschläger bei der Diskussion über den Klimawandel spielt. Der »hockey stick« ist von dem US-amerikanischen Meteorologieprofessor Michael E. Mann (geb. 1965) in die Debatte eingeführt worden. Er hat gemeinsam mit zwei Koautoren in den Jahren 1998 und 1999 zwei viel beachtete Arbeiten in den renommierten Wissenschaftsjournalen *Nature* und *Geophysical Research Letters* über den Klimawandel veröffentlicht. Darin war jeweils auch eine Temperatur-Grafik abgebildet, die heute allgemein als »Hockeyschläger-Diagramm« bezeichnet wird, weil ihr Verlauf in etwa an die Form eines solchen Sportgeräts erinnert. Dargestellt ist die aus verschiedenen Quellen rekonstruierte Durchschnittstemperatur während der letzten tausend Jahre. Bis in die zweite Hälfte des 19. Jahrhunderts sind nur geringe Schwankungen verzeichnet, sodass sich ein ziemlich konstanter Kurvenverlauf ergibt, in dem mit einiger Fantasie der lange Stiel eines Hockeyschlägers erkannt werden kann. Danach steigt die Kurve steil nach oben und erinnert so an das kurze Schlagstück des Schlägers. Da etwa ab der Mitte des 19. Jahrhunderts auch die Weltbevölkerung infolge der schnell fortschreitenden Industrialisierung ähnlich stark anstieg, wird die Mann'sche Temperaturkurve als einer der wichtigsten Hinweise auf den vom Menschen verursachten Klimawandel angesehen. Die Veränderung soll vor allem durch den enorm verstärkten Ausstoß von Kohlendioxid bewirkt worden sein. Auch der weltweit von mehr als 30 wissenschaftlichen Gesellschaften gebildete IPCC (Intergovernmental Panel of Climate Change) maß dem Hockeyschläger-Diagramm in seinem dritten Sachstandsbericht von 2001 große Bedeutung bei und bezeichnete den Anstieg und das Niveau der Temperaturen im 20. Jahrhundert als einmalig in den letzten tausend Jahren.

*Kampfhähne der Wissenschaft*. Heinrich Zankl


ISBN: 978-3-527-32579-5

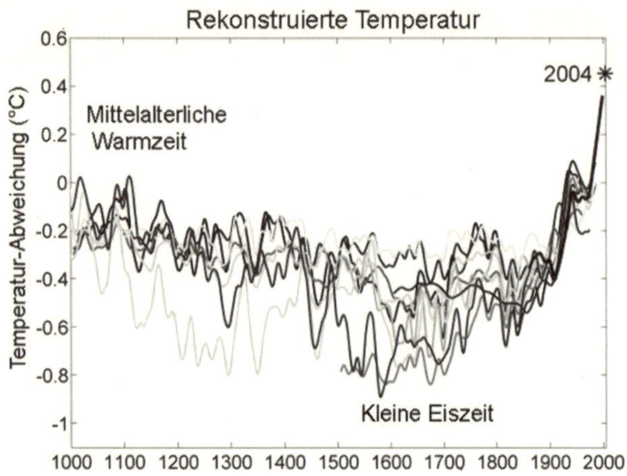


Mittlere Temperaturschwankung während der letzten 1000 Jahre. (http://www.globalwarmingart.com/).

Allerdings haben auch einige Wissenschaftler Zweifel an der Richtigkeit der Temperaturkurve geäußert. Besonders scharfe Kritiker waren die kanadischen Wissenschaftler Stephen McIntyre (geb. 1947) und Ross McKitrick (geb. 1968). Sie bemängelten insbesondere, dass Dokumentation und Verarbeitung der Daten, die der Kurve zugrunde liegen, wissenschaftlich nicht korrekt sind und dass die angewendeten statistischen Auswertungsverfahren die Kurve erheblich verzerren. Durch diese Vorgehensweise soll ein im Mittelalter aufgetretener starker Temperaturanstieg in unvertretbarer Weise abgeflacht worden sein. Auf die Kritik der Kanadier reagierten die Befürworter der Hockeyschläger-Kurve sofort mit dem Vorwurf, McIntyre und McKitrick seien Vertreter der Wirtschafts-Lobby. Michael Mann und seinen Koautoren nahmen zwar einige kleinere Korrekturen an den publizierten Daten vor. Sie betonten aber gleichzeitig, dass dies keine wesentlichen Veränderungen im Verlauf der Kurve ergeben hätte. Zusätzlich dehnten sie ihre Klimauntersuchungen auf die letzten 2000 Jahre aus, aber stellten auch in dem verdoppelten Zeitraum keine deutliche Abweichung von der ursprünglichen Kurve fest. Dies hat die meisten sogenannten »Klimaskeptiker« freilich nicht überzeugt. Sie beharrten weiterhin auf dem Standpunkt, dass ein vom Menschen verursachter globaler Temperaturanstieg keineswegs bewiesen ist. Ausführlich berichtete beispielsweise der deutsche Historiker Wolfgang

Behringer (geb. 1956) in seinem 2007 erschienenen Buch »Kulturgeschichte des Klimas« über starke Temperaturschwankungen in Europa, wobei er die hochmittelalterliche Warmzeit, die ungefähr von 1000–1300 n. Chr. geherrscht hat, besonders intensiv beleuchtete. Damals haben sich warme, trockene Sommer und milde Winter deutlich gehäuft. Schätzungen zufolge hat die Erwärmung etwa 1–2 Grad über dem Mittelwert der Vergleichsperiode von 1931–1960 gelegen, in Nordeuropa ist es sogar bis zu 4 Grad wärmer gewesen. In dem Kapitel über die globale Erwärmung erwähnte Behringer auch die Zeit zwischen 1940 und 1980, in der es auf der Erde zu einer deutlichen Abkühlung gekommen ist. Viele Wissenschaftler haben damals vor einem »global cooling« gewarnt, das von den Menschen verursacht werde, weil die Industrie und der Kraftfahrzeugverkehr die Luft so stark verschmutzten, dass nicht mehr genügend Sonnenlicht die Erdoberfläche erreichen könne. Behringer führte in diesem Kapitel auch genüsslich den Gegensatz zu der heutigen Furcht vor einer weltweiten Erwärmung vor.

Über Meinungsäußerungen der Klimaskeptiker, die daran zweifeln, dass der derzeit beobachtete Temperaturanstieg im Wesentlichen durch menschliche Einwirkungen entstanden ist, wird zunehmend in den Medien berichtet. Darüber ärgern sich offensichtlich die Anhänger der Treibhausgas-Theorie, die glauben, der Zusammenhang zwischen dem Temperaturanstieg und der anthropogenen Kohlendioxid-Produktion sei eindeutig bewiesen. Ein besonders aggressiver Vertreter dieser Richtung ist in Deutschland der Klimaforscher Stefan Rahmstorf (geb. 1960), der am Institut für Klimaforschung in Potsdam arbeitet. Er ist auch einer der Hauptautoren des vierten Sachstandsberichts des IPCC, der 2007 veröffentlicht worden ist. In der Internetausgabe der *Frankfurter Allgemeinen* vom 31. August 2007 las er in einem langen Artikel unter der Überschrift »Deutsche Medien betreiben Desinformation« den Kritikern des Klimawandels kräftig die Leviten. Sein Fazit lautete: »In unseren Medien wird nach wie vor regelmäßig der vom Menschen verursachte Klimawandel in Zweifel gezogen ... Die ehrlichen Argumente sind den Klimaskeptikern aber längst ausgegangen ... Vor allem aber sind die zitierten Falschmeldungen Folge eines erschreckenden Versagens der Qualitätskontrolle in unseren Medien ... Wir Wissenschaftler können die Missstände in den Medien nicht beseitigen – wir können nur ... gelegentlich darauf hinweisen, wenn Unsinn verbreitet wird. Die Qualitätssicherung der Medien muss die Medienwelt selbst leisten. Ohne eine solche Qualitätssicherung verliert unsere Gesellschaft die Fähigkeit, zwischen Wissenschaft und Scharlatanerie zu unterscheiden ... Wir alle, vor allem unsere Kinder und Enkel, könnten dafür einen hohen Preis bezahlen.«

Dieser Rundumschlag gegen die kritische Berichterstattung über den Klimawandel hat umgehend eine mindestens ebenso scharfe Erwiderung durch die Journalisten Jan Philipp Hein (geb. 1978) und Markus Becker (geb. 1973) provoziert. Sie überschrieben ihren am 12. September 2007 in *Spiegel online* erschienenen Artikel mit: »Die rabiaten Methoden des Klimaforschers Rahmstorf«. Der Text führt aus, was die beiden Autoren damit meinen: »Wenn ein Journalist sich mit dem Klimawandel befasst und Argumente bringt, die Rahmstorf schlecht findet, kann es schon mal Stunk geben. Der Professor ... schreibt dann Briefe. Allerdings nicht an die Autoren, sondern gleich an die zuständigen Chefredakteure oder Ressortleiter. ... Nicht nur die betroffenen Journalisten sehen in der Kampfschrift den Höhepunkt des Rahmstorf'schen Kreuzzugs.« Andere Autoren reagierten auf die Medienschelte in dem Artikel von Rahmstorf eher humorvoll. So schrieb beispielsweise der Schriftsteller Burkard Müller-Ullrich (geb. 1956) im Online-Forum der *Frankfurter Allgemeinen Zeitung*: »Ich bin ein bisschen sauer, dass Herr Rahmstorf nicht auch mich an den Frankfurter Pranger gestellt hat.« Der Münchner Zoologe Josef Reichholf (geb. 1945) fand allerdings das rigorose Vorgehen seines Kollegen Rahmstorf gegen Klimaskeptiker nicht besonders komisch, sondern höchst fragwürdig. Denn kurz nachdem er sich in einem ARD-Magazin kritisch über die Theorie des anthropogenen Klimawandels geäußert hatte, ging an der Technischen Universität München ein Brief von Rahmstorf ein, in dem die Aufforderung enthalten ist, bei Reichholf »mindestens zwei Fälle von möglichen Verstößen gegen die Regeln der guten wissenschaftlichen Praxis zu prüfen«. Über diesen Vorfall sagte Reichholf in einem Gespräch mit Spiegel-Redakteuren: »Ich kann das nur so verstehen, dass Herr Rahmstorf mir persönlich schaden will.« Die von Rahmstorf geforderte Qualitätssicherung in den Medien hielt er für einen schlecht getarnten Versuch, die Berichterstattung zu zensieren. Zu einem ähnlichen Urteil kam auch der Autor Wolf Lotter (geb. 1962): »Rahmstorf will Redaktionen einschüchtern.« An anderer Stelle griff er den Klimaforscher direkt an: »Es geht nicht um die Frage des Klimawandels, es geht um Sie, Herr Rahmstorf. Ihren Charakter. Ihre Persönlichkeit. Ihre Unfähigkeit, zuzuhören, Ihre Unfähigkeit, sachlich zu argumentieren, Ihre Unfähigkeit, Ihre Ansichten anders als mit Drohungen durchzusetzen. Sie halten sich für unfehlbar. Ich halte Sie für untragbar.« Inzwischen kritisieren sogar Kollegen, die mit Rahmstorf in wissenschaftlicher Hinsicht weitgehend einig sind, seine scharfen Attacken gegen die Klimaskeptiker. Beispielsweise bemängelt Professor Heinz Miller (geb. 1944), der Vizepräsident des Alfred-Wegener-Instituts, die eher schädliche Aggressivität in Rahmstorfs Äußerungen und fügt hinzu: »Gesellschaftliche Willensbildungsprozesse lassen sich nicht so steuern, wie Rahmstorf das gerne hätte.« Andere Wissenschaftler sehen das ähnlich und warnen, dass die ungestümen Angriffe von Rahmstorf auf die Klimaskeptiker deren Ansichten in der Öffentlichkeit eher auf- als abwerten.

Der so zur Ordnung Gerufene zeigt allerdings wenig Einsicht, sondern mobilisiert seine wissenschaftlichen Freunde, die sich bereitwillig in einem offenen Brief hinter ihn stellen, in dem unter anderem zu lesen ist: »Die Angriffe auf die Person Rahmstorfs haben den Rahmen des Erträglichen verlassen ... Stefan Rahmstorfs Beitrag war ein mutiger Versuch, auf die offensichtlichen sachlichen Fehler in der Argumentation einiger Zweifler aufmerksam zu machen und die Medien aufzufordern, sorgfältiger als bisher zu recherchieren.«

Wenn schon um die Ursachen des Klimawandels derart heftig gestritten wird, so ist es nicht verwunderlich, dass die Meinungen über seine Auswirkungen in der Zukunft noch viel stärker auseinandergehen. In diesem Bereich spielen die Wissenschaftler vor allem als Berater der Politiker eine wichtige Rolle. Da es bei diesen Entscheidungen auch immer um wirtschaftliche Interessen geht, wird von vielen Seiten Druck ausgeübt. Es gibt Hinweise, dass insbesondere auf Formulierungen in der Zusammenfassung des IPCC-Sachstandsberichtes erheblich Einfluss genommen worden ist. So ist beispielsweise ein Abschnitt über die für notwendig erachtete Reduzierung der Emission von Treibhausgasen auf Druck verschiedener Regierungen deutlich abgeschwächt worden, um bestimmte Industriebereiche zu schonen. In den USA hat die Regierung Bush jahrelang die Klimaforschung behindert. Ein Ausschuss des Repräsentantenhauses hat die Vorgänge intensiv untersucht und 2007 in seinem Abschlussbericht festgestellt: »Das Weiße Haus war besonders darum bemüht, Diskussionen über die Verbindung zwischen zunehmender Hurrikanintensität und der globalen Erwärmung zu ersticken. Das Weiße Haus versuchte auch, die Bedeutung des Klimawandels zu minimieren, indem es ausführlich Regierungsberichte über den Klimawandel bearbeitete.« Andererseits gibt es auch Interessengruppen, die die Gefahren des Klimawandels als sehr übertrieben darstellen, weil sie der Meinung sind, die Bevölkerung wachrütteln zu müssen. Manche Klimaforscher werden sogar verdächtigt, Horrormeldungen über die Klimaentwicklung zu verbreiten, um eine verstärkte finanzielle Förderung ihrer Forschungsrichtung zu erzielen.

Die Auseinandersetzungen ähneln in ihrer Gehässigkeit und Intoleranz inzwischen Glaubenskriegen und werden mit allen medialen Mitteln geführt. Besonders wirkungsvoll sind dabei sogenannte Dokumentarfilme, die das Problem allerdings meist sehr einseitig darstellen. Am erfolgreichsten ist in dieser Hinsicht wohl »Eine unbequeme Wahrheit«, ein Streifen, den der ehemalige US-Vizepräsident Albert (Al) Gore (geb. 1948) initiiert hat und den er auf der ganzen Welt persönlich vorstellt. Diese Aktivitäten haben wesentlich dazu beigetragen, dass Gore gemeinsam mit dem IPCC 2007 den Friedensnobelpreis erhalten hat. Der Film erweckt den Eindruck, dass die Welt bald untergeht, wenn wir den Ausstoß von Treibhausgasen nicht umgehend drastisch reduzieren. In Großbritannien darf er seit 2007 allerdings in Schulen nicht mehr unkommentiert gezeigt werden, weil ein Gericht festgestellt hat, dass er einige Auswirkungen der Klimaveränderung deutlich übertrieben darstellt. Die Gegenposition bezieht der britische Film »The Great Global Warming Swindle«, der den Klimawandel in ziemlich polemischer Form weitgehend verharmlost. Eine überarbeitete deutsche Fassung ist unter dem Titel »Der Klimaschwindel« im Fernsehen von den Sendern RTL und ntv ausgestrahlt worden. Auch mehrere kommerzielle Katastrophenfilme beschäftigen sich mit dem Thema »Klimaveränderungen«, wobei aber mit Hilfe von Gruseleffekten und Nervenkitzel vorrangig ein möglichst hohes Einspielergebnis erzielt werden soll.

Besonders umstritten ist die Frage, welche Gegenmaßnahmen ergriffen werden sollen, um die Folgen des Klimawandels abzumildern. Während viele Wissenschaftler und Politiker fordern, dass die Wirtschaft radikal umgebaut werden muss, um den Temperaturanstieg zu begrenzen, meinen einige Kritiker, die vorgeschlagenen Maßnahmen würden Unsummen von Geld verschlingen, aber keine nennenswerten Effekte erzielen. Einer der prominentesten Vertreter dieser Meinung ist der dänische Politologe und Statistiker Björn Lomborg (geb. 1965). Er ist Dozent an der Copenhagen Business School und Leiter des Copenhagen Consensus Centre. Vor einigen Jahren hat er ein viel diskutiertes Buch geschrieben, das 2002 mit dem Titel »Apocalypse No! Wie sich die menschlichen Lebensgrundlagen wirklich entwickeln« auch auf Deutsch erschienen ist. Darin vertrat er die Meinung, dass der Zustand unserer Umwelt nicht so schlecht sei, wie er oft dargestellt wird. Im Jahr 2004 hat Lomborg gemeinsam mit mehreren Nobelpreisträgern den sogenannten »Copenhagen Consensus« erarbeitet, in dem eine neue Prioritätensetzung in der Entwicklungspolitik gefordert wird. Dies hat Lomborg weltweit bekannt gemacht. Das US-amerikanische *Time Magazine* hat ihn zu einem der 100 einflussreichsten Menschen der Welt erklärt, und eine Jury der britischen Tageszeitung *The Guardian* wählte ihn sogar zu einem der 50 Menschen, die »den Planeten retten können«. Begründung: Lomborg sei zu einer Kontroll- und Ausgleichsinstanz für die aus dem Ruder laufende Begeisterung für Umweltschutz geworden.

2007 hat er ein neues Buch mit dem Titel »Cool it! Warum wir trotz des Klimawandels einen kühlen Kopf bewahren sollten« veröffentlicht. In ihm wird der Klimawandel zwar nicht geleugnet, aber vor allzu großer Klimahysterie gewarnt. Die Maßnahmen gegen die Erderwärmung, die insbesondere im Kyoto-Protokoll vereinbart worden sind, werden als sehr teuer, aber ziemlich wirkungslos dargestellt. Nach Meinung von Lomborg ist es viel sinnvoller, mehr Geld in die Entwicklung neuer Energietechnologien zu stecken, statt mit wenig effektiven, aber sehr teuren Maßnahmen zu versuchen, den Ausstoß klimaschädlicher Gase zu begrenzen. Noch wichtiger erscheint dem Autor aber die Bekämpfung von Aids, Malaria und Unterernährung, weil hier mit relativ wenig Aufwand viel erreicht werden könne und die Weltbevölkerung unter diesen Problemen erheblich mehr leide als unter der prognostizierten globalen Erwärmung.

Verständlicherweise stoßen Lomborgs Vorstellungen bei vielen Umweltaktivisten auf heftige Ablehnung. Das ansonsten eher zurückhaltend formulierende Wissenschaftsjournal *Nature* schreibt, Lomberg verfolge in seinen Publikationen die »Strategie eines Holocaust-Leugners«. Der bekannte US-amerikanische Klimaforscher Stephen Schneider (geb. 1945) wirft ihm in der Zeitschrift *Scientific American* »unerhörte Verzerrungen und armselige Analysen« vor. Der dänischer Forscher sehe »im wahrsten Sinne des Wortes vor lauter Zahlen über Bäume den Zustand des Waldes nicht mehr«. Lomborg steckt diese harsche Kritik locker weg – und bleibt bei seiner grundsätzlichen Aussage: »Wir können nicht alle Übel unserer Zeit auf einmal bekämpfen. Unsere Ressourcen sind beschränkt und wir können jeden Euro nur einmal ausgeben … Es gibt genug Naturwissenschaftler, die uns sagen, was wir gegen Klimawandel tun müssen … Aber wir bekommen diese Lösungen präsentiert wie eine Speisekarte ohne Preise.« Die Menüpreise will uns folgerichtig Lomborg selbst liefern, »damit wir eine sinnvolle Auswahl treffen«.

# Auseinandersetzungen in Medizin und Psychologie

*Kampfhähne der Wissenschaft*. Heinrich Zankl

ISBN: 978-3-527-32579-5

# Animalischer Magnetismus

## Mesmers Kampf um Anerkennung

Über die Bedeutung von Franz Anton Mesmer (1734–1815) für die medizinische Wissenschaft wird bis heute heftig gestritten. Während die vorwiegend naturwissenschaftlich orientierte Schulmedizin ihn meist als Wirrkopf und Scharlatan abtut, sehen Alternativmediziner und Psychologen in ihm oft einen großen Heilkundigen, der vor allem die Entwicklung der Hypnose und Psychotherapie maßgeblich beeinflusst hat.

Zweifellos war Mesmer ein hochgebildeter Mann. Er besuchte zunächst das Jesuitengymnasium in Konstanz und studierte anschließend an der ebenfalls von Jesuiten geleiteten Universität in Dillingen Metaphysik und Theologie mit dem Ziel, Priester zu werden. Nach drei Jahren wechselte er an die Universität Ingolstadt, wo er sich vor allem der Philosophie widmete. 1759 ging der Jesuitenschüler dann nach Wien, um Medizin zu studieren. Er wurde dort von einigen der berühmtesten Medizinprofessoren der damaligen Zeit unterrichtet. Insbesondere Gerhard van Swieten (1700–1772), der auch Leibarzt der österreichischen Kaiserin Maria Theresia (1717–1780) war, genoss in ganz Europa einen hervorragenden Ruf. Mesmer interessierte sich aber nicht nur für die medizinischen Fächer, sondern auch für Astronomie. Dadurch lernte er Maximilian Hell (1720–1792) näher kennen, der dieses Fach in Wien lehrte.

Diese Bekanntschaft führte wohl dazu, dass sich Mesmer ein Thema für seine Dissertation suchte, das Astronomie und Medizin miteinander verband. Der Titel lautete: »De influxu planetarum in corpus humanum«, ins Deutsche übersetzt: »Über den Einfluss der Planeten auf den menschlichen Körper«. Damit legte er bereits die Grundlage für sein späteres Heilverfahren, das er als »animalischen Magnetismus« bezeichnete.

Nach der Promotion eröffnete der frisch gebackene Mediziner eine Praxis in Wien, die bald großen Zulauf hatte. 1768 heiratete

*Kampfhähne der Wissenschaft*. Heinrich Zankl


ISBN: 978-3-527-32579-5

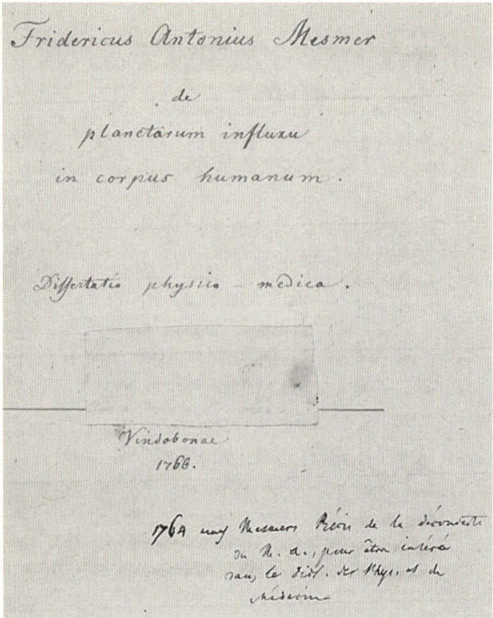
Fridericus Antonius Mesmer

de

planetarum influxu

in corpus humanum.

Dissertatio physico-medica.

Vindobonae

1766.

Deckblatt des Manuskripts »*De planetarum influxu in corpus humanum*« von Franz Mesmer, Wien. In diesem Werk legt er den Grundstein zu seiner konträr gesehenen Heilmethode, dem »animalischen Magnetismus«.

er eine reiche Apothekerwitwe und führte mit ihr ein großes Haus, in dem auch viele Künstler ein und aus gingen. Auch Leopold Mozart (1719–1787) und sein Sohn Wolfgang Amadeus (1756–1791) waren bei Mesmers zu Gast.

In den Folgejahren beschäftigte sich Mesmer intensiv mit der schon in seiner Doktorarbeit angeschnittenen Frage, inwieweit die von Newton beschriebene Gravitationskraft auch zwischen lebenden Körpern wirkt und sich therapeutisch nutzen lässt. Dabei kam er zu der Überzeugung, dass ein unsichtbares Prinzip, das er »Fluidum«, »All-Flut« oder auch »Lebensfeuer« nannte, nicht nur das Weltall, sondern auch sämtliche Organismen durchfließt. Ähnliche Wirkungen schrieb Mesmer den Magneten zu, weshalb er sie in seiner Praxis zu Heilzwecken einsetzte und damit gute Erfolge erzielte. Bei seinen Behandlungsversuchen glaubte er entdeckt zu haben, dass Magnete sogar aus größerer Entfernung noch heilsame Wirkungen entfalteten. Bald stellte er aber fest, dass er auch Heilerfolge ganz ohne Magnete erzielen konnte, indem er den Patienten seine Hände auflegte bzw. sie auf die Patienten ausrichtete. Daraus schloss Mesmer auf eine magnetische Kraft, die ihm selbst innewohnte und die er auf seine Patienten übertragen konnte. In einem weiteren Schritt kam er zu der Überzeugung, dass dieser »animalische Magnetismus« auch auf Gegenstände übertragen werden könne und in Behältern sogar speicherbar sei. Deshalb entwickelte er ein »magnetisches Pult«, das er in Frankreich später als »baquet« bezeichnete. Es bestand aus einem mit Wasser gefüllten Holztrog, in dem sich viele Eisen- und Glasteile befanden. Durch Löcher im Deckel des Zubers wurden rechtwinklige Eisenstäbe gesteckt, deren außen liegendes Ende angespitzt war. Außerdem tauchte Mesmer nasse Schnüre in den Bottich ein und verband sie mit den Hand- und Fußgelenken seiner Patienten, um die magnetischen Kräfte in sie hineinzuleiten. Während der therapeutischen Sitzungen machte er auf einer Glasharmonika Musik, weil er glaubte, so den animalischen Magnetismus verstärken zu können. Das Heilverfahren erscheint uns heute ziemlich irrwitzig, aber man muss berücksichtigen, dass damals die physikalischen Grundlagen des Magnetismus noch weitgehend unbekannt waren. Die Wirkungen, die Mesmer mit seiner Behandlung erzielte, waren oft recht positiv. Manche Patienten fielen in eine Art Schlafzustand, in dem sie aber noch auf Mesmers Anweisungen reagierten. Damals sprach man von »magnetischem Schlaf«, heute werden solche Zustände durch Hypnose erzielt.

Mesmers Heilerfolge waren vor allem bei Patientinnen so erstaunlich, dass er 1775 überzeugt war, er müsse seine Kollegen im In- und Ausland davon unterrichten. Er verschickte ein »Sendschreiben an einen auswärtigen Arzt über die Magnetkur«, in dem er seine Vorstellungen über die Heilwirkung des animalischen Magnetismus mitteilte. Die Reaktion der Kollegen war überwiegend kritisch. Insbesondere die Mitglieder der Medizinischen Fakultät in Wien äußerten sich sehr negativ und suchten nach einem Anlass, um Mesmers Heilmethoden zu verurteilen. Die Gelegenheit ergab sich, als dieser versuchte, die Blindheit der achtzehnjährigen Jungfer Theresa Paradis (1759–1824) zu heilen. Sie war als musikalisches Wunderkind sehr bekannt geworden, hatte aber im vierten Lebensjahr ihr Sehvermögen verloren. Die besten Augenärzte hatten Heilungsversuche unternommen, waren damit aber nicht erfolgreich, weshalb ihre Blindheit für unheilbar galt. Mesmer konnte die Sehfähigkeit zunächst tatsächlich wieder herstellen, aber die Patientin war in der Folge so verwirrt, dass sie deutlich schlechter Klavier spielte als vorher. Der Vater wollte deshalb die Behandlung abbrechen und wurde in seiner Forderung auch von bekannten Wiener Augenärzten unterstützt. Es kam zu heftigen Auseinandersetzungen mit Mesmer, der schließlich nachgeben musste. Nach Abbruch der Behandlung verlor die Jungfer die teilweise zurückgekehrte Sehfähigkeit wieder. Der ganze Vorgang erregte in Wien großes Aufsehen und veranlasste die Kaiserin Maria Theresia, eine medizinische Expertenkommission zu berufen, die Mesmers Heilverfahren beurteilen sollte. Das Gremium kam 1777 zu dem Urteil, dass dessen Therapie auf Betrug beruhe. Besonders tief traf ihn, dass auch der schon erwähnte Astronom Hell ihn verurteilte, obwohl er mit ihm befreundet war. Noch im gleichen Jahr verließ Mesmer Wien und reiste nach München, wo er den Kurfürsten von seinen Heilkünsten überzeugen konnte und deshalb in die Bayerische Akademie der Wissenschaften und schönen Künste aufgenommen wurde.

Trotz dieser hohen Ehre blieb er aber nicht in München, sondern reiste nach Paris weiter, wo er eine Praxis eröffnete. Dort hatte er zwar großen Erfolg bei seinen Patienten, aber die medizinische Fakultät und die Medizinische Gesellschaft verwehrten ihm die Anerkennung seiner Heilmethoden. In der Fakultät fand Mesmer jedoch in Charles Deslon (1750–1786) dann doch noch einen recht prominenten Befürworter. Seine Kollegen reagierten aber auf dessen positive Stellungnahme für Messmer mit einem Ausschlussverfahren. Mesmer war über die mangelnde Wertschätzung seiner Arbeit durch die Ärzteschaft sehr enttäuscht und kündigte an, er wolle Paris wieder verlassen. Großspurig fügte er hinzu, er würde die undankbaren Franzosen auf ewig ihren Krankheiten überlassen. In dieser angespannten Situation schaltete sich Marie Antoinette (1755–1793) ein, die aus Österreich stammende Gattin von König Ludwig XVI. Sie bat Mesmer zu bleiben und versprach ihm ein staatliches Jahresgehalt von 20 000 Livres auf Lebenszeit, wenn er bereit wäre, drei durch die Regierung benannte Ärzte in seine Heilverfahren einzuweisen und sich von ihnen überwachen zu lassen. Für den Aufbau und Betrieb einer Klinik sollte der Wunderheiler jährlich weitere 10 000 Livres erhalten. Dieses durchaus großzügige Angebot schlug Mesmer jedoch in einem öffentlichen Brief an Marie Antoinette aus, indem er sich auf »die Strenge seiner Grundsätze« berief und eine Überwachung seiner Tätigkeit als unzumutbar bezeichnete. Diese brüske Ablehnung einer königlichen Offerte verursachte in Paris großes Aufsehen und stärkte Mesmers Feinde. Trotzdem blieb er im Land und verdiente viel Geld, indem er nicht nur Patienten behandelte, sondern auch Interessenten gegen Bezahlung in die Geheimnisse seiner Behandlungsmethoden einweihte. In den Folgejahren erreichte der »Mesmerismus« in Frankreich einen so großen Bekanntheits- und Verbreitungsgrad, dass sich der König genötigt sah, eine Kommission einzusetzen, die eine Beurteilung dieser inzwischen sektenähnlichen Bewegung erarbeiten sollte. Das Gremium bestand aus vier bekannten Ärzten der medizinischen Fakultät und fünf Mitgliedern der Akademie der Wissenschaften. Parallel dazu setzte auch die Regierung eine Untersuchungskommission ein, die aber nicht so prominent besetzt war und deren Arbeit keine große Aufmerksamkeit erregte. Die königliche Kommission, der auch der große französische Chemiker Atoine Laurent de Lavoisier (1743–1794) und der berühmte amerikanische Forscher Benjamin Franklin (1706–1790) angehörten, arbeitete sehr gründlich und führte zahlreiche Experimente durch. Beispielsweise wurden im Hause von Lavoisier einer Patientin vier Tassen mit Wasser mit dem Hinweis angeboten, eine von ihnen wäre mesmerisiert. Die vierte Tasse rief bei ihr heftige Reaktionen hervor, obwohl es sich beim Inhalt um ganz gewöhnliches Wasser handelte. Aus einer fünften Tasse trank sie dann aber ohne jede Reaktion, obwohl sich darin Wasser befand, das einem intensiven Mesmerisierungsritual unterzogen worden war. Nach vielen, ähnlich angelegten Versuchen kam die Kommission schließlich zu dem Ergebnis, dass es das von Mesmer postulierte Fluidum nicht gäbe und die Heilungen durch die Einbildungskraft der Patienten zu erklären wären. Zu einer ähnlich negativen Einschätzung gelangte auch das von der Regierung bestellte Gremium.

Die ablehnenden Stellungnahmen der Untersuchungskommissionen konnten den Mesmerismus-Wahn aber nicht stoppen, sondern sorgten für eine Flut von Gegendarstellungen. Inzwischen hatten sich auch Schriftsteller und Dichter dieses Themas bemächtigt. Eine Komödie von Pierre-Yves Bareé (1749–1832) mit dem Titel »Les Docteurs Modernes«, die den Mesmerismus veräppelte, hatte in Paris großen Erfolg. Aufgebrachte Mesmeristen störten aber die Vorstellungen und warfen Flugblätter ins Publikum. Der Bekannteste von ihnen war Jean-Jacques d'Eprémesnil (1745–1794), der in seinem Manifest schrieb: »Wenn schon meine persönliche Stellung als Friedensrichter, jedoch auch als Schüler von M. Mesmer, es mir nicht erlaubt, ihm unmittelbare gesetzliche Unterstützung zukommen zu lassen, so schulde ich ihm doch im Namen der Menschheit ... öffentliche Bezeugung meiner Bewunderung und meiner Anerkennung ...«

Mesmer nahm die negativen Kommissionsvoten zum Anlass, seine »heilsame Praktik« in geschlossene Vereine zu verlagern, die er »Gesellschaften der Harmonie« nannte. In kurzer Zeit entstanden in ganz Frankreich solche Vereine, in denen von ihm ausgesuchte Lehrer tätig waren. Das System funktionierte etliche Jahre sehr gut und wurde auch auf Deutschland, Österreich und die Schweiz ausgedehnt. Doch die Revolution von 1789 führte zum Niedergang der Harmonie-Gesellschaften, und Mesmer verlor den größten Teil seines beachtlichen Vermögens. Er kehrte 1793 nach Wien zurück, wo er im Zusammenhang mit einer »Jakobinerverschwörung« verhaftet wurde. Aus Mangel an Beweisen für seine aktive Teilnahme wurde er bald wieder freigelassen und in seine Heimatregion abgeschoben. Mesmer ließ sich für sechs Jahre im schweizerischen Wagenhausen in der Nähe von Stein am Rhein nieder. Ab 1799 verbrachte er wieder einige Zeit in Paris, um dann erneut in die Bodenseeregion zurückzukehren. Dort lebte er so zurückgezogen, dass man allgemein annahm, er wäre bereits verstorben. 1809 wurde Mesmer von Christoph Wilhelm Hufeland (1762–1836), dem damaligen Leibarzt des preußischen Königs, wieder entdeckt. Hufeland beschrieb Mesmer in einer medizinischen Zeitschrift als »Entdecker einer der wichtigsten Naturkräfte ... welche jetzt von Neuem die Aufmerksamkeit der denkenden Ärzte auf sich ziehen«. Hufeland sorgte auch dafür, dass in Preußen eine Kommission zur Prüfung des Magnetismus eingesetzt wurde, die 1816 eine positive Bewertung abgab. Dieser Kommission gehörte auch der Arzt Karl Christian Wolfart (1778–1832) an. Er besuchte Mesmer mehrfach und gab mit ihm gemeinsam ein Buch mit dem Titel »Mesmerismus oder System der Wechselwirkungen«

heraus. Am 5. März 1815 verstarb Mesmer in Meersburg. Wolfart übernahm den schriftlichen Nachlass und veröffentlichte daraus ein weiteres Buch, das den Titel »Erläuterungen zum Mesmerismus« trug. Dabei unterlief ihm allerdings ein peinlicher Lapsus, der bis heute für Verwirrung sorgt. Wolfart interpretierte nämlich die Abkürzung »Fr.« von Mesmers erstem Vornamen falsch und schrieb statt Franz »Friedrich«. Der Tübinger Theologe Ernst Benz (1907–1978), der als guter Mesmer-Kenner gilt, gab dazu den folgenden Kommentar ab: »So wurde aus dem katholischen Franz ein preußischer Friedrich.« Der Mesmerismus erlebte nach Mesmers Tod für einige Jahre eine zweite Blütezeit. Daran hatte Wolfart großen Anteil, der 1817 in Berlin zum Professor für Heilmagnetismus ernannt wurde. Auf sein Betreiben hin errichtete die Gesellschaft für Naturforscher 1830 auf dem Friedhof von Meersburg ein Mesmer-Monument, das heute noch zu besichtigen ist. Mit dem Aufkommen von Hypnose und Suggestionstherapie verlor der Mesmerismus aber weitgehend seine Bedeutung.

## Gefährliche Krankheit

### Ignaz Semmelweis und das Kindbettfieber

Heute wird Ignaz Philipp Semmelweis (1818–1865) als »Retter der Mütter« gepriesen und mit Ehrungen überhäuft. Einige Länder gaben anlässlich seines hundertsten Todestages Gedenkbriefmarken heraus. In Ungarn wurde die Semmelweis-Bibliothek für Geschichte der Medizin gegründet, und eine Universität in Budapest erhielt den Namen »Semmelweis-Universität«. Zahlreiche Bücher sind über das Leben und Wirken des großen Arztes erschienen, und etliche Filme wurden über ihn gedreht. Dieses vielfältige Lob steht in krassem Gegensatz zu der vielen Ablehnung, die er während seines kurzen Lebens erfahren hat.

Ignaz Semmelweis kam am 1. Juli 1818 in der damals noch selbständigen Stadt Buda als fünftes von neun Kindern des wohlhabenden Kaufmanns Josef Semmelweis und seiner Frau Theresa zur Welt. Da die Familien beider Eltern deutsche Wurzeln hatten, wurde zu Hause fast nur Deutsch gesprochen. Mit elf Jahren kam der Junge in ein katholisches Gymnasium, das er mit guten Noten absolvierte. Nach dem Abitur begann Ignaz zunächst auf Wunsch seines Vaters ein Jurastudium in Wien. Es stellte sich aber bald heraus, dass ihm dieses Studium nicht lag, und deshalb wechselte er zur Medizin. 1844 beendete er sein Studium und promovierte über ein naturhistorisches Thema.

Semmelweis bewarb sich zunächst um eine Assistentenstelle in der Pathologie, die er aber nicht bekam. Etwas enttäuscht wandte er sich daraufhin der Frauenheilkunde zu, die damals noch keinen hohen akademischen Rang einnahm. Aber auch dort musste er zwei Jahre warten, bis eine entsprechende Stelle frei wurde. Während dieser Zeit arbeitete er ohne Gehalt im Krankenhaus, wobei er insbesondere auch die Leichen der Frauen sezierte, die in der Gebärklinik verstorben waren, sodass er reichhaltige pathologisch-anatomische Erfahrungen sammeln konnte. Als er endlich eine be-


*Kampfhähne der Wissenschaft*. Heinrich Zankl

ISBN: 978-3-527-32579-5

Briefmarke, die das Porträt von Ignaz Semmelweis zeigt. Semmelweis erkannte als erster die Bedeutung der Hygiene auf den Entbindungsstationen.

zahlte Assistentenstelle antreten durfte, wurde ihm schon bald mitgeteilt, dass er sie nur vier Monate behalten könne. Sein Vorgänger auf dieser Stelle hatte sich nämlich inzwischen entschlossen, doch keine Praxis zu eröffnen, sondern weiter an der Klinik zu bleiben.

Die kurze Zeit auf der Geburtsabteilung genügte aber, um Semmelweis drastisch vor Augen zu führen, welch schreckliche Auswirkungen das Kindbettfieber hatte. Damals starben in der ersten Gebärklinik des Wiener Allgemeinen Krankenhauses bis zu 8 Prozent aller Frauen nach der Geburt an dieser gefährlichen Krankheit, deren Entstehung noch weitgehend unbekannt war. Semmelweis beschloss, sich der Erforschung des Kindbettfiebers zu widmen, und wollte nach Ablauf seiner Anstellung an eine Klinik in Dublin gehen, um zu erkunden, warum dort viel weniger Frauen an dieser Krankheit starben. Dieser Plan zerschlug sich aber, weil die Assistentenstelle in Wien plötzlich doch wieder zur Verfügung stand, nachdem der frühere Inhaber überraschend als Professor für Geburtshilfe nach Tübingen berufen worden war. Im Frühjahr 1847 trat Semmelweis schließlich seine auf zwei Jahre befristete Stelle mit dem festen Vorsatz an, sich auch in Wien intensiv mit dem Kindbettfieber zu beschäftigen. Zunächst überprüfte er alle Hypothesen über die Entstehung dieser fiebrigen Erkrankung, die damals diskutiert wurden. Da damals krankheitserregende Bakterien noch nicht bekannt waren, machten die Ärzte zahlreiche andere Ursachen für das Kindbettfieber verantwortlich. Beispielsweise wurde angenommen, dass die Angst der Frauen vor der Geburt eine Rolle spielen könnte. Diese Furcht war zweifellos vorhanden und hatte angesichts des hohen Sterberisikos ja auch durchaus ihre Berechtigung. Sie wurde verstärkt durch die Tatsache, dass der Priester, wenn er zur letzten Ölung an das Bett der Todkranken gerufen wurde, mit einem Glöckchen angekündigt wurde, das auf der ganzen Wöchnerinnenstation zu hören war. Auch Semmelweis erschrak bei dem Klang der Glocke: »Man kann sich denken, welchen Eindruck das öfters am Tage hörbare verhängnisvolle Glöckchen des Priesters auf die anwesenden Wöchnerinnen hervorbrachte. Mir selbst war unheimlich zu Mute, ... ein Seufzer entwand sich meiner Brust für das Opfer, welches schon wieder an einer unbekannten Ursache fällt. Dieses Glöckchen war eine peinliche Mahnung, dieser unbekannten Ursache nach allen Kräften nachzuspüren.« Semmelweis bat den Priester, sich bei seinen Besuchen nicht mehr so lautstark anzukündigen. Dieser Vorschlag wurde nach einigen Diskussionen schließlich sogar befolgt, die Zahl der Todesfälle wurde dadurch aber nicht beeinflusst. Eine andere, auch nicht sehr überzeugende Theorie besagte, dass als Ursache für das Kindbettfieber auch das verletzte Schamgefühl der Frauen mitverantwortlich sein könne, weil in der ersten Wiener Gebärklinik vor allem männliche Geburtshelfer tätig waren. Allerdings wurden die in der oberen Gesellschaftsschicht Wiens üblichen Hausgeburten auch überwiegend von männlichen Ärzten betreut, und trotzdem war bei diesen Geburten das Risiko, an Kindbettfieber zu erkranken, viel geringer. Es gab noch viele andere Vermutungen über die Ursachen der gefährlichen Krankheit, etwa Wettereinflüsse, falsche Ernährung, Erkältung oder zu frühes Aufstehen nach der Geburt. Professor Johann Klein (1788–1856), der Chefarzt der ersten Gebärklinik, gab sich mit der damals recht weit verbreiteten Erklärung zufrieden, in seiner Klinik gebe es einen nicht näher erforschbaren »genius epidemicus«, der für das schubweise Auftreten der gefährlichen Krankheit verantwortlich wäre. Andere Ärzte sprachen von einem »Miasma« als Ursache, worunter sie einen krankheitsauslösenden Stoff verstanden, der in der Atmosphäre oder in Ausdünstungen des Bodens vorkomme und kaum bekämpft werden könne.

Erstaunlicherweise untersuchte vor Semmelweis niemand intensiv, warum in der zweiten Gebärklinik, in der die Geburten von Hebammen geleitet wurden, viel weniger Fälle von Kindbettfieber auftraten als in der ersten Gebärklinik, wo Ärzte die Geburtshilfe durchführten. Chefarzt Klein war auch gar nicht sehr begeistert, als sein neuer Assistent hierüber genaue statistische Erhebungen anstellte und dabei nachwies, dass bei etwa gleichen Geburtszahlen pro Jahr in der ersten Gebärklinik fast zehnmal mehr Frauen verstarben als in der zweiten Klinik. Außerdem konnte Semmelweis feststellen, dass die Verlegung von Wöchnerinnen in andere Zimmer oft eine Erkrankung verhinderte. Besonders wichtig war aber die Beobachtung, dass die Krankheit häufig auch auf die Neugeborenen übertragen wurde, die ebenfalls oft hohes Fieber bekamen und unter ähnlichen Symptomen verstarben wie ihre Mütter. Semmelweis sezierte auch die Kinder und fand vergleichbare Organveränderungen. Deshalb kam ihm der Verdacht, dass die krankheitsauslösenden Faktoren durch direkten Kontakt von Mensch zu Mensch übertragen werden. In dieser Ansicht wurde er durch einen Unglücksfall bestätigt, dem ein ärztlicher Kollege zum Opfer fiel: Ein Student verletzte den Gerichtsmediziner Jakob Kolletscha (1803–1847) bei einer Leichensektion mit dem Skalpell an einem Finger. Kurz darauf bekam der Arzt hohes Fieber und verstarb innerhalb weniger Tage. An seinem Leichnam fanden sich ähnliche Veränderungen wie bei den Frauen, die am Kindbettfieber gestorben waren. Da Kolletscha ein guter Bekannter von Semmelweis war, beschäftigte ihn dessen Tod sehr, und er las den Sektionsbericht mehrfach sehr genau. Die Erkenntnis, die er daraus schöpfte beschrieb er so: »Tag und Nacht beschäftigte mich das Bild von Kolletschas Krankheit und mit immer größerer Entschiedenheit musste ich die Identität der Krankheit, an der Kolletscha gestorben war, mit derjenigen Krankheit, an welcher ich so viele Wöchnerinnen sterben sah, anerkennen. … Die veranlassende Ursache der Krankheit bei Professor Kolletscha war bekannt, nämlich es wurde die Wunde … mit Kadaverteilen verunreinigt. … Ich musste mir die Frage aufwerfen: Werden denn den Individuen, welche ich an einer identischen Krankheit sterben sah, auch Kadaverteile in das Gefäßsystem eingebracht? Auf diese Frage musste ich mit Ja antworten. Bei der anatomischen Richtung der Wiener medizinischen Schule haben die Professoren, Assistenten und Schüler häufig Gelegenheit, mit Leichen in Berührung zu kommen. … Bei der Untersuchung der Schwangeren, Kreißenden und Wöchnerinnen wird die mit Kadaverteilen verunreinigte Hand mit den Genitalien dieser Individuen in Berührung gebracht, dadurch die … Einbringung von Kadaverteilen in das Gefäßsystem … bedingt und dadurch bei den Wöchnerinnen dieselbe Krankheit hervorgerufen, welche wir bei Kolletscha gesehen.«

Aus dieser Einsicht zog Semmelweis den logischen Schluss, dass die Zahl der Erkrankungen deutlich sinken müsse, wenn sich die Geburtshelfer die Hände desinfizieren. Er stellte Schalen mit Chlorwasser auf, in denen sich die Ärzte und Studenten intensiv die Hände waschen mussten, bevor sie die Frauen untersuchten. Der Erfolg wurde schon nach einigen Wochen deutlich. Die Sterbezahlen sanken in der ersten Gebärklinik rapide und näherten sich denen der zweiten Gebärklinik an.

Semmelweis glaubte mit einigem Recht, dass diese beeindruckenden Erfolgszahlen als Beweis für seine Theorie über die Ursachen des Kindbettfiebers schnell anerkannt würden. Das war aber durchaus nicht der Fall, denn unglücklicherweise wurde etwa zur gleichen Zeit, in der die Desinfektionsmaßnahmen eingeführt worden waren, auch eine neue Lüftungsanlage in der Klinik eingebaut. Daher vertrat Professor Klein die Meinung, dass die rückläufigen Erkrankungszahlen auf die verbesserte Luftzufuhr zurückzuführen wären. Um seinen Chef zu überzeugen, erschien es Semmelweis deshalb notwendig, seine Infektionshypothese durch Laborversuche zu untermauern. In Planung und Durchführung einer solchen Studie hatte er allerdings nur wenig Erfahrung, vermutlich waren die Ergebnisse daher auch nicht ganz eindeutig. Möglicherweise weigerte sich Semmelweis deshalb, seine klinischen Befunde zu veröffentlichen. Schließlich übernahm sein Kollege und Freund Ferdinand von Hebra (1816–1880) diese Aufgabe und publizierte im Herbst 1847 im wissenschaftlichen Journal der Wiener medizinischen Fakultät einen kurzen Bericht, in dem er die Entdeckung von Semmelweis vorstellte und zu diesem Thema um Kommentare von Kollegen bat. Ein halbes Jahr später schrieb Hebra sogar noch einen zweiten Artikel, worin er bedauerte, dass so wenige Stellungnahmen eingegangen waren. Immerhin hatten aber zwei durchaus bedeutende Kollegen sich recht positiv geäußert. Insbesondere Gustav Adolf Michaelis (1798–1848) gab Semmelweis recht, denn in seiner Kieler Klinik ging die Zahl der Erkrankungen schlagartig zurück, nachdem die Waschungen mit Chlorwasser für alle Geburtshelfer verpflichtend eingeführt worden waren. Tragischerweise konnte Michaelis aber Semmelweis nicht mehr lange unterstützen, denn er beging wenig später Selbstmord. Grund: Er hatte kurz vor Einführung des Chlorwassers seine Nichte entbunden, und sie war kurz darauf am Kindbettfieber gestorben. Als Michaelis klar wurde, dass er durch seine undesinfizierten Hände nicht nur den Tod seiner Verwandten, sondern den vieler anderer Frauen verursacht hatte, setzte er seinem Leben ein Ende. Professor Klein sah diese Problematik nicht, obwohl er allen Grund dazu gehabt hätte. In der ersten Wiener Gebärklinik war nämlich die Zahl der Todesfälle durch Kindbettfieber drastisch angestiegen, als er Chefarzt wurde. Sein Vorgänger hatte eine deutlich weniger invasive Geburtshilfe praktiziert, weshalb die Erkrankungszahlen unter seiner Regie relativ niedrig gewesen waren. Anstatt über diesen eigentlich recht auffälligen Zusammenhang nachzudenken, behinderte Klein die Arbeit seines Assistenten Semmelweis, wo er nur konnte. Gemeinsam mit einer Gruppe gleichgesinnter Medizinprofessoren blockierte er die Einsetzung einer Kommission, die überprüfen sollte, ob Semmelweis mit seiner Infektionshypothese recht hatte. Außerdem verlängerte er dessen Anstellungsvertrag nicht, sodass Semmelweis die Klinik im März 1849 verlassen musste und arbeitslos wurde.

Obwohl dieser nun eigentlich genug Zeit gehabt hätte und auch von vielen Freunden dazu gedrängt wurde, weigerte er sich weiterhin, eine Publikation über seine Untersuchungen zu schreiben. Immerhin konnte er im Mai 1850 dazu bewegt werden, seine Thesen auf einer Ärztetagung vorzustellen. Die Reaktionen der Zuhörer waren überwiegend positiv, aber zu einer ausführlichen Publikation in einer wissenschaftlichen Zeitschrift raffte sich Semmelweis trotzdem nicht auf. Als die medizinische Fakultät seine Bewerbung als Privatdozent erst ablehnte und dann nur unter Auflagen genehmigte, verließ Semmelweis verbittert Wien und kehrte nach Ungarn zurück. Unverständlicherweise unterrichtete er nicht einmal seine wenigen Freunde und Förderer von diesem Schritt, sodass er nun auch noch deren Unterstützung verlor. Semmelweis ließ sich in Pest nieder. Er war dort ziemlich isoliert und geriet in finanzielle Schwierigkeiten, da er zunächst keine bezahlte Anstellung fand. Auf seinen Antrag hin wurde er zwar zum Leiter der geburtshilflichen Abteilung des St.-Rochus-Spitals ernannt, die damals noch zur chirurgischen Klinik gehörte. Semmelweis erhielt aber für seine Tätigkeit kein Gehalt und musste nebenbei eine Privatpraxis führen, um seinen Lebensunterhalt zu verdienen. Gleich nachdem er im März 1851 die Klinikleitung übernommen hatte, führte er die Chlorwasserwaschungen ein und überwachte sie persönlich. Die Zahl der Frauen, die an Kindsbettfieber starben, reduzierte sich in wenigen Monaten auf unter 1 Prozent und blieb auf diesem niedrigen Niveau, solange Semmelweis die Klinik leitete. Trotz dieser Erfolge wurde er aber von vielen Kollegen und vom Pflegepersonal angefeindet, weil diese die Waschungen für überflüssig hielten und die strikte Kontrolle ihnen lästig war. 1855 wurde Semmelweis schließlich als Professor für theoretische und praktische Gynäkologie an die Universität Pest berufen. Sowohl die personelle als auch die sachliche Ausstattung des Lehrstuhls und der angeschlossenen Gebärklinik waren allerdings erbärmlich. Trotzdem gelang es ihm, die Sterblichkeitsrate durch Kindbettfieber auf 0,4 Prozent zu senken. Da er seine Erfolge weiterhin nicht publizierte, schickte schließlich einer seiner Mitarbeiter einen Bericht an die *Wiener medizinische Wochenschrift*. Die Arbeit wurde auch veröffentlicht, allerdings mit einem vom Herausgeber veranlassten Anhang. Darin stand, dass die Chlordesinfektion eigentlich längst überholt sei. Die in dem Artikel geäußerten Ansichten widersprächen außerdem den Erfahrungen der meisten anderen Gebärkliniken. Die Leser sollten sich daher nicht in die Irre führen lassen. Wer diesen Zusatz verfasst hatte, ist heute nicht mehr festzustellen, es könnte aber durchaus Carl Braun (1822–1891) gewesen sein, der in Wien der Nachfolger von Johann Klein geworden war und als eingeschworener Feind von Semmelweis galt. Über diese höchst unfaire Aktion ärgerte sich Semmelweis verständlicherweise so sehr, dass er endlich beschloss, seine Infektionslehre stärker publik zu machen. Er hielt mehrere Vorträge, die auch veröffentlicht wurden, allerdings nur in einer ungarischen Fachzeitschrift, sodass sie wenig Beachtung fanden. Semmelweis meinte nun, dass er etwas in deutscher Sprache publizieren müsse, um sich Gehör zu verschaffen. In einer gewaltigen Anstrengung stellte er neben seinen anderen sehr zeitaufwendigen Tätigkeiten ein Buchmanuskript fertig, das 1861 veröffentlicht wurde. Es trug den Titel »Die Ätiologie, der Begriff und die Prophylaxis des Kindbettfiebers«. Im ersten Teil des Buches stellte der Autor die Entwicklung seiner Lehre umfassend und gut begründet dar. Im zweiten Teil würdigte er seine Anhänger, deren Zahl er mit achtundzwanzig angab. Wesentlich mehr Raum nahm aber die sehr heftige Auseinandersetzung mit seinen Kritikern ein. Dabei verzichtete er auch nicht auf scharfe persönliche Attacken gegen prominente Kollegen. Die Lesbarkeit und Klarheit des Textes litten allerdings erheblich unter ständigen Wiederholungen und umständlich gedrechselten Sätzen. Nach dem Erscheinen des Buches verschickte Semmelweis Exemplare an Kollegen in ganz Europa in der Hoffnung, nun endlich den Durchbruch zu erzielen. doch die Reaktionen waren meist ablehnend. Dabei spielte sicher eine wichtige Rolle, dass Semmelweis sich zum Teil sehr polemisch äußerte und auf diese Weise den wissenschaftlichen Wert seines Werkes selbst beschädigte.

Einer der in dem Buch besonders heftig Angegriffenen war Friedrich Wilhelm von Scanzoni (1821–1891). Er hatte fast 40 Jahre lang eine Professur für Geburtshilfe in Würzburg inne und zählte damals zu den prominentesten Geburtshelfern Europas. Er entwickelte eine spezielle Geburtszange, mit der er eine Drehung des kindlichen Kopfes während der Geburt herbeiführen konnte – ein Verfahren, das heute noch in der Geburtshilfe als »Scanzoni-Manöver« bekannt ist. Das von ihm geschriebene »Lehrbuch für Geburtshilfe« war im deutschen Sprachraum weit verbreitet. 1857 und 1863 wurde Scanzoni nach St. Petersburg gerufen, um die Entbindungen bei der Gattin des Zaren Alexander II. zu leiten. Obwohl er zweifellos ein sehr begabter Arzt und Wissenschaftler war, hielt er von Semmelweis und seinen Theorien zum Kindbettfieber nicht viel, sondern bezeichnete sie als »einseitig und beschränkt«. Über seine Erfahrungen mit den Chlorwasserwaschungen schrieb er: »Was diese mit größter Sorgfalt vorgenommenen Waschungen nicht vermochten, das vollbrachte ein günstiger Genius epidemicus: Die Erkrankungen minderten sich plötzlich.« Aufgrund seines hohen Ansehens übernahmen viele Frauenärzte Scanzonis Meinung und weigerten sich, die erforderlichen Hygienemaßnahmen in ihren Kliniken einzuführen. Darüber war Semmelweis so erbost, dass er an Scanzoni einen Brief schrieb, der folgenden Wortlaut hatte:

»Herr Hofrat werden meinem Briefe an Professor Späth entnommen haben, dass ich, um dem Morden ein Ende zu machen, den unerschütterlichen Entschluss gefasst habe, jedem der es wagt, Irrtümer über das Puerperal-Fieber zu verbreiten, schonungslos ge-

genüberzutreten. … Sollten Sie…, Herr Hofrat, ohne meine Lehre widerlegt zu haben, fortfahren, Ihre Schüler und Schülerinnen in der Lehre des epidemischen Kindbettfiebers zu erziehen, so erkläre ich Sie vor Gott und der Welt für einen Mörder…«

Als dieser in seiner Schärfe kaum noch zu überbietende Brief nicht die erhoffte Wirkung zeigte, ließ Semmelweis einen zweiten folgen, in dem er schrieb: »Ihnen, Herr Hofrat, bleibt nichts anderes übrig, wenn Sie von Ihrem Ansehen noch retten wollen, was noch zu retten ist, als sich meiner Lehre anzuschließen. Sollten Sie bei der Lehre des epidemischen Kindbettfiebers verbleiben, so werden mit fortschreitender Aufklärung die Pseudo-Kindbettfieber-Epidemien und Ihr Ansehen aus der Welt verschwinden.«

1862 holte Semmelweis dann zu einem gewaltigen Rundumschlag aus. Er formulierte einen langen »Offenen Brief an sämtliche Professoren der Geburtshilfe«, in dem folgende Sätze zu lesen waren: »Wer ist denn Schuld, dass das Kindbettfieber in den 15 Jahren nach Entdeckung der Verhütungslehre noch immer Verheerung anrichtet? Niemand anders als die Professoren der Geburtshilfe … Mehrere Professoren der Geburtshilfe haben die von mir entdeckte Wahrheit erkannt, selbst mit Erfolg beobachtet, was die in ihrem Gebärhäusern verminderte Sterblichkeit beweist, sind aber nicht redlich genug, das auch öffentlich anzuerkennen. Sollten sich die Professoren nicht baldigst dazu bequemen, ihre Schüler in meiner Lehre zu unterrichten, so werde ich mich an das hilfsbedürftige Publikum wenden. Ich werde sagen: Du, Familienvater, weißt du, was das heißt, einen Geburtshelfer oder eine Hebamme zu deiner Frau zu rufen? Das heißt so viel, als deine Frau und dein noch ungeborenes Kind einer Lebensgefahr auszusetzen!«

Die teilweise extremen Formulierungen in diesen Briefen lassen sich wahrscheinlich durch die starke psychische Belastung erklären, der Semmelweis zunehmend ausgesetzt war. Er fühlte sich schuldig, weil er seine Infektionslehre nicht ausreichend publik gemacht hatte und deshalb das Leben vieler Frauen und Kinder nicht gerettet worden war. Außerdem litt er sehr unter dem Gedanken, selbst lebensbedrohliche Infektionen verursacht zu haben, da er anfangs ja auch die Frauen direkt nach Leichensektionen untersucht und dabei infiziert hatte. In einem Brief an den Wiener Gynäkologieprofessor Joseph Späth (1823–1896), der auch zu seinen

Gegnern zählte, beschrieb Semmelweis seine Situation sehr eindrucksvoll: »Ich trage in mir das Bewusstsein, dass seit 1847 Tausende und Tausende von Wöchnerinnen und Säuglingen gestorben sind, welche nicht gestorben wären, wenn ich nicht geschwiegen hätte, sondern jedem Irrtum, welcher über das Puerperal-Fieber verbreitet wurde, die nötige Zurechtweisung hätte zu Teil werden lassen ...«

Vielleicht waren die höchst aggressiven Briefe aber auch bereits die ersten Anzeichen einer psychischen Erkrankung, die im Laufe der nächsten Jahre immer deutlicher wurden. Maria Semmelweis ließ ihren Gatten schließlich im Juli 1865 in die psychiatrische Klinik in Döbling bei Wien einweisen, weil sich sein Wesen inzwischen vollkommen verändert hatte. Dort verstarb er zwei Wochen später unter bis heute nicht ganz geklärten Umständen. Die Tatsache, dass die entsprechenden Unterlagen der Klinik lange geheim gehalten wurden, und die pathologisch-anatomischen Befunde sprechen dafür, dass Semmelweis vom Pflegepersonal schwer misshandelt wurde und schließlich einer eitrigen Infektion seiner Wunden erlegen war. Der ungarische Arzt Georg Sillo-Seidl hat sich sehr intensiv mit den Unterlagen über den Tod von Semmelweis beschäftigt. In seinem Buch »Die Wahrheit über Semmelweis« vertritt er die Hypothese, der Arzt sei eigentlich gar nicht geisteskrank gewesen, sondern einem Komplott seiner Gegner zum Opfer gefallen. Diese Darstellung wird von anderen Medizinhistorikern aber für eher unwahrscheinlich gehalten, denn die der Einweisung vorangegangenen psychischen Störungen wurden auch von unverdächtigen Zeugen sehr deutlich beschrieben. Lange Zeit hat man vermutet, dass dafür eine Syphiliserkrankung im letzten Stadium verantwortlich war. Heute wird eher eine frühzeitig einsetzende Alzheimer-Erkrankung als Ursache angenommen.

Im gleichen Jahr, in dem Semmelweis unter so unwürdigen Umständen verstorben ist, entdeckte der junge englische Chirurg Joseph Lister (1827–1912) die Eiterbakterien in übel riechenden Amputationswunden. Durch Desinfektionsmaßnahmen mit Karbolsäure konnte er die Sterblichkeit seiner Patienten nach chirurgischen Eingriffen dramatisch senken. Nach dieser Entdeckung wurde klar, dass auch das Kindbettfieber durch solche Bakterien verursacht wird. Sogar seine schärfsten Gegner mussten nun anerkennen, dass Semmelweis den richtigen Weg bei der Bekämpfung der

Krankheit eingeschlagen hatte, obwohl ihm die Bakterien als Infektionserreger noch gar nicht bekannt waren. Wegen der negativen Reaktion der Ärzteschaft auf die von Semmelweis erarbeitete Infektionslehre ist im englischen Sprachraum der Begriff »Semmelweis Reflex« entstanden. Damit wird beschrieben, dass auch heute noch das wissenschaftliche Establishment nicht selten eine neue Entdeckung ohne ausreichende Überprüfung erst einmal ablehnt und den Urheber eher bekämpft als unterstützt. Ein typisches Beispiel dafür ist etwa die Theorie der kontinentalen Verschiebung von Alfred Wegener, die auch erst nach Jahrzehnten anerkannt wurde (siehe auch S. 71).

# Umkämpfte Seele

## Freuds geliebte Feinde

»Ein intimer Freund und ein gehasster Feind waren mir immer notwendige Erfordernisse meines Gefühlslebens. Ich wusste beide mir immer von Neuem zu verschaffen. Und nicht selten waren Freund und Feind in einer Person vereint.« Diese sehr aufschlussreichen Sätze schrieb Sigmund Freud (1856–1939) über sich selbst in seinem frühen Hauptwerk »Die Traumdeutung«, das er im November 1899 veröffentlichte und das wesentlich zum Durchbruch seiner psychoanalytischen Lehre beitrug. Schon in seiner Kindheit entwickelte der österreichische Nervenarzt eine dieser Beschreibung entsprechende Hass-Liebe zu seinem Neffen John, und auch in seinem späterem Leben schlug so manche zunächst sehr enge Freundschaft in heftige Abneigung oder sogar tief gehenden Hass um.

Unter seinen beruflichen Kollegen war Josef Breuer (1842–1925) einer der Ersten, zu dem Freud anfangs freundschaftliche Gefühle hegte, denn er später aber immer mehr anfeindete. Breuer arbeitete zunächst wissenschaftlich an der Wiener Universität und habilitierte sich für das Fach Physiologie. Nachdem er zweimal bei Berufungen in recht unfairer Weise übergangen worden war, eröffnete er eine Arztpraxis, in der er bald auch viele hochgestellte Persönlichkeiten der Wiener Gesellschaft behandelte. Freud suchte die Nähe des älteren, wohlsituierten Kollegen und wurde bald ein enger Freund der Familie Breuer. Nachdem er 1886 ebenfalls eine ärztliche Praxis eröffnet hatte, überwies ihm Breuer etliche Patienten und unterstützte ihn zeitweilig auch finanziell. Da Freud als Spezialist für Nervenkrankheiten galt, zog Breuer ihn auch bei der Behandlung von Bertha Pappenheim zu Rate, die er schon seit 1880 wegen ihrer stark ausgeprägten Hysterie behandelte. Dieser sehr komplexe Fall ging unter der Bezeichnung »Anna O.« in die Geschichte der Psychoanalyse ein, weil Freud und Breuer ihn in

*Kampfhähne der Wissenschaft.* Heinrich Zankl

ISBN: 978-3-527-32579-5

der 1895 gemeinsam publizierten Schrift »Studien über Hysterie« sehr ausführlich darstellten. Breuer hatte die Patientin schon einige Zeit mit einer Gesprächstherapie behandelt, die er als »Katharsis« (griechisch: Reinigung) bezeichnete. Freud war an diesem Fall sehr interessiert und verwendete ihn als Grundlage für die Entwicklung seiner Psychoanalyse. Obwohl Breuer den wichtigsten Teil über die Hysterie beisteuerte, erntete hauptsächlich Freud die Lorbeeren der Publikation. Grund: Am Ende des Buches stellte er eine durch Fakten wenig belegte, aber sehr publikumswirksame Behauptung auf, die er so formulierte: »Für die Hysterie folgt ... dass es kaum möglich ist, sie für die Betrachtung aus dem Zusammenhange der Sexualneurosen zu reißen.« Weiter unten im Text beschuldigte er Breuer indirekt, die sexuellen Hintergründe der Erkrankung von Anna O. nicht ausreichend erforscht zu haben. Das nahm ihm dieser verständlicherweise ziemlich übel. Er ging zunehmend auf Abstand zu Freud, der immer stärker die Entwicklung psychoanalytischer Therapien als seine eigene Leistung darstellte und Breuers Beiträge dazu möglichst wenig erwähnte oder sogar kritisierte. 1891 widmete Freud zwar sein neues Buch »Zur Auffassung der Aphasien« dem Freund und Kollegen, äußerte sich aber enttäuscht über dessen Reaktion. In einem Brief schrieb Freud, Breuer habe ihm kaum gedankt und sei sehr verlegen gewesen. Er habe »lauter schlechte Sachen darüber gesagt und nichts Gutes im Gedächtnis behalten und am Schluss zur Besänftigung das Kompliment, es sei ausgezeichnet geschrieben« nachgeschoben. In den folgenden Jahren häuften sich die negativen Äußerungen Freuds über Breuer. So meinte er beispielsweise 1893, seinem »Vorwärtskommen in Wien steht die Persönlichkeit Breuers im Weg«. Später berichtete er, dass »der wissenschaftliche Verkehr mit Breuer aufgehört hat« und »mein Ärger über Breuer immer wieder frische Nahrung erhält«. Besonders verärgert war Freud, als ihm das Gerücht zugetragen wurde, Breuer habe den Verkehr mit ihm aufgegeben, weil er mit seiner »Lebensführung und Geldwirtschaft nicht einverstanden sei«. Den Hinweis auf die Geldwirtschaft bezog Freud wohl nicht ganz zu Unrecht auf die Schulden, die er noch bei Breuer hatte, und bezeichnete dessen Äußerung ziemlich grundlos als »neurotische Unaufrichtigkeit«.

Auch der Hals-Nasen-Ohrenarzt Wilhelm Fließ (1858–1928) war ein Freund, in dem Freud später nur noch einen Gegner sah, den er mit allen Mitteln bekämpfte. Die beiden lernten sich 1887 kennen, als Fließ aus Berlin nach Wien kam, um sich dort wissenschaftlich weiterzubilden. Er hörte auf Empfehlung von Josef Breuer einige von Freuds Vorlesungen über Neurologie und lernte ihn auch persönlich kennen und schätzen. Freud war von Fließ ebenfalls sehr beeindruckt, denn nach dessen Rückkehr nach Berlin schrieb er ihm umgehend einen Brief, den er überaus freundlich begann: »Verehrter Freund und Kollege! Mein heutiger Brief hat zwar einen geschäftlichen Anlass. Ich muss ihn aber mit dem Bekenntnis einleiten, dass ich mir Hoffnung auf Fortsetzung des Verkehrs mit Ihnen mache und dass Sie mir einen tiefen Eindruck zurückgelassen haben.« Diesem Schreiben folgten bis 1902 noch 283 weitere, in denen Freud vor allem seine Gedanken über seine psychoanalytischen Theorien so intensiv mitteilte, dass in der Fachliteratur oft von der »Fließ-Periode« gesprochen wird. In Fließ hatte Freud offensichtlich einen Vertrauten gefunden, der ihm als interessierter Zuhörer, verschwiegener Mitwisser und intelligenter Anreger sehr nützlich war und begeistert Beifall spendete. Wie eng sich die Beziehung gestaltete, lässt sich auch an den Anreden ablesen, mit denen Freud seine Briefe an Fließ eröffnete: Nach dem anfänglichen »Verehrter Freund« hieß es bald »Lieber« und wenig später gar »Liebster Freund«, was ab 1893 noch durch »Geliebter Freund« gesteigert wurde.

Das freundschaftliche Verhältnis endete aber abrupt, als Fließ feststellen musste, dass Freud sich gern mit fremden Federn schmückte. Auf einer Tagung trug Freud nämlich die Theorie über die bisexuelle Disposition des Menschen vor, ohne deutlich zu machen, dass diese Gedanken von Fließ stammten. Von seinem Freund deswegen zur Rede gestellt, gab Freud als nicht sehr überzeugende Entschuldigung an, sein Gedächtnis habe ihm einen Streich gespielt. Trotz des offensichtlichen Missfallens, das der Vortrag bei Fließ hervorgerufen hatte, gab Freud dessen noch unveröffentlichte Theorien über Bisexualität und biologische Rhythmen an Hermann Swoboda (1873–1963) und Otto Weininger (1880–1903) weiter. Die beiden waren gerade mit abschließenden Arbeiten an einschlägigen Büchern beschäftigt und konnten so die wichtigsten Aspekte beider Theorien noch vor Fließ publizieren. Der so Ausgetrickste reagierte empört und forderte eine Erklärung. Freud behauptete jedoch, er habe mit Swoboda nur im Rahmen eines therapeutischen Gesprächs ganz allgemein über Bisexualität gesprochen und einen Herrn Weiniger kenne er überhaupt nicht. Fließ konnte aber nachweisen, dass Freud Weininger durchaus kannte und ihm auch bei der Abfassung seines Buches geholfen hatte. So in die Enge getrieben, schrieb Freud in einem Brief an Fließ, dass sich Ideen nicht patentieren ließen und fuhr fort: »Ich darf nur annehmen, dass die Schädigung, die Du von Weiningers Seite erfahren hast, sehr gering ist, denn sein Machwerk wird niemand ernst nehmen.« Das war jedoch ein großer Irrtum, denn Weiningers 1903 erschienenes Buch »Geschlecht und Charakter« wurde ein Riesenerfolg. Es erreichte in Deutschland hohe Auflagen und wurde in sechzehn Sprachen übersetzt. Dazu hat allerdings wohl weniger der zweifelhafte wissenschaftliche Wert des Buches beigetragen als vielmehr der Aufsehen erregende Selbstmord des erst 23-jährigen Verfassers. Auch das ein Jahr später publizierte Buch von Swoboda mit dem Titel »Die Perioden des menschlichen Organismus« war recht erfolgreich. Ende 1905 brachte Fließ dann endlich sein eigenes Werk »Der Rhythmus des Lebens« heraus. Wenig später erschien sogar eine von ihm veranlasste Kampfschrift des Bibliothekars Richard Pfennig mit dem durchaus anzüglichen Titel »Wilhelm Fließ und seine Nachentdecker: O. Weininger und H. Swoboda«. In ihr wurde detailliert geschildert, wie Sigmund Freud den beiden Autoren die Thesen über Bisexualität und Biorhythmen verraten hatte, ohne gleichzeitig zu fordern, dass Fließ als Urheber entsprechend gewürdigt werde. Freud versuchte daraufhin den bekannten Schriftsteller und Zeitschriftenverleger Karl Kraus (1874–1936) für seine Verteidigung einzuspannen. Als das nicht so recht gelang, erwog er, eine Verleumdungsklage gegen den Autor Pfennig zu erheben. Swoboda verfasste schließlich, vermutlich unter Mitwirkung von Freud, eine Gegenschrift mit dem Titel »Die gemeinnützige Forschung und der eigennützige Forscher. Antworten auf die von Fließ erhobenen Beschuldigungen«. Darin versuchte Swoboda mehr schlecht als recht, sich selbst, Weininger und Freud vom Verdacht des Plagiats reinzuwaschen. Freud war über die peinliche Bloßstellung durch Fließ so verärgert, dass er den ehemaligen Freund noch jahrelang mit üblen Verleumdungen verunglimpfte, indem er ihn etwa als paranoid bezeichnete.

Während die Beziehung zu Fließ mit viel Bitterkeit auf beiden Seiten zu Ende ging, wurde Freud auf Alfred Adler (1870–1937)

Die Porträt-Zeichnung zeigt Alfred Adler (1870–1937), der Arzt und Psychotherapeut in Wien und später in den USA war. Er ist der Begründer der Individualpsychologie (Sonoma State University).

aufmerksam. Der junge Arzt hatte vermutlich um 1900 im Wiener Ärzteverein erstmals von Freuds Theorien über die Entstehung von Neurosen gehört und sich danach mehrfach öffentlich für diese eingesetzt. Adler bekam daraufhin eine Einladung zur Gründungssitzung der psychologischen Mittwochsgesellschaft, die Freud 1902 ins Leben rief. Kurz vorher war er vor allem dank guter Beziehungen zum außerordentlichen Titularprofessor ernannt worden war. Außer Adler hatte Freud nur noch drei weitere Ärzte eingeladen: Wilhelm Stekel (1868–1940), Max Kahane (1866–1923) und Rudolf Reitler (1865–1917). Stekel, der bei Freud zeitweilig in Therapie war und die Gründung der Mittwochsgesellschaft angeregt hatte, beschrieb die ersten Sitzungen so: »… Es bestand eine vollendete Harmonie unter uns fünfen, ohne jegliche Dissonanz; wir waren Pioniere in einem neu entdeckten Land, und Freud war der Führer. Ein Funke schien vom einen zum anderen überzuspringen, und jeder Abend war eine Offenbarung.« Im Laufe der nächsten Jahre wuchs die Gruppe durch die Aufnahme neuer Mitglieder an, wobei es sich nicht nur um Mediziner handelte. Es kam auch bald zu ersten Spannungen, die dazu führten, dass Kahane seinen Austritt erklärte. Stekel kommentierte später: »Ich will nicht unerwähnt lassen, dass eines unserer ältesten Mitglieder, der geistreiche Max Kahane, auch in Feindschaft mit Freud geriet. Ich habe Kahane nie um den Grund gefragt. Aber die Art und Weise, wie er über Freud gesprochen hat, lässt sich hier unmöglich wiedergeben. Nicht, dass er seine wissenschaftliche Bedeutung je bezweifelt hätte, er sprach nur über die Art und Weise, wie Freud mit seinen Freunden umsprang, zu denen sich Kahane zählen durfte.« Einige Jahre später verließ auch Stekel die Gesellschaft, was Freud in einem Brief zu der Bemerkung veranlasste: »Ich bin froh darüber; Sie können nicht wissen, was ich unter der Aufgabe, ihn gegen die ganze Welt zu verteidigen, gelitten habe. Er ist ein unerträglicher Mensch.«

Doch auch zwischen Alfred Adler und Freud kam es bald zum Streit. Bereits 1904 soll Adler den Entschluss gefasst haben, die Mittwochgesellschaft zu verlassen. Nach seinen eigenen Aussagen konnte Freud ihn aber dann doch zum Bleiben überreden. Erstaunlicherweise setzte sich Freud trotz vieler persönlicher und sachlicher Differenzen dafür ein, dass Adler 1910 der Vorsitz in der Wiener Psychoanalytischen Vereinigung übertragen wurde, die aus der Mittwochsgesellschaft hervorging. Als Adler sich aber immer deutlicher von Freuds Vorstellungen von der Bedeutung der frühkindlichen Sexualität für psychische Erkrankungen im Erwachsenenalter distanzierte und seine eigene individualpsychologisch orientierte Lehre entwickelte, sah Freud seine geistige Vorherrschaft gefährdet und betrieb systematisch Adlers Entmachtung. Auf mehreren Sitzungen kam es unter der Regie von Freud zu einem richtigen Kesseltreiben gegen den ehemaligen Freund. Der erste Biograf Freuds, Fritz Wittels (1880–1950), beschrieb die entscheidenden Auseinandersetzungen so: »Die Adepten führten einen konzentrierten Angriff gegen Adler aus, der an Heftigkeit selbst auf diesem heißen Boden kaum seinesgleichen hatte … Stekel erzählte mir, dass er den Eindruck eines planmäßig vorbereiteten Trommelfeuers empfing. Freud hatte Notizen vor sich liegen, aus denen heraus er mit finsterer Stirne seinen Gegner abzutun versuchte. Das dicke Ende kam … als ein Mitglied der Vereinigung … sich erhob und den Antrag stellte, man möge Adler nahelegen, eine Vereinigung zu verlassen, zu deren Oberhaupt er sich in einen unüberbrückbaren Gegensatz gestellt habe. In dieser wenig würdigen Form entledigte sich Freud eines seiner bedeutendsten Schüler.« Auch Paul Klemperer (1887–1964) gewann den Eindruck, Freud habe das Tribunal über Adler arrangiert und gab folgende Beschreibung: »Bei der zweiten Zusammenkunft sprach Freud zwei Stunden lang und lieferte eine verheerende Kritik, durchsetzt mit persönlichen Angriffen auf Adler. Freud war ausgesprochen zornig und verurteilte Adler. Was immer er sage, habe keinen Sinn, was immer gut sei, sei nicht neu, und was immer neu sei, sei absolut schlecht... Es war wegen der Heftigkeit Freuds keine Versöhnung möglich. Er ließ Adler keine Chance auf einen Kompromiss ... es war absolut klar, Adler ist ein Häretiker.« Der Geächtete zog die einzig mögliche Konsequenz und legte seine Funktion als Obmann der Vereinigung »wegen Inkompatibilität seiner wissenschaftlichen Stellung und seiner Stellung im Vereine« nieder. Stekel erklärte sich mit Adler solidarisch und gab sein Amt als stellvertretender Obmann auf. In der nächsten Sitzung wurde Freud durch Akklamation auf diesen Posten gewählt. Trotzdem geriet er in Schwierigkeiten, als ein Mitglied forderte, der Verein solle erklären, dass die von Adler als Begründung für seinen Rückzug angegebene Inkompatibilität nicht gegeben sei. Außerdem wurde beantragt, Adlers Ausscheiden zu bedauern und ihm für seine Tätigkeit zu danken. Den Dank unterstützte Freud zwar, aber ansonsten war er deutlich anderer Meinung und hielt »die Verneinung der Inkompatibilität in diesem fortgeschrittenen Stadium für eine Kritik ... und für eine Werbung, die wir uns ersparen können«. Die Mehrheit der Anwesenden widersetzte sich jedoch Freud in dieser Frage und tat damit kund, dass sie der Meinung war, Adlers Lehre sei mit der Psychoanalyse durchaus vereinbar. Davon ziemlich unbeeindruckt, führte Freud schnell den nächsten Schlag gegen den einstigen Weggefährten, in dem er ihm nahelegte, als Mitherausgeber des *Zentralblatts für Psychoanalyse* zurückzutreten. Adler hielt deswegen Rücksprache mit einem Rechtsanwalt und stellte Bedingungen, die, so Freud »von lächerlicher Anmaßung zeugen und ganz unannehmbar sind«. In einem Brief schrieb Freud an den Verleger des Zentralblatts, er müsse zwischen ihm und Adler wählen, da eine weitere gemeinsame Herausgabe des Blattes unmöglich sei. Daraufhin erklärte Adler seinen Rücktritt, um dem Verleger die Peinlichkeit dieser aufgezwungenen Entscheidung zu ersparen. Etwa zur selben Zeit trat er auch aus der Wiener Vereinigung für Psychoanalyse aus. Die Begründung, die er Freud schickte, ließ eine gewisse Resignation erkennen: »Der Verein hatte Ihnen gegenüber trotz einer einmaligen Entschließung nicht den moralischen Einfluss, Sie in der Verfolgung Ihres alten persönlichen Kampfes gegen mich aufzuhalten. Da ich keine Neigung habe, mit meinem gewesenen Lehrer diesen persönlichen Kampf zu führen, zeige ich hiermit meinen Austritt an.« Freud kommentierte dies in einem Brief an seinen neuen Busenfreund Carl Gustav Jung (1875–1961) so: »Der Schaden ist nicht groß. Paranoische Intelligenzen sind nicht rar und mehr gefährlich als wertvoll. Er hat als Paranoiker natürlich in vielem recht, wenn auch in allem unrecht. Einige recht unbrauchbare Mitglieder werden wahrscheinlich seinem Beispiel folgen.«

Wie Freud richtig vermutet hatte, traten auch einige andere Vereinsmitglieder aus. Mit ihnen gründete Adler den Verein für freie psychoanalytische Forschung, der später in Verein für Individualpsychologie umbenannt wurde. 1914 wurde die *Internationale Zeitschrift für Individualpsychologie* ins Leben gerufen. Die Individualpsychologie entwickelte sich zu einer ernst zu nehmenden Alternative zur Psychoanalyse, wobei wohl auch eine wichtige Rolle spielte, dass sie viel lebensnaher war als die sehr theoretische Lehre Freuds. Adler erklärte die Reaktionen der menschlichen Psyche vor allem aus der individuellen Lebensgeschichte einer Person sowie aus der Minderwertigkeit einzelner Organe, die zu einer körperlichen und psychischen Kompensation führe. Damit schuf er die Grundlage für die heute weit verbreitete psychosomatische Medizin. In den Jahren zwischen den beiden Weltkriegen hatte die Individualpsychologie ihre Blütezeit. In Wien konnten 30 individualpsychologisch ausgerichtete Erziehungsberatungsstellen eingerichtet werden. 1920 wurde Adler sogar zum Direktor der ersten Klinik für Kinderpsychologie ernannt. In den Folgejahren unternahm er oft Vortragsreisen in die USA, wo seine Individualpsychologie bald auch sehr populär wurde. Nach der Machtergreifung der Nazis in Deutschland emigrierte Adler wegen seiner jüdischen Abstammung in die USA, kam aber häufig zu Vorträgen nach Europa. Auf einer dieser Reisen verstarb er im Alter von 67 Jahren an Herzversagen.

Schon bevor es zur endgültigen Trennung von Adler kam, hatte Freud seine Beziehungen zu dem schon erwähnten Schweizer Psychiater Carl Gustav Jung intensiviert, den er als Vorsitzenden für die neue Internationale Psychoanalytische Vereinigung gewinnen wollte. Freud verfolgte dabei zwei Ziele: Er wollte von dem Renommee profitieren, das Jung in der medizinischen Psychiatrie genoss, und außerdem sollte dieser als Nichtjude die Psychoanalyse von dem häufig geäußerten Verdacht befreien, sie verkörpere eine Art jüdische Geheimwissenschaft. Als Freud seinen Plan 1910 auf einer Tagung in Nürnberg bekannt machte, kam vor allem aus der Wiener Vereinigung erheblicher Widerstand. Man einigte sich schließlich mühsam darauf, dass Jung als Vorsitzender zunächst nur auf zwei Jahre gewählt werden sollte. Freud war froh, seinen Willen weitgehend durchgesetzt zu haben, denn er verehrte Jung damals sehr und sah in ihm sogar seinen möglichen Nachfolger, wie er in einem Brief ausführte: »Wenn das von mir gegründete Reich verwaist, soll kein anderer als Jung das Ganze erben.« Diese Begeisterung hielt allerdings nicht lange an, denn schon bald agierte der Schweizer in Freuds Augen viel zu selbständig und kritisierte sogar seine Libidotheorie. Das konnte er nicht auf Dauer ertragen. Er drangsalierte Jung so lange, bis dieser den Vorsitz in der Internationalen Psychoanalytischen Vereinigung 1914 aufgab. In Briefen bezeichnete Freud seinen ehemaligen Freund als »brutal, unaufrichtig und manchmal unehrlich«, auch von »antisemitischer Überhebung« und »emotionaler Dummheit« war die Rede – und auch bei Jung kam er zu dem Schluss, dass er Adler direkt in die Paranoia folge.

Gustav Jung verlagerte seine Interessen nach dem Bruch mit Freud mehr auf das Gebiet der Analytischen Psychologie, wobei er insbesondere die Begriffe Komplex, Introversion, Extraversion und Archetypus prägte. Aus seiner intensiven Beschäftigung mit Kunst und Literatur entwickelte er eine eigene Kunsttherapie. Ab 1934 wurde Jung Vorsitzender der vor allem in Deutschland stark verankerten Allgemeinen Ärztlichen Gesellschaft für Psychotherapie und übernahm gleichzeitig auch die Herausgeberschaft des *Zentralblatts für Psychotherapie*. Er bemühte sich, die internationale Ausrichtung der Gesellschaft aufrechtzuerhalten, trat aber 1939 zurück, als der Einfluss der Nationalsozialisten übermächtig wurde. In der Schweiz lehrte Jung ab 1933 an der ETH Zürich und erhielt 1944 eine Professur an der Universität in Basel. Nach seiner Emeritierung beschäftigte er sich vor allem mit der Theorie des kollektiven Unbewussten und der Bedeutung der Religion für die Psyche. Er starb mit 86 Jahren in Küsnacht.

Nachdem Freud seine Hauptwidersacher Adler und Jung eliminiert hatte, herrschte er wieder uneingeschränkt in seinem psychoanalytischen Reich und mehrte seinen Ruhm durch zahlreiche Bücher. In mehreren Ländern wurden Vereinigungen mit dem Ziel gegründet, die Freud'sche Lehre in aller Welt zu verbreiten. Als 1933 die Nazis an die Macht kamen und ein Jahr später in Österreich ein von Faschisten und Klerikalen dominierter Ständestaat etabliert wurde, gerieten Freud und seine Anhänger zunehmend in Schwierigkeiten. Anfangs glaubte er wohl noch, er könne Kompromisse schließen, indem er sich von politisch links orientierten Mitgliedern der Internationalen Psychoanalytischen Vereinigung trennte. Das war vermutlich der Hauptgrund für die recht unfaire Entfernung von Wilhelm Reich (1897–1957), den Freud zwar durchaus schätzte, der aber 1930 in die kommunistische Partei eingetreten war und offen gegen die Nationalsozialisten auftrat. Als aber 1938 die Nazitruppen in Österreich einmarschierten und Tochter Anna zeitweilig verhaftet worden war, erkannte Freud, dass er das Land verlassen musste. Dank der Intervention einflussreicher Freunde aus England und den USA erhielten er und seine engere Familie eine Ausreiseerlaubnis, nachdem er eine hohe »Reichsfluchtsteuer« bezahlt hatte. Freud bezog ein Haus in London, wo er sich am 23. September 1939 mit einer Überdosis Morphin das Leben nahm.

# Wirklich irre?

## Von der Psychiatrie zur Antipsychiatrie

Das Wort »Psychiatrie« ist Anfang des 19. Jahrhunderts von dem sehr vielseitig interessierten deutschen Arzt Johann Christian Reil (1759–1813) geprägt worden, der zeitweilig auch Leibarzt Goethes gewesen ist. Er hat den Begriff »Psychiatrie« aus den griechischen Worten »psyché« (Seele, Hauch, Leben) und »iatrós« (Heilkundiger, Arzt) zusammengesetzt, sodass Psychiatrie am ehesten mit »Seelenheilkunde« ins Deutsche zu übersetzen ist. Ursprünglich hat Reil sogar den Ausdruck »Psychiaterie« benutzt, der sich aber bald zu »Psychiatrie« abgeschliffen hat.

Die Psychiatrie ist die medizinische Fachrichtung, in der das höchste Potenzial für tief greifende Meinungsverschiedenheiten und handfeste Streitigkeiten vorhanden ist. Das liegt vermutlich daran, dass über die Zusammenhänge von Gehirnfunktionen und psychischen Störungen noch viel zu wenig bekannt ist und es deshalb hinsichtlich Diagnostik und Therapie seelischer Krankheiten sehr unterschiedliche Meinungen gibt. Neben den ärztlich ausgebildeten Psychiatern gibt es auch klinische Psychologen, die sich ebenfalls mit der Erkennung und Behandlung psychischer Störungen befassen. Sie neigen oft der hauptsächlich von Sigmund Freud entwickelten Psychoanalyse zu und verdammen die medikamentöse Behandlung psychischer Störungen.

Parallel zur Entwicklung der Psychiatrie als eigenständige medizinische Fachrichtung entstand eine Antipsychiatrie-Bewegung, die seit den 60er Jahren des 20. Jahrhunderts in den USA und in Europa eine große Bedeutung erlangt hat. Sie kritisiert nicht nur die tatsächlich vorhandenen Missstände in Behandlung und Betreuung von psychisch Kranken, sondern stellt die Psychiatrie grundlegend in Frage. Dabei wird vor allem auf den französischen Philosophen und Psychologen Michel Foucault (1926–1984) Bezug genommen, der 1961 das Buch »Wahnsinn und Gesellschaft« veröffentlicht hat.

*Kampfhähne der Wissenschaft*. Heinrich Zankl

ISBN: 978-3-527-32579-5

Der Begriff »Antipsychiatrie« ist allerdings erst 1967 von dem in Südafrika geborenen Psychiater David Cooper (1931–1986) geprägt worden, der einer der wichtigsten Kritiker der Psychiatrie gewesen ist. Er hat insbesondere die Vorstellung entwickelt, die Ursachen für Psychosen seien in gesellschaftlichen Missständen begründet, die nur durch Revolutionen geändert werden könnten, wodurch er stark zur Politisierung der Antipsychiatrie-Bewegung beigetragen hat. Cooper hat sich selbst als existenzialistischen Marxisten bezeichnet und ist dem Gedankengut von Jean-Paul Sartre (1905–1980) und Herbert Marcuse (1898–1979) zugeneigt gewesen. Als wichtiger Mitstreiter in der Antipsychiatrie-Bewegung gilt auch der britische Psychiater Ronald D. Laing (1927–1989). Der in Budapest geborene und in den USA als Psychiatrieprofessor tätige Thomas S. Szasz (geb. 1920) wird oft ebenfalls dieser Bewegung zugeordnet, weil er sich vehement gegen Zwangsmaßnahmen in der Behandlung von psychisch Kranken ausgesprochen hat und die Ansicht vertreten hat, die Unterscheidung zwischen psychisch normal und krank habe das hauptsächliche Ziel, die Anpassung an gesellschaftliche Normen zu erzwingen. Szasz kritisiert auch, dass die Diagnostik seelischer Störungen oft auf subjektiven Bewertungen beruht und es kaum objektive Kriterien gibt, die gut nachprüfbar sind. Trotz dieser weitreichenden Übereinstimmungen mit Zielen der Antipsychiatrie hat sich Szasz jedoch in einem Interview eindeutig von ihr distanziert: »Ich wehre mich energisch gegen die Antipsychiatrie. ... So wäre es zum Beispiel völliger Unsinn, einen Mediziner, der Zwangsbehandlungen auf dem Gebiet der Dermatologie kritisiert, einen Antidermatologen zu nennen ... Genauso unsinnig ist es, einen Kritiker psychiatrischer Zwangsbehandlung einen Antipsychiater zu nennen. Dieser Begriff zeigt eigentlich nur, dass sich die Psychiatrie ausschließlich durch Zwang definiert, nicht durch die Heilungsabsicht.«

Auch der amerikanische Psychologe und Gerichtsgutachter David L. Rosenhan (geb. 1929) war ein scharfer Kritiker der Psychiatrie, ohne sich definitiv als Mitglied der Antipsychiatrie-Bewegung zu bezeichnen. Ihm fiel während des Vietnam-Krieges auf, dass viele junge Amerikaner wegen psychischer Erkrankungen nicht zum Wehrdienst eingezogen wurden. Nicht alle sind wirklich krank, so vermutete er, sondern sie simulieren nur die entsprechenden Symptome. Um festzustellen, ob das möglich sein könne, beschloss er einen entsprechenden Versuch durchzuführen. Er rief einige seiner Freunde an und fragte sie, ob sie bereit wären, sich in eine psychiatrische Klinik als Patienten einweisen zu lassen. Drei Psychologen, einen Psychiater, einen Kinderarzt, einen Studenten, einen Maler und eine Hausfrau konnte er schließlich für sein Experiment gewinnen. Rosenhan selbst machte natürlich auch mit. Er schärfte seinen Gefährten ein, sie sollten bei der Aufnahmeuntersuchung sagen: »Ich höre eine Stimme. Sie sagt: Plopp.« Auf weitere Fragen sollten sie ehrliche Antworten geben. Lediglich bei Namen und Beruf sollten falsche Antworten erlaubt sein, um der Gefahr zu entgehen, dass der Psychiatrieaufenthalt später einmal nachteilige Folgen haben könnte. Sobald sie als Patienten einer Station zugewiesen worden waren, sollten sie dort sagen, dass sie kein »Plopp« mehr hörten und sich gesund fühlten. Vorsichtshalber zeigte Rosenhan seinen Pseudopatienten auch noch, wie man Tabletten nicht schluckt, sondern unter der Zunge verschwinden lässt, um sie später auszuspucken. Einer der Freiwilligen, sagte später über die Vorbereitungsphase: »Ich brauchte eine Weile, um das mit den Pillen hinzukriegen, und ich war wahnsinnig nervös. Ich hatte wahnsinnige Angst, dass ich aus Versehen eine Pille hinunterschlucken würde, wenn sie mir eine aufzwangen, aber noch mehr Angst hatte ich vor homosexueller Vergewaltigung.«

Nachdem sich die zukünftigen Patienten ein etwas vergammeltes Erscheinungsbild zugelegt hatten, machten sie sich auf den Weg zu der Klinik, die ihnen von Rosenhan zugewiesen worden war, wobei er darauf geachtet hatte, dass auch durchaus renommierte Krankenhäuser vertreten waren. Rosenhan selbst stellte sich in einer staatlichen Klinik in Pennsylvania vor und zog dort die »Plopp-Nummer« ab. Er wurde ebenso wie alle anderen Pseudopatienten stationär aufgenommen, wobei mit einer Ausnahme immer die Diagnose »Schizophrenie« gestellt wurde. In einem Fall »erkannte« der Psychiater eine manisch-depressive Psychose. Die Aufenthaltsdauer war sehr unterschiedlich. Während der erste »Patient« bereits nach fünf Tagen entlassen wurde, musste einer 52 Tage ausharren, bis er die Klinik verlassen konnte. Während die Psychiater und das Pflegepersonal keinen der Simulanten enttarnten, wurden viele echte Patienten misstrauisch und gaben beispielsweise folgende Äußerungen von sich: »Du bist nicht verrückt. Du bist ein Journalist oder ein Professor. Du führst im Krankenhaus Kontrollen durch.« Rosenhan schloss daraus, dass die Klinikmitarbeiter durch die Eingangsdiagnose zu stark beeinflusst waren, um zu erkennen, dass bei den Simulanten eigentlich keine psychischen Auffälligkeiten vorhanden waren. Die wirklich Kranken kannten diese Diagnose nicht und merkten deshalb relativ schnell, dass sie es mit Gesunden zu tun hatten. Wie stark sich die vorgefasste Meinung bei den Psychiatern auswirkte, wurde auch an folgendem Vorgang deutlich: Einer der Pseudopatienten berichtete während eines therapeutischen Gesprächs, dass er als Kind zunächst eine engere Bindung an seine Mutter hatte, im Jugendalter sich aber stärker seinem Vater zuwandte. Über diesen eigentlich durchaus normalen Vorgang schrieb der Psychiater in die Krankenakte: »Der 39 Jahre alte Mann hat eine lange Vorgeschichte großer Verunsicherung in zwischenmenschlichen Beziehungen, die bis in seine Kindheit zurückreicht. ... Der Mangel an emotionaler Stabilität ist offensichtlich ...« Obwohl die Pseudopatienten sich nach der stationären Aufnahme völlig normal verhielten, wurden sie reichlich mit Tabletten traktiert. Rosenhan registrierte die Ausgabe von insgesamt 2100 Pillen, von denen 2098 allerdings heimlich wieder ausgespuckt wurden. Im Übrigen notierten die Simulanten zahlreiche Missstände in den Kliniken, die von der Vernachlässigung von Patienten bis zu deren Misshandlung reichten.

Da Rosenhan diese beunruhigenden Ergebnisse veröffentlichen wollte, machte er auch noch einen Kontrollversuch: Er schickte an eine psychiatrische Klinik die Warnung, in den nächsten drei Monaten würden sich Simulanten vorstellen. Obwohl Rosenhan aber keinen einzigen Pseudopatienten losschickte, wurden in diesem Zeitraum fast ein Drittel der echten Patienten von den Psychiatern bei der Aufnahmeuntersuchung verdächtigt, ihre Krankheit nur zu simulieren. Dieses Ergebnis bestärkte Rosenhan in seiner Überzeugung, dass die Diagnostik in der Psychiatrie völlig ungenügend sei. Er schrieb einen Artikel über dieses Problem und gab ihm den Titel (frei übersetzt): »Gesund an ungesundem Ort«. Darin schilderte er die Erfahrungen, die er selbst und seine Mitstreiter bei ihren Aufenthalten in psychiatrischen Kliniken gemacht hatten. Der Aufsatz, der im Frühjahr 1973 in dem sehr renommierten Wissenschaftsjournal *Science* erschien, schlug ein wie eine Bombe und versetzte die Psychiater weltweit in große Aufregung. Es wurden zahlreiche Leserbriefe verfasst, die sich sehr kritisch mit Rosenhans Versuch auseinandersetzten. Einer der Briefautoren argumentierte beispielsweise so: »Die meisten Ärzte gehen nicht davon aus, dass die Patienten, die bei ihnen Hilfe suchen, Betrüger sind, sie können deshalb leicht getäuscht werden … Es wäre sicher kein großes Problem, eine Studie durchzuführen, in der Patienten, die darauf vorbereitet wurden, Krankengeschichten von Infarkten zu simulieren, eine Behandlung … erhalten, aber es wäre grotesk, aus einer solchen Studie den Schluss zu ziehen, dass … medizinische Diagnosen irreführende Etiketten sind und es Krankheit und Gesundheit nur in den Köpfen von Ärzten gibt.« In einem anderen Leserbrief war zu lesen: »Die falschen Patienten haben sich im Krankenhaus *nicht* normal verhalten. Wäre ihr Verhalten normal gewesen, dann wären sie zur Stationsschwester gegangen und hätten gesagt: Hören Sie, ich bin ein normaler Mensch, ich wollte nur mal sehen, ob ich ins Krankenhaus aufgenommen werde, wenn ich mich verrückt benehme … jetzt möchte ich wieder entlassen werden.« Besonders drastisch war folgender Leserbrief: »Wenn ich einen Viertelliter Blut trinke und … in der Notaufnahme … Blut spucke, ließe sich das Verhalten des Teams leicht voraussagen. Wenn sie mir die Diagnose Magengeschwür stellen und mich dagegen behandeln, kann ich mich danach nicht selbstgerecht hinstellen und behaupten, die medizinische Wissenschaft sei nicht in der Lage, diese Krankheit richtig zu diagnostizieren.« Der berühmte amerikanische Psychiatrieprofessor Robert Spitzer (geb. 1932) griff Rosenhan besonders intensiv an. Er verfasste nicht nur einen Leserbrief an *Science* sondern auch noch zwei lange wissenschaftliche Artikel, in denen er streng mit Rosenhans Aufsatz ins Gericht ging. In einem dieser Artikel schrieb er im *Journal of Abnormal Psychology*: »Manche Gerichte schmecken köstlich, hinterlassen aber einen schlechten Nachgeschmack. So ergeht es einem mit Rosenhans Studie. Wir wissen kaum etwas darüber, wie sich die Pseudopatienten vorstellten. Was sagten die falschen Patienten? … Rosenhan hat die Kliniken nicht genannt, die in seiner Studie aufgesucht wurden … Doch dies macht es … unmöglich, seine Berichte über das Verhalten der falschen Patienten und ihre Wahrnehmung zu bestätigen oder in Frage zu stellen.« An anderer Stelle heißt es: »Was waren die Ergebnisse? Laut Rosenhan wurden alle Patienten bei der Entlassung als Spontanremission diagnostiziert. … Sie bedeutet, dass es keine Zeichen von Krankheit mehr gibt. Also erkannten offenbar alle Psychiater, dass die falschen Patienten, wie Rosenhan schreibt geistig gesund waren.« Eine Psychologin, die gut mit Rosenhan befreundet war, vertrat allerdings eine ganz andere Meinung, denn sie erklärte später: »David Rosenhan war wirklich einer der Ersten in dieser Zeit, der sagte: Wisst ihr was, Jungs, der Kaiser ist nackt. Man kann durchaus sagen, dass er die Psychiatrie im Alleingang demontierte, und sie hat sich davon nie mehr erholt.« Wenn das auch vielleicht etwas übertrieben ist, so hat Rosenhan doch immerhin erreicht, dass die diagnostischen Kriterien für psychische Erkrankungen stärker konkretisiert wurden.

Die amerikanische Schriftstellerin Lauren Slater (geb. 1963), die auch eine promovierte Psychologin ist, wollte viele Jahre später wissen, ob die Diagnostik in der Psychiatrie sich wirklich wesentlich verbessert hat. Sie fragte deshalb Robert Spitzer, ob der Rosenhan-Versuch auch jetzt noch erfolgreich sein könne. Er antwortet: »Nein, dieses Experiment könnte man heute nicht mehr mit Erfolg

Umschlag eines der bedeutendsten Werke zur Psychologie. Lauren Slater: »Von Menschen und Ratten: Die berühmten Experimente der Psychologie« (Beltz Verlag).

durchführen. Nicht in unserer Zeit.« Slater beschloss daraufhin, den Versuch zu wiederholen. In ihrem 2004 erschienenen Buch »Von Menschen und Ratten« beschrieb sie ausführlich, wie sie in die Notaufnahme einer psychiatrischen Klinik ging und klagte, sie höre seit drei Wochen eine Stimme, die »Plopp« sage. Als sie von dem Arzt nach traumatischen Erlebnissen gefragt wurde, erzählte sie wahrheitsgemäß, dass ihr als Kind von einem Nachbarn erzählt worden sei, der in seinem Pool ertrunken war. Das genügte, um den Arzt feststellen zu lassen: »Plopp, Ihr Nachbar fiel Plopp ins Wasser. ... Ich würde sagen, dass ein ertrunkener Nachbar ein traumatischer Verlust ist ... Wir sollten in Richtung posttraumatische Stressreaktion suchen...« Ein herbeigerufener Psychiater meinte: »Ich glaube, Sie haben einen Hauch von Psychose« und verschrieb ein antipsychotisches Medikament.

Slater schilderte danach, wie sie diesen Versuch noch achtmal wiederholt hat und ihr insgesamt 25 Antipsychotika und 60 Antidepressiva verschrieben worden sind. Positiv bewertete sie, dass sie in keinem Fall stationär aufgenommen worden war. Als sie Professor Spitzer über das Versuchsergebnis berichtete, seufzte er nach längerem Schweigen: »Ich bin enttäuscht. Ich glaube, Ärzte sagen einfach ungern: ›Ich weiß es nicht‹.«

# Gutachten mit Folgen

## Helena Rodbards Kampf um die Wahrheit

Die in Brasilien geborene Ärztin Helena Rodbard (nach ihrer Heirat Wachslicht Rodbard, geb. 1946) kam 1975 in die USA, um am National Institute of Health (NIH) Diabetesforschung zu betreiben. Sie trat sehr bescheiden auf und machte einen recht schüchternen Eindruck, weshalb einige Kollegen sie zunächst unterschätzten. Dass sie eine zähe Kämpferin war und sich auch vor mächtigen Professoren nicht fürchtete, bewies sie drei Jahre später eindrucksvoll. Sie hatte damals im Labor des berühmten Diabetologen Jesse Roth (geb. 1935) gerade eine Studie über die Insulinbindung im Blut von magersüchtigen Patientinnen abgeschlossen. Die Ergebnisse waren so interessant, dass sie darüber einen Artikel schrieb und ihn nach Rücksprache mit ihrem Chef zur Publikation an das sehr renommierte Fachblatt *New England Journal of Medicine (NEJM)* schickte. Frau Dr. Rodbard wusste natürlich, dass ihr Manuskript bei dieser Zeitschrift ein strenges Gutachterverfahren durchlaufen musste, sodass sie mit einer gewissen Wartezeit rechnete. Ihre Geduld wurde aber auf eine ungewöhnlich lange Probe gestellt, und deshalb war sie über die Antwort, die sie schließlich bekam, besonders enttäuscht. Arnold Relman (geb. 1923), einer der Herausgeber des *NEJM*, teilte ihr nämlich mit, dass das Manuskript in der vorliegenden Form nicht zur Veröffentlichung angenommen werden könne. Ein Gutachter habe zwar ein positives Urteil abgegeben, ein zweiter sei aber zu einer negativen Einschätzung gekommen. Deshalb habe man ein drittes Gutachten angefordert, das ebenfalls negativ ausgefallen sei.

Zähneknirschend nahm Dr. Rodbard die Ablehnung zur Kenntnis und begann mit der Überarbeitung des Aufsatzes. Wenig später erhielt sie von ihrem Chef ein Manuskript, das ihm vom *American Journal of Medicine* zur Begutachtung zugeschickt worden war. Da das Thema eine gewisse Ähnlichkeit mit Dr. Rodbards Arbeit hatte,

 *Kampfhähne der Wissenschaft*. Heinrich Zankl

ISBN: 978-3-527-32579-5

wollte Roth ihre Meinung dazu erfahren, bevor er seine Beurteilung abgab. Doch als sie das Manuskript las, traute sie ihren Augen nicht. Sie fand etliche wörtliche Übereinstimmungen mit ihrer vom *NEJM* abgelehnten Arbeit. Auch die Formel, die sie entwickelt hatte, um die Zahl der Insulinrezeptoren pro Zelle zu errechnen, tauchte in dem fremden Text auf. Voller Zorn versuchte Dr. Rodbard nun herauszufinden, wer der Autor des dritten Gutachtens war, das zur Ablehnung ihrer Arbeit durch das *NEJM* geführt hatte. Dank ihres kriminalistischen Spürsinns konnte sie schließlich an Hand des Schriftbildes feststellen, dass das Gutachten auf der gleichen Schreibmaschine geschrieben worden war wie das Manuskript, das Roth zur Begutachtung erhalten hatte. Die Autoren dieser Arbeit waren Philip Felig (geb. 1937) und sein indischer Mitarbeiter Vijay R. Soman (geb. 1943) von der Medizinischen Fakultät der Yale University. Dr. Rodbard schickte daraufhin mit Zustimmung ihres Chefs einen scharf formulierten Brief an Arnold Relman vom *NEJM*, in dem sie den Kollegen aus Yale vorwarf, ein Plagiat begangen zu haben. Ferner schrieb sie: »Wir sehen Probleme ... für das ganze System der Kollegenrezension, wenn zwei oder drei Institute auf einem umkämpften Gebiet arbeiten. Unsererseits werden wir das *American Journal of Medicine* sofort darüber aufklären, dass wir angesichts des offensichtlichen Interessenkonfliktes die Rolle eines unparteiischen und fairen Rezensenten nicht übernehmen können.«

Relman war die ganze Angelegenheit ziemlich unangenehm. Er befürchtete, dass der gute Ruf seiner Zeitschrift leiden könne. Deshalb gab er das Manuskript von Dr. Rodbard umgehend zur Publikation frei. Außerdem nahm er Kontakt zu Felig auf, der das inkriminierte Gutachten über die Arbeit von Dr. Rodbard verfasst hatte. Dieser versicherte, seine ablehnende Stellungnahme beruhe ausschließlich auf Mängeln in Dr. Rodbards Manuskript, und die eigenen Untersuchungen hätten sein Urteil nicht beeinflusst. Außerdem wären die Experimente, die vor allem sein Mitarbeiter Soman mit dem Blut magersüchtiger Patientinnen durchgeführt hatte, schon vor Erstellung seines Gutachtens abgeschlossen gewesen.

Damit waren aber die wörtlichen Übereinstimmungen in den beiden Arbeiten noch nicht hinreichend erklärt. Deshalb wurde jetzt auch Roth aktiv, der ja nicht nur Dr. Rodbards Chef, sondern auch Koautor des abgelehnten Manuskripts war. Da er Felig persönlich gut kannte, verabredete er sich mit ihm zu einem privaten Treffen, um die peinliche Angelegenheit möglichst geräuschlos aus der Welt zu schaffen. Felig stellte inzwischen seinen Mitarbeiter Soman zur Rede und erfuhr von ihm, dass er Dr. Rodbards Manuskript als »Formulierungshilfe« bei der Abfassung der eigenen Arbeit verwendete hatte. Die Einsicht in die fremde Arbeit hatte ihm freilich Felig selbst verschafft, als er sie ihm zur Vorbegutachtung gab. Damit verstieß er jedoch gegen die Regeln des *NEJM*, nach denen Manuskripte nicht weitergegeben werden dürfen. Soman hatte nach der Durchsicht der Arbeit seinem Chef nahegelegt, die Arbeit als nicht publikationsfähig zu beurteilen. Er wollte wohl Zeit für seine eigenen Untersuchungen zur gleichen Thematik gewinnen. Es ist anzunehmen, dass Felig dieses Ziel schon bei der Abfassung seines negativen Gutachtens bekannt war.

Roth war entsetzt, als er von Somans Machenschaften erfuhr, wollte aber seinen Freund Felig schützen. Deshalb vereinbarte er mit ihm, dass die Publikation von Somans Manuskript zeitlich verzögert werden sollte, um Dr. Rodbards Arbeit die Priorität zu sichern. Außerdem sagte Felig zu, auf einem der nächsten Kongresse auf die Ergebnisse dieser Publikation in einem Referat hinzuweisen. Diesen »Versöhnungsplan« besprach Roth auch mit Frau Dr. Rodbard und hoffte, sie würde zustimmen, um zu erreichen, dass die Sache nicht an die große Glocke gehängt wird. Bei seiner Mitarbeiterin stieß er jedoch auf heftige Gegenwehr, denn die war inzwischen überzeugt davon, dass Soman nicht nur ein Plagiat begangen hatte, sondern dass auch seine Untersuchungsergebnisse weitgehend gefälscht waren. Die von ihm angegebenen Messwerte zeigten ihrer Meinung nach eine viel zu geringe Streuung. Darüber hinaus fiel ihr auf, dass Soman keinen Psychiater benannt hatte, der für die psychische Betreuung der Patientinnen verantwortlich war. Dieser Fälschungsvorwurf war aus Sicht von Roth so ungeheuerlich, dass er ihn nicht glauben wollte und Dr. Rodbard davor warnte, solche schwerwiegenden Anschuldigungen ohne eindeutige Beweise in die Welt zu setzen. Er untersagte ihr sogar, die Briefbögen des Instituts und ihre Arbeitszeit für »ihren persönlichen Rachefeldzug zu vergeuden«. Dr. Rodbard ließ sich dadurch aber nicht beeindrucken, sondern schrieb einen Brief an Robert Berliner (1915–2002), der damals Dekan der Medizinischen Fakultät in Yale war. Sie schilderte die Gründe, warum sie die von

Soman und Felig verfasste Studie für gefälscht hielt und bat um »die Beilegung der schwerwiegenden ethischen Angelegenheit«. Berliner hielt die Anschuldigung zwar für ungerechtfertigt, sah sich aber gezwungen, ihr nachzugehen, und forderte deshalb Unterlagen über die untersuchten Patientinnen an. Felig war darüber sehr erbost und schickte die Dokumente mit einem Begleitbrief ans Dekanat, in dem er sich beschwerte: »Meine Hauptsorge ist jetzt, welchen weiteren Nachstellungen wir ausgesetzt sein werden und was man dagegen machen kann.« Berliner überprüfte die Akten nur flüchtig und fand nichts Auffälliges. Deshalb teilte er Dr. Rodbard schriftlich mit: »Die Daten wurden über einen Zeitraum gesammelt, der bis November 1976 zurückreicht. Alle Untersuchungen bis auf eine waren abgeschlossen, bevor ihr Aufsatz beim *New England Journal* eingereicht wurde.«

Mit dieser Beurteilung war die streitbare Brasilianerin aber keineswegs zufrieden und drohte damit, die ganze Geschichte auf einem der nächsten Fachkongresse zur Sprache zu bringen. Um Dr. Rodbard zu besänftigen, schlug Roth vor, einen externen Revisor damit zu beauftragen, die Unterlagen an der Yale University noch einmal genau zu überprüfen. Für diese Aufgabe schlug er Joseph Rall (1920–2008) vor, der Abteilungsleiter im NIH war und als Wissenschaftler einen sehr guten Ruf hatte. Frau Dr. Rodbard stimmte dem Verfahren trotz einiger Bedenken zu, musste aber feststellen, dass monatelang nichts geschah. Rall gab später zu, dass er die Revision für überflüssig hielt und sie deshalb verzögerte. In einem Interview sagte er: »Ich sah, dass die Klagen in Dr. Rodbards Brief Hand und Fuß hatten, doch im Großen und Ganzen war ich davon überzeugt, dass die Wissenschaftler keine Daten fälschen und nicht einfach Sachen plagiieren.« Dr. Rodbard hatte inzwischen das NIH wegen des Streits mit Roth verlassen, erinnerte ihn aber regelmäßig telefonisch daran, dass die Überprüfung immer noch ausstand. Während dieser langen Wartezeit erschien dann auch noch der umstrittene Artikel von Soman und Felix im *American Journal of Medicine*, was Frau Dr. Rodbard zusätzlich erboste. Um die Sache endlich zu Ende zu bringen, schlug Roth nach Rücksprache mit Rall vor, einen neuen Revisor zu bestellen. Es wurde Jeffrey S. Flier (geb. 1949) von der Harvard-Universität benannt, der trotz seiner Jugend als ein ausgewiesener Diabetesfachmann galt. Er kannte seine Fachkollegen Felix und Soman gut und war überzeugt, die Revision würde schnell und problemlos die Fälschungsvorwürfe entkräften. Im Februar 1980 fuhr er an die Universität Yale in New Haven und traf sich dort mit Soman, der in seinem Arbeitszimmer schon alle Unterlagen ausgebreitet hatte. Felig war nicht anwesend, da seine Mutter verstorben war. Als Erstes fiel bei der Überprüfung auf, dass nur Unterlagen von fünf Patientinnen vorlagen, obwohl in der Publikation von sechs die Rede war. Noch schlimmer kam es aber, als Flier sich über die Insulinbindungsstudien genauer informieren wollte. Sein Schockerlebnis formulierte er in seinem Bericht so: »... Als Nächstes bat ich Soman um den Nachweis, dass die Insulinbindung bei diesen Patientinnen vor und nach der Behandlung festgestellt worden war. ... Ich war überrascht. Ich hatte eine Grafik für jede Patientin erwartet ... aber was er mir gab, war nur ein Blatt mit nackten Zahlen. ... Irgendwann in diesem Zusammenhang verwendete ich zum ersten Mal das Wort gemogelt. Soman druckste herum und sagte dann im Grunde Ja. ... Felig habe nichts davon gewusst. Auch sonst niemand.«

Flier war von Somans Eingeständnis »ziemlich erschüttert« und fragte: »Wissen Sie, wie ernst das ist?« Soman bejahte auch das und brachte als Entschuldigung vor, er habe wegen der Prioritätsfrage stark unter Druck gestanden.

Felig erfuhr von dem Geständnis seines Mitarbeiters erst eine Woche später, nachdem er von der Beerdigung seiner Mutter zurückgekehrt war. Er war verständlicherweise entsetzt und setzte sich sofort mit dem Dekan Berliner und dem Abteilungsleiter Samuel Thier (geb. 1937) in Verbindung. Umgehend wurde ein Treffen mit Soman angesetzt, der zunächst noch versuchte, seine Verfehlungen zu leugnen, dann aber unter Tränen alles zugab. Damit war sein Schicksal besiegelt, und es wurde ihm nahegelegt, die Universität umgehend zu verlassen. Bald darauf kehrte er nach Indien zurück.

Für Felig begannen schwere Zeiten. Er hatte zwar inzwischen einen ehrenvollen Ruf auf eine Professur an der Columbia-Universität in New York erhalten, musste den dortigen Dekan jetzt aber über die Probleme in Yale unterrichten. Er schob bei dem Gespräch alle Schuld auf seinen Mitarbeiter Soman, den er eigentlich nach New York hatte mitnehmen wollen. Inzwischen beauftragte die Universität Yale den bekannten Endokrinologen Jerrold M. Olefsky (geb. 1943) von der Universität Colorado mit der Überprüfung aller Arbeiten, die Soman publiziert hatte. Olefsky musste allerdings feststellen, dass die meisten Unterlagen dazu fehlten. Über das, was er noch vorfand, schrieb er in seinem Bericht: »Man gewinnt den Eindruck, dass eine allgemeine Neigung bestand, die Daten ein wenig zu schönen.« Von den vierzehn Artikeln, die Soman als Hauptautor veröffentlicht hatte, bewertete Olefsky elf als nicht haltbar. Für Felig war besonders unangenehm, dass er bei sieben dieser Publikationen Koautor war.. Deshalb versuchte er, das niederschmetternde Ergebnis möglichst geheim zu halten. Er rief Frau Dr. Rodbard an und sagte ihr, dass nach der erneuten Revision die Angelegenheit jetzt wohl abgeschlossen wäre. Da er ihr aber keine Einzelheiten über das Ergebnis mitteilte, nahm sie direkten Kontakt mit Olefsky auf und erfuhr so von den massiven Beanstandungen. Daraufhin verfasste sie erneut einen Brief an den Dekan der medizinischen Fakultät in Yale und forderte die Widerrufung aller Arbeiten, die von Olefsky als gefälscht oder fragwürdig eingestuft worden waren. Diesem Antrag wurde notgedrungen stattgegeben. Auf diese Weise erfuhr auch die Columbia Universität, dass Felig von der Angelegenheit sehr viel stärker betroffen war, als er bei dem Gespräch mit dem Dekan erwähnt hatte. Daraufhin wurde Felig von einem Fakultätsausschuss gezwungen, seine gerade erst angetretene Professur wieder aufzugeben. Drei Monate später wurde er jedoch wieder eingestellt, allerdings auf eine weniger gut dotierte Stelle. Das *American Journal of Medicine* legte ihm nahe, sich aus dem Redaktionsbeirat zurückzuziehen. Seine verschiedenen Forschungsprojekte wurden aber weiter finanziert, da er nicht persönlich für die Datenfälschungen verantwortlich gemacht werden konnte.

Helena Rodbard war von den den vielen Anfeindungen und Vertuschungsversuchen am NIH und an der Yale Universität so enttäuscht, dass sie sich endgültig aus der Forschung zurückzog und eine private Facharztpraxis für Diabetes und Stoffwechselkrankheiten in Washington D.C. eröffnete, die sie bis heute mit einem Kollegen sehr erfolgreich betreibt. Sie wurde mehrfach in die Liste der besten Ärzte Amerikas aufgenommen und engagierte sich intensiv in verschiedenen Fachgesellschaften. Von 2001 bis 2002 war sie Präsidentin des Amerikanischen College für Endokrinologie, für die beiden Folgejahre wurde sie zur Präsidentin der Amerikanischen Gesellschaft für Endokrinologie gewählt.

## Wertvoller Bakterienkiller

### Wer entdeckte das Antibiotikum gegen Tbc?

Durch die Entdeckung des Penicillins hatten die Ärzte eine neue und sehr wirkungsvolle Waffe gegen bakterielle Krankheiten in die Hand bekommen. Nachdem 1941 der erste Therapieversuch durchgeführt worden war, wurden große Anstrengungen unternommen, um die Penicillin-Produktion zu steigern. Der Bedarf war enorm, da insbesondere die vielen Kriegsverletzten oft durch bakterielle Wundinfektionen in Lebensgefahr gerieten. 1945 erhielt Alexander Fleming (1881–1955) gemeinsam mit Howard Florey (1898–1968) und Ernst Chain (1906–1979) für die Entdeckung des Penicillins den Medizin-Nobelpreis. Nach anfänglicher Euphorie musste man allerdings bald feststellen, dass Penicillin keineswegs gegen alle krankmachenden Bakterien ausreichend wirkte. Insbesondere der Erreger der Tuberkulose (Tbc) war gegen den Stoff weitgehend resistent, sodass die Ärzte weiterhin hilflos zusehen mussten, wie diese gefährliche Krankheit weltweit Millionen von Opfern forderte. In Deutschland fielen zu dieser Zeit noch Hunderttausende dieser tückischen und oft tödlich verlaufenden Seuche zum Opfer.

Der Bekämpfung der Tuberkulose verschrieb sich der Mikrobiologe Albert Israel Schatz (1920–2005). Er wuchs auf einer einsamen Farm im US-Bundesstaat New Jersey in recht ärmlichen Verhältnissen auf. Bereits dort lernte er die Krankheit kennen, wie er später berichtete: »Als ich ein Schuljunge war, kannte ich Kinder … die Tuberkulose hatten. Ich sah, wie sie Gewicht verloren und immer schwächer wurden. Niemand von ihnen konnte es sich leisten, in ein Sanatorium zu gehen, und so blieben sie zu Hause, husteten und infizierten andere.« Wegen seiner guten schulischen Leistungen erhielt Schatz ein Stipendium, das es ihm ermöglichte, an der renommierten Rutgers-Universität in New Brunswick zu studieren. 1942 machte er seinen Bachelor in Bodenmikrobiologie mit sehr guten Noten, wurde anschließend aber wegen des Ein-

 *Kampfhähne der Wissenschaft.* Heinrich Zankl

ISBN: 978-3-527-32579-5

tritts der USA in den Zweiten Weltkrieg gleich zum Militärdienst eingezogen und arbeitete als Bakteriologe in einem Krankenhaus der US-Luftwaffe. Dort stieß er erneut auf die Tbc mit all ihren schrecklichen Auswirkungen. Schatz gab sein ursprüngliches Ziel auf, in der landwirtschaftlichen Forschung zu arbeiten, und beschloss, sich ganz der Bekämpfung dieser heimtückischen Krankheit zu widmen. Nachdem er ein Jahr später wegen eines Rückenleidens aus dem Militärdienst entlassen worden war, meldete er sich deshalb bei Professor Selman Abraham Waksman (1888–1973), den er schon während seines Studiums kennen und schätzen gelernt hatte. Waksman stammte aus Russland und war 1910 in die USA ausgewandert, weil er in seiner Heimat wegen seiner jüdischen Abstammung starken Anfeindungen ausgesetzt war. Er studierte an der Rutgers-Universität Agrarwissenschaften und promovierte an der Universität von Kalifornien in Biochemie. Danach kehrte er als Dozent für Bodenmikrobiologie an die Rutgers-Universität zurück und widmete sich vor allem der Tuberkuloseforschung. Insbesondere interessierte ihn die Frage, warum die ansonsten sehr resistenten Tuberkelbakterien in der Erde schnell absterben. Waksman vermutete, dass Mikroorganismen im Boden vorhanden sind, die die Erreger durch Giftstoffe abtöten. Er gab diesem hypothetischen Stoff die aus dem Griechischen abgeleitete Bezeichnung »Antibiotikum«, was am ehesten mit »Antilebensstoff« übersetzt werden kann. 1940 gelang ihm nach vielen Fehlschlägen die Isolierung des ersten Antibiotikums aus Bodenorganismen, das er »Actinomycin« nannte. Es war gegen Tuberkelbakterien wirksam, sodass große Hoffnungen in dieses Antibiotikum gesetzt wurden. Leider erwies es sich aber als so toxisch, dass es nicht als Medikament gegen Tbc und andere Infektionskrankheiten des Menschen eingesetzt werden konnte. Trotz dieses Rückschlags wurde Waksman für seine Forschungen belohnt: Ihm wurde der Professorentitel verliehen, und er wurde Leiter des Instituts für Mikrobiologie. Um die Suche nach weiteren, besser verträglichen Antibiotika zu intensivieren, wollte er seine Arbeitsgruppe erweitern. Da kam ihm die Bewerbung von Schatz sehr gelegen, den er als sehr aufgeweckten Studenten in guter Erinnerung hatte. Schnell war man sich einig, dass Schatz im Rahmen seiner Doktorarbeit nach weiteren Antibiotika suchen sollte, die gegen Tuberkelbakterien wirksam sein könnten. Da er hierbei mit infektiösem Material umgehen musste, wies ihm Waksman ein Labor im Keller zu, wo Schatz weitgehend selbständig arbeitete. Sein Chef besuchte ihn dort nie, was ihn zu der Vermutung veranlasste, dass Waksman die Infektionsgefahr fürchtete. Für die anspruchsvolle und auch nicht ungefährliche Arbeit erhielt er ein Stipendium von 40 Dollar im Monat.

Dennoch stürzte sich der ehrgeizige Nachwuchsforscher mit großem Engagement in die Arbeit. In einem Interview im Jahr 2002 beschrieb er diese Zeit: »Ich begann meine Arbeit meist morgens zwischen fünf und sechs und setzte sie bis Mitternacht oder noch später fort. Ich isolierte und testete alles, was ich finden konnte.« Nach dreieinhalb Monaten war Schatz nach vielen vergeblichen Experimenten endlich erfolgreich – ein Moment, an den er sich noch viele Jahre später erinnerte: »Am 19. Oktober 1943 um zwei Uhr nachmittags, erkannte ich, dass ich ein neues Antibiotikum hatte. Ich nannte es Streptomycin. Ich versiegelte das Teströhrchen … Ich war begeistert und sehr müde, aber ich hatte noch keine Ahnung, ob das neue Antibiotikum für die Behandlung von Menschen geeignet sein würde.«

Nach diesem ersten positiven Ergebnis war auch Waksman auf einmal sehr an der Arbeit seines Doktoranden interessiert und ermunterte ihn zu weiteren Experimenten. Schnell erfolgten die ersten Toxizitätstests an Meerschweinchen, und bald darauf wurden auch die ersten Menschen probeweise behandelt. Die Ergebnisse waren so vielversprechend, dass Waksman die Pharmafirma Merck überzeugen konnte, mit dem Bau von Produktionsanlagen für Streptomycin zu beginnen. 1944 stand nach großen Testreihen in USA und England endgültig fest, dass Streptomycin nicht nur hervorragend bei Tuberkulose wirkte, sondern auch gegen andere gefährliche Infektionskrankheiten wie z. B. Pest, Cholera und Typhus eingesetzt werden konnte. In dieser aufregenden Zeit hatte Schatz noch ein zweites Mal großes Glück: Er lernte Vivian Rosenfeld kennen und heiratete sie 1945. Aus der glücklich verlaufenden Ehe gingen zwei Töchter hervor.

Man hätte nun erwarten können, dass Albert Schatz nach seinem bedeutenden Forschungserfolg eine große wissenschaftliche Karriere vor sich haben würde. Das war aber nicht der Fall, denn während er weiter die aufwendige Laborarbeit machte, hielt Waksman auf der ganzen Welt wissenschaftliche Vorträge über das neue

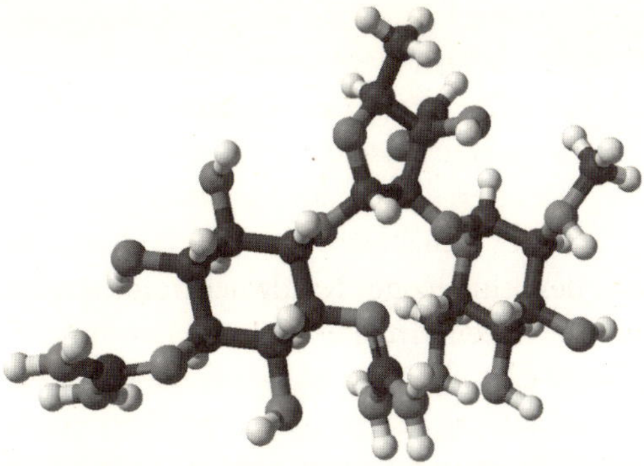

Kugel-Stäbchen-Model des Moleküls Streptomycin, das erste gegen Tuberkulose wirksame Antibiotikum, das gentechnisch hergestellt wurde.

Antibiotikum und informierte die Medien über die großen Behandlungserfolge. Schatz über das Vorgehen seines Doktorvaters: »Anfangs hat er mich in sein Büro eingeladen, um Journalisten zu treffen, aber nach einer Weile beendete er das. Ich erfuhr über das was vorging ... aus Zeitschriften und Zeitungen. Sie wurden geschrieben von Leuten, die alle ihre Informationen von Waksman bekommen hatten. Schließlich beanspruchte er die ganze Ehre der Entdeckung für sich.« Nach der Promotion verließ Schatz die Rutgers Universität nicht nur ziemlich verbittert, sondern auch weiterhin arm, denn Waksman hatte ihn auch überredet, auf alle Einnahmen aus dem Streptomycin-Patent zugunsten der Rutgers-Forschungsstiftung zu verzichten. Bei dieser Unterredung versprach Waksman, selbst auch keine finanziellen Ansprüche geltend zu machen. Schatz hat seine Zustimmung zu dieser für ihn sehr unvorteilhaften Regelung später so erklärt: »Ich stimmte zu, weil ich fühlte, dass Streptomycin so wichtig war, dass es so schnell und so billig wie möglich verfügbar sein sollte.«

Nach drei Jahren machte er aber eine Entdeckung, die ihn dann doch erboste: Waksman hatte entgegen seines ursprünglichen Versprechens einen Vertrag mit der Rutgers-Stiftung abgeschlossen, wonach ihm 20 Prozent der Einnahmen aus dem Streptomycinpatent persönlich zur Verfügung standen. Daraufhin beschloss Schatz im März 1950, gegen seinen Doktorvater und die Rutgers-Stiftung gerichtlich vorzugehen, um auch einen Anteil an den Einnahmen zu erhalten und als Mitentdecker des Streptomycins anerkannt zu werden. Das Gerichtsverfahren erregte verständlicherweise großes öffentliches Interesse, das Waksman und den Vertretern der Rutgers-Stiftung sehr unangenehm war. Innerhalb eines Jahres kam es zu einer außergerichtlichen Einigung, in der Schatz offiziell als Mitentdecker des Streptomycins anerkannt wurde und eine Abfindung von 120 000 Dollar zugesprochen bekam. Außerdem wurde er mit 3 Prozent an den jährlichen Lizenz-Einnahmen beteiligt. Über diesen Erfolg konnte er sich aber nicht so recht freuen, denn die Wissenschaftsgemeinde nahm ihm sein Vorgehen gegen Waksman und die Rutgers-Stiftung sehr übel. Schatz bewarb sich danach erfolglos an mehr als 50 Universitäten und Forschungsinstituten und musste sich schließlich mit einer wenig attraktiven Stelle an einer privaten landwirtschaftlichen Hochschule in Pennsylvania zufriedengeben. In einem Interview im Jahr 2002 hat Schatz diese schmerzhaften Erfahrungen rückblickend beschrieben: »Mehr als einmal wurde mir mitgeteilt, ich wäre der am besten qualifizierte Bewerber, aber ich würde den Job nicht bekommen, da ich einen streitsüchtigen Charakter hätte. Viele Leute sagten mir: Natürlich waren Sie berechtigt, Waksman zu verklagen, aber so etwas tut man nicht in akademischen Kreisen.« Nach einer kurzen Pause fügte er hinzu: »Ich hatte nichts Falsches getan, ich versuchte nur, meine Position zu rechtfertigen. … Viele Menschen, die die Geschichte nicht kannten, hatten eine festgefügte Meinung, sodass ich in die Defensive gedrängt wurde. Ich fühlte mich für den Rest meines Lebens ausgeschlossen.«

Doch die größte Enttäuschung stand Albert Schatz noch bevor: Im Oktober 1952 wurde bekannt, dass Waksman für die Entdeckung des Streptomycins mit dem Nobelpreis geehrt werden sollte. Schatz war am Boden zerstört, denn in der außergerichtlichen Vereinbarung war er ja ausdrücklich als Mitentdecker anerkannt worden. Er wandte sich in seiner Verzweiflung an den Vizepräsidenten der Hochschule, an der er angestellt war, und erhielt von ihm auch Unterstützung. Es ging ein Schreiben an das Nobelkomitee mit den entsprechenden Unterlagen, und es wurden viele Wissenschaftler aufgefordert, sich für Schatz einzusetzen. Die Unterstützung fiel aber ziemlich schwach aus und machte in Schweden wenig Eindruck. Waksman erhielt den Nobelpreis allein, allerdings wurde die Begründung etwas umformuliert. Während in der

Ankündigung stand, der Preis werde »für die Entdeckung des Streptomycins« verliehen, hieß es bei der Preisverleihung: »für seine genialen, systematischen und erfolgreichen Untersuchungen an Bodenmikroben, die zur Entdeckung des Streptomycins führten«. Waksman war nicht im Geringsten gewillt, die Ehre mit seinem ehemaligen Doktoranden zu teilen. In seiner Nobel-Vorlesung erwähnte er Schatz mit keinem Wort und auch in seinen 1958 erschienenen Memoiren »My life with the microbes« kam Schatz nicht namentlich vor. Stattdessen wurde kurz über die Mitarbeit eines »graduierten Studenten« berichtet.

Nach der Nobelpreisverleihung wurde Waksman als »Vater der Antibiotika« weltweit gefeiert, während Schatz keine Gelegenheit mehr bekam, in einem erstklassigen mikrobiologischen Institut zu arbeiten. Als er 1962 in den USA keine Anstellung mehr finden konnte, ging er mit seiner Familie für einige Zeit nach Chile. Erst nachdem er sich vermehrt der Wissenschaftspädagogik zugewandt hatte, konnte er in den USA wieder eine Professorenstelle finden.

Die Verdienste von Albert Schatz bei der Entdeckung des Streptomycins wären wohl endgültig in Vergessenheit geraten, wenn sich nicht der englische Mikrobiologe Milton Wainright in den 80er Jahren vorgenommen hätte, ein Buch über die Geschichte der Antibiotika-Entwicklung zu schreiben. Bei den Vorarbeiten für das Projekt besuchte er auch die Rutgers-Universität, um in ihrem Archiv nach entsprechendem Material zu suchen. Dabei stieß er auf Unterlagen, in denen die Forschungsarbeiten von Albert Schatz erwähnt waren. Wainright wunderte sich, dass er bisher noch nie etwas von ihm gehört hatte, und suchte deshalb nach Zeugen, die ihn kannten. Bald kam er auch mit Schatz selbst ins Gespräch und war schließlich fest davon überzeugt, dass diesem schweres Unrecht widerfahren war. Wainwright schrieb darüber in seinem 1990 erschienenen Buch »Miracle Cure: The Story of Antibiotics«. Nun endlich wurde das Schicksal von Schatz auch an der Rutgers-Universität neu diskutiert. Insbesondere der bekannte Virologe Karl Maramosch setzte sich sehr für eine Aussöhnung mit Schatz ein. Man beschloss, den inzwischen 74-Jährigen zu den Feierlichkeiten anlässlich des 50. Jahrestages der Streptomycin-Entdeckung einzuladen und ihm die Rutgers-Medaille zu verleihen. Schatz war von der späten Ehrung sehr gerührt. In einem Interview hat er gesagt: »Ich war nicht länger gezwungen, mich zu verteidigen ... Es belebte meine Verbindung zu Rutgers wieder und stellte für mich und Vivian einen Teil unseres Lebens wieder her, den wir über fast ein halbes Jahrhundert für tot gehalten hatten. Während dieser Zeit sprachen wir selten über das Geschehene, nicht einmal mit unseren beiden Töchtern.« Die Geste der Rutgers-Universität weckte in Schatz auch wieder den alten Kämpfergeist. In den letzten Jahren seines Lebens versuchte er, bei wissenschaftlichen Institutionen und Museen zu erreichen, dass seine Rolle bei der Streptomycinentdeckung korrekt dargestellt wird. Er schrieb sogar einen Brief an den schwedischen König und bat ihn, die falsche Information über die Entdeckung des Streptomycins auf der Internetseite des Nobel-Museums zu korrigieren. Seine Bemühungen waren allerdings in dieser Hinsicht nicht erfolgreich. Mit über 80 Jahren begann Schatz, seine Memoiren zu schreiben, die er jedoch nicht mehr fertigstellen konnte, weil er 2005 an Bauchspeicheldrüsenkrebs verstarb. Die Rutgers-Universität veröffentlichte einen Nachruf, in dem er ausdrücklich als Mitentdecker des Streptomycins bezeichnet wurde.

2006 erschien ein Buch mit dem Titel »Finding Dr. Schatz: The Discovery of Streptomycin and a Life it Saved«. Schatz hat es gemeinsam mit Inge Auerbacher (geb. 1934) geschrieben, die sich als junges jüdisches Mädchen in einem Konzentrationslager mit Tbc infizierte. Sie konnte nach ihrer Befreiung und Emigration in die USA durch Streptomycin geheilt werden und nahm aus Dankbarkeit 1997 Kontakt zu Schatz auf. Zwischen den beiden entstand eine enge Freundschaft, die in dem beeindruckenden Buch zum Ausdruck kam.

# Schlimmer Verdacht

## Die Baltimore-Affäre

David L. Baltimore (geb. 1938) ist auch heute noch einer der bekanntesten und einflussreichsten Wissenschaftler in den USA. Er erhielt schon 1975 den Nobelpreis für Medizin, obwohl er damals erst 37 Jahre alt war. Baltimore wurde gemeinsam mit seinen Kollegen Renato Dulbecco (geb. 1914) und Howard M. Temin (1934–1994) für »Entdeckungen auf dem Gebiet der Wechselwirkungen zwischen Tumorviren und dem genetischen Material der Zelle« ausgezeichnet. Er hatte damals bereits seit mehreren Jahren eine Professur für Biologie am berühmten Massachusetts Institute of Technology (MIT) inne. Ab 1981 war er auch Direktor des neu gegründeten Whitehead Instituts für biomedizinische Forschung, das sich unter seiner Leitung schnell einen hervorragenden Ruf erwarb. 1990 wurde Baltimore Präsident der Rockefeller-Universität in New York, die zu den größten und renommiertesten Hochschulen der USA zählt. Von diesem sehr bedeutenden Amt musste er allerdings ein Jahr später zurücktreten, weil er in einen äußerst heftigen Streit um eine angebliche wissenschaftliche Fälschung verwickelt worden war. Die Auseinandersetzung dauerte fast zehn Jahre und erregte weltweit Aufsehen.

Ausgangspunkt der Streitigkeiten war eine Veröffentlichung, die 1986 in der wissenschaftlich sehr angesehenen Zeitschrift *Cell* publiziert wurde. Die meisten der in dieser Arbeit publizierten Experimente hatte Thereza Imanishi-Kari (geb. 1943) durchgeführt. Sie übertrug ein artfremdes Gen, das für die Immunabwehr eine wichtige Rolle spielt, auf Mäuse und konnte danach eine deutliche Veränderung ihrer Antikörperproduktion beobachten. Da das verpflanzte Gen von David Baltimore zur Verfügung gestellt worden war, wurde er in der Publikation als einer von sechs Autoren benannt. Die Veröffentlichung erregte in Fachkreisen großes Aufsehen, weil die Veränderung der Immunantwort durch das eingeschleuste Gen auch neue

*Kampfhähne der Wissenschaft.* Heinrich Zankl


ISBN: 978-3-527-32579-5

David Baltimore, der sich 10 Jahre lang gegen Betrugsvorwürfe wehren musste – zuletzt erfolgreich (Foto: Norman Seeff. Mit freundlicher Genehmigung der Charles Hannah, Norman Seeff productions).

Perspektiven in der AIDS-Forschung eröffnete. Imanishi-Kari wollte deshalb in dieser Richtung weiterforschen und beauftragte ihre neu eingestellte Mitarbeiterin Margot O'Toole (geb. 1954), die Versuchsserie zu erweitern. Dabei traten allerdings große Schwierigkeiten auf, und es gelang nicht, die schon publizierten Ergebnisse zu reproduzieren. Um die Ursachen für ihre gescheiterten Versuche zu ergründen, studierte O'Toole noch einmal alle Laboraufzeichnungen, die als Grundlage für die Publikation gedient hatten. Dabei fielen ihr einige Abweichungen von den veröffentlichten Ergebnissen auf. Weil sie eine Fälschung vermutete, gab sie die Unterlagen ihrem Doktorvater und bat ihn, die Sache zu überprüfen. Die Kontrolle deckte zwar ein paar kleinere Fehler in dem Laborjournal auf, die aber das Gesamtergebnis nicht wesentlich beeinflussten. Es gab jedoch keinerlei Anhaltspunkte für eine bewusste Fälschung. Gegen einen geplanten Betrug sprach auch die Tatsache, dass Imanishi-Kari selbst die zusätzlichen Versuche in Auftrag gegeben hatte und auch alle Laborunterlagen zur Verfügung stellte. Bei einer Manipulation der bereits publizierten Ergebnisse hätte sie sich vermutlich viel vorsichtiger verhalten. Trotzdem wurde noch ein weiteres Gutachten eingeholt, das die Fehler ebenfalls als unbedeutend einstufte.

Die Sache schien damit aus Sicht der Autoren abgeschlossen zu sein. Inzwischen hatte jedoch ein Kollege von Imanishi-Kari zwei Mitarbeiter der Nationalen Gesundheitsbehörde (NIH) von dem Fälschungsverdacht unterrichtet. Es handelte sich dabei um die Wissenschaftler Walter Stewart (geb. 1942) und Ned Feder (geb. 1928), die sich neben ihrer eigentlichen Forschungstätigkeit schon längere Zeit mit wissenschaftlichen Betrugsfällen beschäftigten. Sie hatten insbesondere auch bei der Aufklärung der sogenannten »Darsee-Affäre« mitgewirkt. Dieser Fall wirbelte in den frühen 80er Jahren viel Staub auf, weil der junge Arzt John R. Darsee an der Harvard Universität die Ergebnisse einer großen kardiologischen Studie gefälscht hatte. Stewart und Feder begannen sofort mit der Untersuchung des neuen Verdachtsfalls, der besonders interessant erschien, weil auch der Nobelpreisträger Baltimore als Koautor der fraglichen Veröffentlichung mitbetroffen war. Die selbsternannten »Betrugsforscher« begannen zu recherchieren, wobei sie allerdings fast nur belastendes Material berücksichtigten. Imanishi-Kari und Baltimore waren darüber sehr erbost und teilten den Herren mit, dass sie keinerlei Berechtigung für eine solche Untersuchung hätten und auch nicht über ausreichende fachliche Kompetenz verfügten. Außerdem hätten die Autoren schon ihre Fachkollegen über die Fehler in ihrer Arbeit unterrichtet, und damit wäre die Sache wohl erledigt. Doch durch diese recht scharfe Reaktion sahen sich die zwei Wissenschaftsdetektive in ihrem Betrugsverdacht eher noch bestätigt und verfassten auf der Basis der wenigen ihnen vorliegenden Unterlagen einen ziemlich einseitigen Bericht, aus dem herauszulesen war, dass die Publikation in *Cell* auf gefälschten Ergebnissen beruhte. Dieses Machwerk schickten sie dann an mehrere Fachzeitschriften, die jedoch alle eine Veröffentlichung ablehnten, weil es keinen wissenschaftlichen Artikel darstellte, der begutachtet werden konnte. Frustriert durch die Absagen, starteten Stewart und Feder eine Kampagne. Sie sandten ihren Bericht an viele Wissenschaftler und hielten Vorträge an Universitäten über ihre »Untersuchungsergebnisse«. Zudem machten sie die einflussreichen Kongressabgeordneten John Dingell (geb. 1926) und Ted Weiss (1927–1992) auf den Fall aufmerksam. Die beiden Politiker gaben Stewart und Feder Gelegenheit, ihren Bericht über die vermutete Fälschung in zwei Kongressunterausschüssen vorzutragen. Während Weiss recht schnell das Interesse an der Sache verlor, meinte Dingell, es würde sich lohnen, dem Fälschungsverdacht weiter nachzugehen. Er hatte sich zuvor auch schon intensiv mit dem Streit zwischen Gallo und Montagnier befasst (siehe S. 175) und war zu der Überzeugung gekommen, dass im amerikanischen Wissenschaftsbetrieb einiges im Argen lag. Dank seiner guten politischen Verbindungen konnte Dingell durchsetzen, dass ein Untersuchungsausschuss beauftragt wurde, den Fälschungsvorwurf intensiv zu durchleuchten. Als wissenschaftliche Berater zog er Feder und Stewart hinzu, die dafür von ihren Aufgaben bei der Gesundheitsbehörde (NIH) weitgehend freigestellt wurden. Parallel dazu richtete das NIH selbst ein Office of Scientific Integrity (OSI) ein, das offiziell mit der Untersuchung von Fällen betraut wurde, in denen Betrugsverdacht bestand. Baltimore reagierte darauf mit heftigen öffentlichen Attacken, die sich insbesondere gegen Steward und Feder richteten, aber auch Dingell und seine Mitarbeiter einschlossen.

Die Konfrontation führte dazu, dass der Untersuchungsausschuss zunächst fast nur Zeugen vorlud, die das Vorliegen eines ernsten Betrugsfalls bestätigten. Dementsprechend fielen auch die Kommentare in den Medien für die Beschuldigten sehr negativ aus. Erst 1989 bekam Baltimore Gelegenheit, als Zeuge vor dem Ausschuss aufzutreten. Er verteidigte Imanishi-Kari, während er O'Toole vorwarf, nicht ausreichend Experimente durchgeführt zu haben, um die aufgetretenen Unklarheiten bei den Ergebnissen zu beseitigen. Stattdessen hätte sie viel zu früh einen Betrugsverdacht geäußert. Mit deutlichen Worten kritisierte er auch die Medienkampagne, die gegen Imanishi-Kari und ihn von dem Untersuchungsausschuss inszeniert worden war. Besonders empört war Baltimore über die Einschaltung des US-Geheimdienstes in die Untersuchungen. Auf Veranlassung von Feder und Stewart hatten einige Agenten die Laborunterlagen von Imanishi-Kari mit kriminalistischen Methoden untersucht und meinten dabei Anhaltspunkte für Fälschungen entdeckt zu haben. Gegen Ende seiner Stellungnahme sagte Baltimore: »Ich muss Ihnen sagen, Herr Vorsitzender, dass ich sehr betrübt darüber bin, wie diese Situation außer Kontrolle geraten ist. Ich habe die sehr konkrete Sorge, dass die amerikanische Wissenschaft leicht zum Opfer dieser Art von Regierungsermittlungen werden kann. … Wissenschaftler und Politiker müssen einen besseren Weg finden, über Probleme zu kommunizieren, als über die Schlagzeilen in Zeitungen.« Diese Attacke trug natürlich nicht zu einer Versachlichung der Auseinandersetzung bei. Die Angelegenheit eskalierte weiter, bis 1991 der Ausschuss einen vorläufigen Untersuchungsbericht vorlegte. In ihm wurde Imanishi-Kari für schuldig befunden, und auch Baltimores Verhalten wurde deutlich kritisiert. Er geriet so unter Druck, dass er sich gezwungen sah, als Präsident der Rockefeller-Universität zurückzutreten. Imanishi-Kari kam in erhebliche berufliche Schwierigkeiten, weil die Tafts-Universität, die ihr schon vor einiger Zeit eine Professorenstelle angeboten hatte, sie nicht einstellen wollte, solange die Vorwürfe gegen sie im Raum standen. O'Toole wurde dagegen zur Heldin hochstilisiert, die durch ihr furchtloses Auftreten das Ansehen der amerikanischen Wissenschaft gerettet habe. Sie entwickelte sich zu einem richtigen Medienstar und stellte sich bei ihren vielen öffentlichen Auftritten als Märtyrerin dar, die durch ihren Kampf für eine saubere Wissenschaft ihre Anstellung verloren habe. In Wirklichkeit war ihr Arbeitsvertrag von Anfang an zeitlich befristetet und lief ganz einfach aus. Sie konnte mit ihrem Wehklagen jedoch nicht nur eine gut dotierte Stelle bei einem Intimfeind Baltimores ergattern, sondern wurde sogar noch mit dem »Cavallo-Preis für moralischen Mut« ausgezeichnet, der 1988 gestiftet worden war. Feder und Steward gehörten auch zu den Gewinnern, denn sie wurden vom NIH mit der Leitung des Office of Scientific Integrity betraut.

Doch damit war das Drama noch nicht zu Ende, denn der Untersuchungsausschuss brauchte weitere drei Jahre, um seinen Abschlussbericht vorzulegen. Er fiel für Imanishi-Kari katastrophal aus, denn sie wurde in 19 Anklagepunkten für schuldig befunden. Sie sah daraufhin nur noch die Möglichkeit, mit Hilfe eines Anwaltsbüros vor ein offizielles Gericht zu ziehen. Die Kosten für dieses Verfahren waren allerdings so hoch, dass sie es nur durchhalten konnte, weil viele Kollegen für sie Geld sammelten und die Anwälte zum Teil sogar auf ihr Honorar verzichteten. Bei dem Gerichtsverfahren wurde schnell klar, dass der Untersuchungsausschuss sehr einseitig vorgegangen war und nur belastendes Material gesammelt hatte. Zudem fehlte den geladenen Gutachtern und Sachverständigen größtenteils das nötige Fachwissen. Das traf insbesondere auf die eingesetzten Geheimagenten zu, die ohne jede fachliche Qualifikation waren und deshalb ihre Untersuchungsergebnisse völlig falsch interpretierten. Das Gericht verfügte die Einsetzung eines neuen Ausschusses, der ausgewogen und sachlich kompetent zusammengesetzt werden musste. Das Gremium kam dann innerhalb von zwei Jahren zu dem Ergebnis, dass die Beschuldigten in allen Punkten freizusprechen waren. Nun konnte Imanishi-Kari endlich die ihr zugesagte Professur antreten, und Baltimore wurde zum Direktor des weltberühmten California Institute of Technology berufen. Die *New York Times* gehörte zu den wenigen Zeitungen, die sich bei den rehabilitierten Wissenschaftlern für die zum Teil recht einseitigen und unsachlichen Artikel entschuldigten, die während der zehnjährigen Auseinandersetzung publiziert worden waren. John Dingells politische Karriere litt unter der Affäre nur wenig. Er ist inzwischen »Dean of the House« geworden, weil er der Abgeordnete ist, der dem Parlament schon am längsten angehört. Die eigentlichen Verlierer waren Feder und Stewart, die nach dem endgültigen Freispruch von Imanishi-Kari und Baltimore nicht mehr zu den Lieblingen der Medien zählten, sondern wegen ihrer recht unfairen Ermittlungsmethoden scharf angegriffen wurden. Bei der NIH waren sie ohnehin schon einige Zeit zuvor in Ungnade gefallen, weil sie ohne Rücksprache mit ihren Vorgesetzten weiter auf Prominentenjagd gingen und ihre Opfer ohne ausreichende Beweise öffentlich des Betrugs und der Fälschung bezichtigten. Als man sie deshalb 1993 innerhalb der NIH auf andere Posten versetzen wollte, demonstrierten sie auf dem Rasen vor dem NIH-Verwaltungsgebäude und luden dazu auch die Presse ein. Stewart begann sogar einen Hungerstreik, den er erst abbrach, nachdem er 15 Kilo abgenommen hatte und sein Arzt ernste Gesundheitsschäden befürchtete. Die NIH-Oberen aber blieben hart. Sogar John Dingell, der Stewart und Feder früher bei Auseinandersetzungen mit ihren Vorgesetzen immer unterstützt hatte, meinte, sie wären diesmal wohl zu weit gegangen. Inzwischen ist Feder beim NIH ausgeschieden und arbeitet für eine private Organisation, die sich POGO nennt. Die Abkürzung steht für Project of Governmental Oversight (Projekt zur Überwachung der Regierung). Dort kann er seinen detektivischen Neigungen weiter nachgehen, ohne befürchten zu müssen, dass er mit seinen Vorgesetzten Schwierigkeiten bekommt. Um Walter Stewart ist es nach seinem Hungerstreik still geworden. Vielleicht ist er inzwischen schon in Rente gegangen und streitet sich nur noch mit seinen Nachbarn. Die lang anhaltende und emotional hoch aufgeladene Baltimore-Affäre war Anlass für den bekannten amerikanischen Wissenschaftshistoriker Daniel J. Kevles (geb. 1939), ein Buch zu schreiben, das 1998 unter dem Titel »The Baltimore Case: A Trial of Politics, Science and Character« erschienen ist. Auf über 500 Seiten hat er darin akribisch festgehalten, wie sich der Konflikt entwickelt hat und warum er so extreme Ausmaße angenommen hat.

# Transatlantische Krise

## Wer hat den AIDS-Erreger entdeckt?

Am 23. April 1984 löste die damalige US-Gesundheitsministerin Margaret Heckler (geb. 1931) durch eine von ihr einberufene Pressekonferenz einen der größten Wissenschaftsskandale des 20. Jahrhunderts aus, in dessen Folge sogar die diplomatischen Beziehungen zwischen den USA und Frankreich zeitweilig belastet wurden. Heckler stellte den vielen anwesenden Journalisten den amerikanischen Virologen Robert Charles Gallo (geb. 1937) als den Entdecker des AIDS-Erregers vor und weckte gleichzeitig leichtfertig Hoffnungen bei den Patienten, indem sie sagte: »Heute darf die medizinische Wissenschaft in den Vereinigten Staaten mit einer wunderbaren Entdeckung ihrer ruhmreichen Geschichte ein neues Kapitel hinzufügen ... Das neue Verfahren wird die Entwicklung eines Impfstoffs ermöglichen, der AIDS verhütet. Wir hoffen, dass ein solcher Impfstoff in zwei Jahren erprobt werden kann.« Die Tatsache, dass weltweit und insbesondere im Pariser Pasteur-Institut auch intensiv an der AIDS-Problematik gearbeitet wurde, erwähnte Heckler nur mit wenigen Worten: »Es sind auch in anderen Labors weitere Entdeckungen gemacht worden.« Der Ministerin musste eigentlich klar sein, dass sie eine Falschmeldung in die Welt setzte, denn in Wissenschaftskreisen galt damals schon der Franzose Luc Montagnier (geb. 1932) als Entdecker des AIDS-Virus, und keiner der Fachleute glaubte an die Realisierung einer Impfung innerhalb weniger Jahre.

Der Gesundheitsministerin kann man vielleicht zugutehalten, dass sie nur unzureichend informiert war und damals wegen der schnellen Ausbreitung der gefährlichen Immunschwäche-Krankheit AIDS in den USA gewaltig unter politischem Druck stand. Sie wollte deshalb vermutlich einen Erfolg der Regierung verkünden und dadurch auch den Präsidenten Ronald Reagan (1911–2004) in seinem Wahlkampf unterstützen.

*Kampfhähne der Wissenschaft.* Heinrich Zankl


ISBN: 978-3-527-32579-5

Das Verhalten von Robert Gallo ist jedoch weniger verständlich, denn er wusste eigentlich ganz genau, dass nicht er, sondern Luc Montagnier mit seiner Arbeitsgruppe in Paris das AIDS-Virus als Erster isoliert hatte. Der französische Forscher benannte das zur Gruppe der Lentiviren gehörende Virus mit der Abkürzung LAV, weil es aus dem Lymphknoten eines Patienten mit Lymphadenopathie stammte. Etwa zur gleichen Zeit hatte Gallo das HTL-Virus gefunden, das er für den AIDS-Erreger hielt. Da die beiden Wissenschaftler damals noch eng kooperierten, hatte Montagnier keine Bedenken, als Gallo ihn für Vergleichsuntersuchungen um die Übersendung einer LA-Virus-Probe bat. Etwas erstaunt waren die Franzosen dann aber, als Gallo die ihm zugeschickten Viren als »Laborkontamination« abqualifizierte und seinen eigenen HTL-Virusstamm weiterhin als den eigentlichen Krankheitserreger bezeichnete. In den Folgemonaten veröffentlichten weitere Arbeitsgruppen in Cambridge, Atlanta und San Francisco Befunde, die dafür sprachen, dass doch das französische Virus den AIDS-Erreger darstellt. Daraufhin beantragte das Pasteur-Institut weltweit ein Patent für das Verfahren, mit dessen Hilfe das LA-Virus im Blut nachgewiesen werden kann. Einen Tag vor der schon erwähnten Pressekonferenz der US-Gesundheitsministerin berichtete die *New York Times* auf der ersten Seite, das Virus aus Frankreich sei nun als AIDS-Erreger anerkannt, und es existiere auch schon ein entsprechender Bluttest. Wer letztendlich dafür verantwortlich war, dass einen Tag später den Journalisten trotzdem verkündet wurde, Gallo sei der Entdecker des gefährlichen Virus, lässt sich heute nicht mehr genau feststellen. Gallo schreibt in seiner wissenschaftlichen Biografie mit dem langen Titel »Die Jagd nach dem Virus – AIDS, Krebs und das menschliche Retrovirus. Die Geschichte einer Entdeckung«, er sei damals im Ausland gewesen. Die Gesundheitsministerin habe ihm telefonisch mitgeteilt, sie wolle »unsere Entdeckung des AIDS-Virus bekannt geben«. Offensichtlich hat Gallo in diesem Gespräch nicht klargestellt, dass er eigentlich gar nicht der Entdecker des Virus war, wenn er auch maßgeblich an den Vorarbeiten und der Entwicklung von Nachweisverfahren mitgewirkt hatte. Nach dem denkwürdigen Auftritt vor der internationalen Presse musste der US-Forscher notgedrungen weiter versuchen, die vollmundigen Behauptungen auch mit Fakten zu belegen. Er publizierte mit seinem Team mehrere Arbeiten schnell hintereinander, in denen das »neu entdeckte« Virus im Detail beschrieben und erstmals auch abgebildet wurde. Erstaunlicherweise ähnelte es sehr stark dem französischen LA-Virus. Kurz darauf wurde das Erbgut der beiden Virustypen entschlüsselt, und es stellte sich eine weitgehende Übereinstimmung heraus. Eine so hohe genetische Ähnlichkeit zwischen Viren, die in getrennten Labors von verschiedenen Patienten isoliert wurden, war höchst ungewöhnlich. Deshalb äußerte nicht nur Montagnier den Verdacht, Gallo habe gar kein neues Virus isoliert, sondern das LA-Virus, das ihm die Pariser Arbeitsgruppe überlassen hatte, für seine Untersuchungen eingesetzt. Diesen Vorwurf wies Gallo empört zurück und behauptete, die LA-Viren hätten in seinem Labor gar nicht überlebt. Die Lüge flog aber auf, als ein Brief gefunden wurde, in dem ein Mitarbeiter Gallos über das gute Wachstum der Lentiviren berichtete. Es konnte außerdem nachgewiesen werden, dass die veröffentlichten Fotos von den französischen LA-Viren stammten.

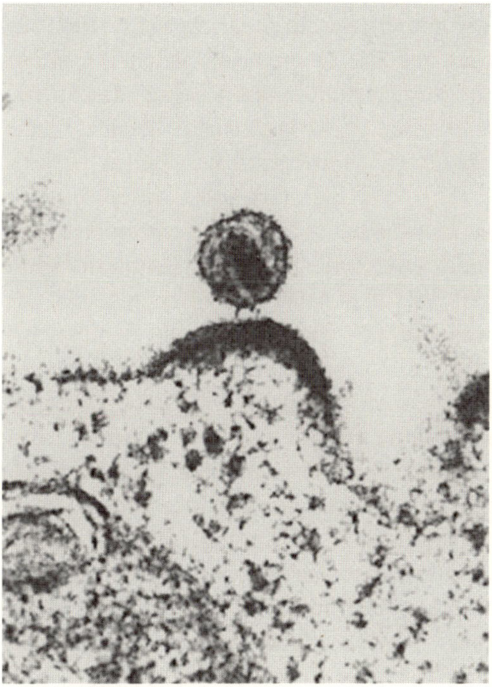

HI-Virus, das sich aus einer Immunzelle herauslöst.

Trotz dieser recht eindeutigen Sachlage besaß Gallo die Unverschämtheit, ein Patent auf einen Test zu beantragen, der das Virus im Blut von Patienten nachweist. Der Antrag wurde vom US-Patentamt seltsamerweise innerhalb weniger Monate bewilligt, während die schon früher eingereichte Patentbeschreibung der Franzosen lange Zeit unbearbeitet liegen blieb. So viel Dreistigkeit wollte sich Montagnier dann doch nicht gefallen lassen und bewog die Leitung des Pasteur-Instituts, juristische Schritte einzuleiten. Es wurde umgehend Klage erhoben – sowohl gegen das Institut für Tumorvirologie, an dem Gallo angestellt war, als auch gegen die Regierung der USA als Träger des Patentamtes. Es ging dabei nicht nur um die Frage, wem die Ehre zustand, der Entdecker des AIDS-Erregers zu sein, sondern vor allem um viel Geld, weil inzwischen längst klar war, dass der Virusnachweis millionenfach als AIDS-Test eingesetzt werden würde und hohe Lizenzgebühren zu erwarten waren. Die Medien diesseits und jenseits des Atlantiks stürzten sich verständlicherweise auf das Thema, denn einen solch brisanten Streitfall mit internationalen Verwicklungen hatte es noch nicht gegeben. Da zu befürchten war, dass durch das Gerichtsverfahren der gute Ruf wichtiger US-Institutionen Schaden nehmen könnte, entschloss sich US-Präsident Ronald Reagan, die Angelegenheit auf höchster politischer Ebene zu regeln. Bei einem Gespräch mit dem französischen Premierminister Jacques Chirac (geb. 1932) im Weißen Haus, das im März 1987 stattfand, unterbreitete er einen Kompromissvorschlag. Man einigte sich schließlich darauf, dass die Namen der französischen Wissenschaftler in das amerikanische Patent über den AIDS-Test aufgenommen werden. Grundlage dafür war die Feststellung, dass »die Forscher beider Länder unabhängig voneinander erfolgreich waren bei der Isolierung des humanen Retrovirus, welches sich als das ursächliche Agens für AIDS erwies«. Dementsprechend sollten beide Seiten das Patentrecht für sich in Anspruch nehmen können und die für den AIDS-Test eingehenden Lizenzgebühren hälftig aufgeteilt werden. Der Nobelpreisträger Harold E. Varmus (geb. 1939), der damals als Chef der US-Gesundheitsbehörde (NIH) an der Aushandlung des Lizenzvertrages maßgeblich beteiligt war, beschrieb die Einigungsformel etwas abweichend so: »Forscher der NIH benutzten ein Virus, das ihnen vom Pasteur-Institut zur Verfügung gestellt worden war, um einen amerikanischen Aidstest zu entwickeln.« Nach dieser außergerichtlichen Einigung kamen sich Gallo und Montagnier auch persönlich wieder näher. Sie verfassten 1987 einen gemeinsamen Artikel, in dem sie die Entdeckung des AIDS-Virus als einen langwierigen und schwierigen Prozess darstellten, an dem beide Forscher mit ihren Arbeitsgruppen maßgeblich mitgearbeitet haben. Auch der Verwirrung stiftende Streit um die Bezeichnung des Virus wurde beendet. Eine international besetzte Kommission gab ihm die Kurzbezeichnung »HIV«. Diese Abkürzung leitet sich ab von dem ausführlichen Namen »Human Immunodeficiency Virus« (Humanes Immunschwäche-Virus). Für das öffentliche Begraben des Kriegsbeils wurden die beiden Wissenschaftler 1988 belohnt, als sie gemeinsam den hoch dotierten Japan-Preis erhielten.

Für Gallo hatte die Affäre allerdings noch ein längeres und recht unangenehmes Nachspiel. Die Nationale Akademie der Wissenschaften der USA setzte eine Kommission ein, die sein Verhalten untersuchen sollte. Sie veröffentlichte 1992 ihren Bericht und warf Gallo darin »hohe intellektuelle Rücksichtslosigkeit« vor. Im gleichen Jahr befand ihn auch das Büro für wissenschaftliche Integrität der NIH eines schwerwiegenden Fehlverhaltens für schuldig. Durch dieses Verfahren wurden weitere Prioritätsstreitigkeiten bekannt, in die Gallo schon seit 1970 verwickelt war. Der Schuldspruch wurde zwar in einem sehr umstrittenen Berufungsverfahren stark abgemildert, aber Gallo sah sich trotzdem gezwungen, seinen Posten im NIH aufzugeben und an die Universität von Maryland zu wechseln, wo er Direktor des Instituts für Humanvirologie wurde. Trotz seines zweifelhaften wissenschaftlichen Rufes erhielt er 1999 den Paul-Ehrlich-Preis, der als bedeutendster Medizinpreis Deutschlands gilt. Um sein ramponiertes Image aufzubessern, trieb Gallo die Versöhnung mit Montagnier weiter voran und gründete mit ihm gemeinsam im Jahr 2002 eine Organisation, die vor allem die HIV-Impfstoffforschung vorantreiben soll. Die Entwicklung einer Impfung hat sich nämlich entgegen der optimistischen Aussagen der US-Gesundheitsministerin als sehr schwierig erwiesen und ist bis heute noch nicht abgeschlossen. Die guten persönlichen Beziehungen zwischen den zwei langjährigen AIDS-Kontrahenten gerieten 2008 freilich in eine neue Krise. Das Nobelpreiskomitee beschloss nämlich, nur Montagnier und seine Mitarbeiterin Francoise Barré-Sinoussi (geb. 1947) »für die Entdeckung des humanen Immundefiziens-Virus« mit dem Nobelpreis für Medizin auszuzeichnen. Um neuen Auseinandersetzungen vorzubeugen, sagte Montagnier gleich in seiner ersten kurzen Stellungnahme, seiner Meinung nach habe Gallo den Preis ebenfalls verdient. Es dauerte acht Stunden, bis sich Gallo von der herben Enttäuschung so weit erholt hatte, dass er seinem Konkurrenten in Paris zu der großen Ehre gratulieren konnte. Seinem Glückwunsch fügte er dann noch den Satz an: »Ich bin dankbar für Dr. Montagniers freundliche Worte von heute morgen, wonach ich den Preis ebenso verdiene.« Dieser Meinung haben sich inzwischen einige namhafte Wissenschaftler angeschlossen, weil unbestreitbar ist, dass auch Gallo sich um die AIDS-Forschung sehr verdient gemacht hat. Doch Bertil Fredholm (geb. 1943), der Vorsitzende des schwedischen Nobelkomitees, verteidigte die Entscheidung sehr selbstbewusst und öffentlich: »Es kann als klar erwiesen angesehen werden, dass die Entdeckung in Frankreich gemacht worden ist. Und wenn es darum geht, wer eines Nobelpreises würdig ist, sind wir Experten.« Der bekannte deutsche Virologe Bernhard Fleckenstein (geb. 1944), der seinen Kollegen Gallo gut kennt, kommentierte die Nobelpreis-Entscheidung gegenüber Journalisten mit den Worten: »Eine bemerkenswerte Entscheidung ... und eine kräftige Ohrfeige für Bob.«

Ein halbes Jahr nach der Preisverleihung an Montagnier und Barré-Sinoussi hat aber auch Gallo ein recht beachtliches Trostpflaster erhalten. Er ist mit dem internationalen Dan-David-Preis ausgezeichnet worden, der jährlich an der Universität von Tel Aviv verliehen wird. Das Preisgeld hat eine Höhe von jeweils einer Million US-Dollar und kann sich in dieser Hinsicht durchaus mit dem Nobelpreis messen. Das Prestige des von dem jüdischen Geschäftsmann Dan David (geb. 1929) im Jahr 2000 gestifteten Preises ist aber deutlich geringer, sodass der ehrgeizige Gallo wahrscheinlich noch nicht ganz zufrieden ist. Vielleicht hat er ja auch noch eine Chance auf eine Reise nach Stockholm, denn seine Arbeiten über Retroviren sind von grundsätzlicher Bedeutung, und bei diesem Thema besteht kein Zweifel an der Eigenständigkeit von Gallos wissenschaftlichen Leistungen.

Die Auseinandersetzungen um die Entdeckung des humanen Immunschwäche-Virus sind inzwischen so weit abgeklungen, dass die zwei Hauptkontrahenten wieder gemeinsam an der Bekämpfung von AIDS arbeiten. Ein anderer Streit schwelt aber weiter und behindert in einigen besonders stark betroffenen Ländern die Maßnahmen zur Eindämmung der schrecklichen Krankheit ganz erheblich. Der *Spiegel*-Autor Marco Evers hat deshalb 2007 seinem Artikel über die Ausbreitung von AIDS in Afrika den Titel »Seuche der Ignoranz« gegeben. Er wollte damit auf das Problem hinweisen, dass dort einige maßgebliche Persönlichkeiten die Existenz von AIDS entweder ganz leugnen oder zumindest den Zusammenhang zwischen HI-Viren und der Entstehung der Immunschwächekrankheit bestreiten. Evers beschrieb geradezu unglaubliche Zustände. So behauptete beispielsweise der Präsident des kleinen westafrikanischen Staates Gambia, Yahya Jammeh (geb. 1965), er könne AIDS heilen, indem er den Patienten in seinem Palast unter dem Murmeln von Koran-Sprüchen Pflanzenextrakte auf die Haut schmiere und sie mit Bananen füttere. Diese Prozedur, die oft auch im Fernsehen übertragen wird, führt Jammeh allerdings nur an Donnerstagen durch, denn nur an diesem Tag hat er, eigenen Angaben zufolge, die Fähigkeit, AIDS zu heilen. Weit schlimmer als dieses zwar merkwürdige aber nicht unmittelbar gesundheitsgefährdende Ritual ist die Anweisung Jammehs an die Kranken, antivirale Medikamente sofort abzusetzen, da sie sein abstruses Heilverfahren unwirksam machen würden. Freilich herrschen nicht nur in dem Zwergstaat Gambia solche aberwitzigen Zustände. Auch in der großen und relativ weit entwickelten Republik Südafrika hat der ehemalige Staatspräsident Thabo Mbeki (geb. 1942) jahrelang behauptet, nicht das HI-Virus, sondern die Armut sei die wichtigste Ursache für AIDS. Seine Gesundheitsministerin hat mit seiner Billigung den Erkrankten empfohlen, statt virushemmender Arzneimittel Olivenöl, Knoblauch und Rote Bete anzuwenden. Sie trägt seitdem den Spitznamen »Dr. Rote Bete«. Auch Jacob Zuma (geb. 1942), südafrikanischer Staatspräsident seit Mai 2009, meint, er könne sich nicht mit AIDS angesteckt haben, weil er sich gleich nach dem Verkehr mit einer HIV-positiven Frau unter die Dusche gestellt habe. Leider können sich die AIDS-Leugner auf zum Teil recht prominente Wissenschaftler berufen. Einer der wichtigsten ist der deutschstämmige Molekularbiologie Peter Duesberg (geb. 1936), der eine Professur an der Universität von Kalifornien in Berkeley innehat. In seinem 1997 veröffentlichten Buch, zu dem der Chemie-Nobelpreisträger Kary Mullis (geb. 1944) ein Vorwort geschrieben hat, behauptet Duesberg, nicht die HI-Viren würden AIDS verursachen, sondern Drogen wie Amphetamine, Heroin und Kokain. Sogar die antiviralen Medikamente werden verdächtigt, die Immunschwäche auszulösen. Das Buch ist auch auf Deutsch unter dem Titel »AIDS« erschienen. In Deutschland gehört insbesondere der umstrittene Arzt Dr. Matthias Rath (geb. 1955) zu den Gegnern der antiviralen AIDS-Therapie. Er meint, mit hohen Vitamingaben nicht nur AIDS, sondern auch Krebs heilen zu können. Auch der ehemalige Arzt Ryke Geerd Hamer (geb. 1935), der sich als Begründer der »Germanischen Neuen Medizin« bezeichnet, hält nichts von den HI-Viren, da es seiner Ansicht nach überhaupt keine krankmachenden Mikroorganismen gibt. Die AIDS-Leugner finden vor allem Gehör bei Impfgegnern und Esoterikgruppen. So ist beispielsweise in dem Esoterik-Magazin *Zeitenschrift* zu lesen, AIDS sei eine Erfindung der Pharmaindustrie, und manche Wissenschaftler würden aus Geldgier bewusst die Forschung in die falsche Richtung lenken. Angesichts dieser irrwitzigen Behauptungen ist im Jahr 2000 die von mehreren tausend Wissenschaftlern unterschriebene »Durban Erklärung« veröffentlicht worden, in der es heißt: »HIV verursacht AIDS. Es ist unglücklich, dass einige wenige weiter die Beweise leugnen. Diese Position wird unzählige Menschenleben kosten.«

## Pikante Krebsforschung

### Der Skandal um Friedhelm Herrmann und Marion Brach

Friedhelm Herrmann (geb. 1949) war bis 1997 ein großer Star unter den deutschen Krebsforschern. Nach Medizinstudium und Promotion in Berlin sowie einem Forschungsaufenthalt an der berühmten Harvard Medical School in Boston habilitierte er sich 1986 an der Universität Mainz. Er wurde dort intensiv von Professor Roland Mertelsmann (geb. 1945) gefördert, der damals schon als Koryphäe auf dem Gebiet der Krebstherapie galt. Drei Jahre später wurde Mertelsmann nach Freiburg berufen und nahm Herrmann als Oberarzt mit. 1992 erhielt Herrmann selbst eine Professur in Berlin und baute eine Arbeitsgruppe am Max-Delbrück-Centrum für molekulare Medizin (MDC) auf. Nach vier sehr erfolgreichen Jahren in Berlin berief die Universität Ulm Herrmann als Professor und Chefarzt am Universitätsklinikum. Die Ulmer waren so auf die Gewinnung von Herrmann fixiert, dass sie ihm sogar ermöglichten, fast seine ganze Arbeitsgruppe aus Berlin mitzubringen. Herrmann schien diese enorme Investition von Geld und Personal wert zu sein, denn er hatte bereits fast 400 wissenschaftliche Artikel publiziert. Außerdem gewann er sieben Wissenschaftspreise und war einflussreiches Mitglied in zahlreichen nationalen und internationalen Fachgesellschaften. Als Gutachter arbeitete er nicht nur für mehrere renommierte Fachjournale, sondern auch für die Deutsche Forschungsgemeinschaft (DFG) und andere wissenschaftliche Fördereinrichtungen.

Marion Brach (geb. 1961) machte ebenfalls schon in jungen Jahren eine beachtliche Karriere. Nach dem Medizinstudium fertigte sie 1988 ihre Doktorarbeit an der Mainzer Universitätsklinik an und lernte dabei Herrmann kennen und schätzen. Bald arbeiteten sie nicht nur eng zusammen, sondern wurden auch privat ein Paar. Brach ging mit nach Berlin und habilitierte sich dort. Sie folgte Herrmann auch nach Ulm, wo er in seinen Berufungsver-

*Kampfhähne der Wissenschaft*. Heinrich Zankl

ISBN: 978-3-527-32579-5

Luftaufnahme der Uniklinik Ulm, an der der Skandal um Brach und Herrmann begann (© Universität Ulm).

handlungen erreicht hatte, dass sie eine ihm zugeordnete Professorenstelle erhielt. In Ulm verschlechterten sich allerdings die Beziehungen zwischen den beiden erheblich. Vermutlich konnte Herrmann nicht gut ertragen, dass Brach inzwischen sehr selbständig geworden war und eigenständige Projekte bearbeitete. Sie war daher froh, als sie Ende 1996 von der Medizinischen Hochschule in Lübeck einen Ruf auf eine Professur für Molekulare Medizin erhielt.

Auch der junge Molekularbiologe Eberhard Hildt (geb. 1966) war von Berlin nach Ulm mitgekommen. Er arbeitete in der Arbeitsgruppe von Frau Brach an einem Projekt über Leberkrebs. Dass das Verhältnis zwischen Brach und Herrmann nicht mehr zum Besten stand, wurde Hildt während eines Gesprächs bewusst, in dem Herrmann versuchte, ihn auf seine Seite zu ziehen. Dieser äußerte sich dabei über Brachs Forschungsarbeit sehr abfällig. Hildt erinnerte sich später an folgende Sätze: »Was wollen Sie bei Frau Brach? Sie glauben ja gar nicht, in wie vielen Arbeiten von ihr Unregelmäßigkeiten existieren.«

Diese merkwürdigen Andeutungen verunsicherten Hildt so sehr, dass er Brach darauf ansprach. Sie gab in dem Gespräch tatsächlich zu, in einer Publikation aus dem Jahr 1995 wäre eine Abbildung wohl nicht ganz in Ordnung gewesen. Hildt schaute sich die Arbeit daraufhin näher an und kam zu dem Schluss, dass der Fehler so schwerwiegend war, dass die Arbeit hätte zurückgezogen werden müssen. Kurz nachdem er diese Meinung geäußert hatte, wurde Hildt zu einem Gespräch bestellt, bei dem neben Brach erstaunlicherweise auch Herrmann anwesend war. Die beiden drohten Hildt mit einer Klage wegen seiner abfälligen Bemerkungen über die Publikation. Er war durch die völlig unerwartete Attacke so geschockt, dass er mehrere Monate nichts mehr wegen des fragwürdigen Artikels unternahm. Dann traf er aber einen ehemaligen Kollegen aus Berlin, der ihm mitteilte, die Publikation wäre damals sehr kurzfristig entstanden, nachdem Herrmann über die Arbeit einer japanischen Forschergruppe berichtet hatte. Erstaunlicherweise hätte Brach sehr schnell die gleichen Ergebnisse erzielt wie die Japaner, obwohl sie die für die Untersuchungen notwendige Methodik eigentlich noch gar nicht ausreichend beherrschte.

Nach dieser Unterredung war Hildt endgültig überzeugt, dass hier eine schwerwiegende Fälschung wissenschaftlicher Daten vorlag. Im Januar 1997 sprach er Herrmann deswegen noch einmal an, der aber sehr unwirsch reagierte und damit drohte, er werde Hildt »plattmachen«, wenn dieser weiterhin solche Vorwürfe erhebe. In seiner Not wandte sich Hildt an Peter Hans Hofschneider (1929–2004), bei dem er promoviert hatte. Hofschneider erkannte schnell die Tragweite des Falles und zog seinen Kollegen Claus Bartram (geb. 1952) zu, der Professor für Humangenetik in Ulm gewesen war. Beide stellten Marion Brach zur Rede, die nach intensiver Befragung den Betrug schließlich zugab. Sie behauptete allerdings, Herrmann habe »nicht nur von den Vorgängen gewusst, sondern sie maßgeblich initiiert«. Das bestritt der Beschuldigte aber energisch und sagte zu Bertram, er habe »allenfalls manches geahnt, aber nichts initiiert«. Die brisanten Ergebnisse ihrer Befragungen teilten Hofschneider und Bertram im März 1997 schriftlich der Universität Ulm, der Medizinischen Hochschule in Lübeck und dem MDC in Berlin mit. Damit lösten sie den bisher größten Wissenschaftsskandal in der deutschen Nachkriegsgeschichte aus, denn bald zeigte sich, dass viele Artikel mehr oder minder stark gefälscht waren. Herrmann blieb aber trotz aller Verdachtsmomente bei seiner Behauptung, er habe davon »nichts gewusst« und sei an den Manipulationen »weder passiv noch wissend beteiligt« gewesen. Besonders heftig attackierte er seine ehemalige Geliebte, die »extrem rufschädigende Vorwürfe« gegen ihn erhoben habe. Er drohte ihr sogar mit einer Verleumdungsklage. Brach schlug zurück, indem sie sich in den Medien sehr ausführlich über ihr privates Verhältnis zu Herrmann äußerte. Sie sprach in einem Interview mit dem Magazin *Focus* von einem »Netz aus Sex, Gewalt und Intrigen«, das zwischen ihnen bestanden habe, und schilderte Herrmann als psychisch gestörten Menschen mit einer geradezu pathologischen Geltungssucht. Außerdem teilte sie mit, dass sie sich 1995 von Herrmann trennen wollte, woraufhin er gedroht hätte, zuerst sie, dann seine beiden Kinder aus erster Ehe und zuletzt sich selbst zu töten. Herrmann stellte sich dagegen als Opfer einer Hetzkampagne dar und bezeichnete die Aussagen Brachs als persönlichen Racheakt.

Während sich das ehemalige Liebespaar in aller Öffentlichkeit mit Dreck bewarf, versuchten zunächst mehrere Untersuchungskommissionen, später eine gemeinsame Kommission aller betroffenen Hochschulen, den Umfang der wissenschaftlichen Fälschungen zu erfassen und die persönlichen Verantwortlichkeiten festzustellen. In einem ersten Zwischenbericht, der im August 1997 veröffentlicht wurde, war zu lesen, dass das Gespann Brach und Herrmann mindestens 27 Publikationen gefälscht hatte. Außerdem wurde Herrmann vorgeworfen, er habe als Gutachter eine Projektbeschreibung einer holländischen Forschergruppe negativ bewertet, wenig später aber einen eigenen Förderungsantrag eingereicht, der mit dem holländischen Vorhaben weitgehend identisch war. Auch die DFG bildete eine Untersuchungskommission, da sie viele Forschungsprojekte von Herrmann mit hohen Summen gefördert hatte. Sie überprüfte insgesamt 347 Publikationen und kam zu dem Ergebnis, dass 65 »konkret fälschungsverdächtig« und 29 eindeutig »fälschungsbehaftet« waren. Wegen dieser Fälschungen forderte die DFG die Fördermittel von Herrmann zurück.

Der aber ging zum juristischen Gegenangriff über und verklagte die DFG auf Widerruf unwahrer Behauptungen. Inzwischen waren auch die Kultusministerien in Schleswig-Holstein und Baden-Württemberg aktiv geworden und drängten die Beschuldigten zum

Rücktritt von ihren Ämtern. Im Herbst 1997 gab Frau Brach ihre Professur in Lübeck auf und verschwand mit unbekanntem Ziel aus Deutschland. Herrmann kämpfte zwar noch ein Jahr länger, musste aber schließlich doch einsehen, dass er sich nicht mehr halten konnte. Er erreichte aber immerhin durch seinen freiwilligen Rücktritt die Einstellung des gegen ihn eröffneten Disziplinarverfahrens. Auch die Staatsanwaltschaft begnügte sich mit der Verhängung einer Geldbuße, die nicht als Strafe bewertet wurde, sodass Herrmann sowohl seine ärztliche Approbation als auch seinen Professorentitel behalten konnte. Er ließ sich in München nieder und eröffnete eine gut gehende Facharztpraxis, in der er vor allem Krebspatienten therapiert.

Die Ermittlungen im Umfeld des Fälscher-Duos gingen allerdings noch einige Jahre weiter, da an vielen fälschungsverdächtigen Publikationen noch eine ganze Reihe von namhaften Wissenschaftlern als Koautoren beteiligt waren. Besonders hart wurde von diesen Nachforschungen der Freiburger Klinikchef Roland Mertelsmann betroffen. Im Abschlussbericht einer Untersuchungskommission der Universität Freiburg aus dem Jahr 2001 wurde ihm unter anderem »grob fahrlässige Verletzung von Regeln guter wissenschaftlicher Praxis« und »fehlende Glaubwürdigkeit« vorgeworfen. Die DFG sperrte ihm daraufhin für fünf Jahre alle Forschungsgelder. Seinen Chefarztposten konnte er aber behalten, da ihm persönlich keine Fälschungen nachgewiesen worden waren.

Eberhardt Hildt, der Kämpfer für eine saubere Wissenschaft, hat den von ihm aufgedeckten Skandal unbeschadet überstanden. Er wurde Leiter einer Arbeitsgruppe am Robert-Koch-Institut in Berlin, wo er weiterhin versuchte, eine Gentherapie gegen Leberkrebs zu entwickeln. Heute arbeitet er an der Universität in Kiel.

# Kontroversen in den Geisteswissenschaften

*Kampfhähne der Wissenschaft*. Heinrich Zankl

ISBN: 978-3-527-32579-5

# Kämpferischer Engländer

## Der streitbare Thomas Hobbes

Die sozialen Verhältnisse, in die Thomas Hobbes (1588–1679) am 5. April des Jahres 1588 hineingeboren wurde, waren so schlecht, dass er eigentlich keine großen Entwicklungschancen zu haben schien. Sein Vater war zwar Pfarrer, aber er schätzte Spiel und Alkohol mehr als Studieren und Predigen. Außerdem war er sehr jähzornig, was dazu führte, dass er eines Tages einen Kollegen nach einem heftigen Wortwechsel vor der Kirche verprügelte. Wegen dieses Vorfalls musste er fliehen und sich vor der Obrigkeit verstecken, um nicht im Gefängnis zu landen. Er verstarb wenig später, ohne seine Familie wiedergesehen zu haben. Da auch die aus einer einfachen Bauernfamilie stammende Mutter nicht viel zur geistigen Bildung ihres Sohnes beitragen konnte, kümmerte sich der kinderlose Onkel Francis Hobbes um den kleinen Thomas und seine beiden Geschwister.

Trotz dieser schwierigen familiären Verhältnisse zeigte sich bei Thomas Hobbes schon früh eine hohe intellektuelle Begabung. Bereits im Alter von vier Jahren lernte er weitgehend selbständig zu lesen, schreiben und rechnen, weshalb er in der Literatur manchmal auch als Wunderkind bezeichnet wird. Ab seinem achten Lebensjahr besuchte er eine höhere Schule in Malmesbury, wo er vor allem Latein und Griechisch so gut lernte, dass er mit nur 14 Jahren ein Studium an einem College in Oxford aufnehmen konnte. Der hauptsächlich geisteswissenschaftlich ausgerichtete Studienplan behagte ihm allerdings nicht besonders. Nebenbei beschäftigte er sich gern mit anderen Fächern wie Geografie, Astronomie und Optik. John Aubrey (1626–1697) schrieb in seiner Biografie von Hobbes über dessen Studienzeit: »Die Logik bedeutete ihm nicht viel, aber er lernte sie und hielt sich für einen großen Redner. In Oxford hatte er besonderen Spaß daran, die Buchbinderläden aufzusuchen und sich auf Papierstapeln zu räkeln.«

*Kampfhähne der Wissenschaft.* Heinrich Zankl

ISBN: 978-3-527-32579-5

Thomas Hobbes (1588–1679), ein englischer politischer Philosoph.

Angesichts dieser recht kritischen Einstellung zum Wert der Hochschulausbildung war es nicht verwunderlich, dass Hobbes sich mit der Erlangung der niedrigsten Lehrlizenz, dem Baccalaureus artium, begnügte und 1608 als knapp Zwanzigjähriger schon eine Stelle als Hauslehrer bei William Cavendish (1552–1626) annahm, dem 1. Earl of Devonshire. Diese Entscheidung erwies sich schnell als sehr vorteilhaft, denn die reiche Familie Cavendish verfügte über ausgezeichnete Bibliotheken, die Hobbes fast uneingeschränkt nutzen konnte. Außerdem lernte er viele bedeutende Dichter und Intellektuelle kennen, die für die geistige Weiterentwicklung des noch sehr jungen und unerfahrenen Lehrers von großer Bedeutung waren. 1610 unternahm Hobbes mit seinem Schüler William Cavendish, 2. Earl of Devonshire (1590–1628), eine dreijährige Bildungsreise nach Kontinentaleuropa. Der Aufenthalt in Frankreich gestaltete sich besonders aufregend, denn kurz vorher war dort König Heinrich IV. (1553–1610) von einem katholischen Fanatiker ermordet worden. Das nach dieser Untat in Paris herrschende Chaos beeindruckte Hobbes sehr. Es bestärkte ihn in seiner Abneigung gegen jede Form von religiösem Fanatismus und Machtanspruch und förderte sein Interesse an Politik.

Nach der Rückkehr von der langen Reise übersetzte Hobbes die von Thukydides (460 bis ca. 399 v. Chr.) verfasste »Geschichte des

Peleponnesischen Krieges« ins Englische, weil er sie für ein besonders wichtiges Werk der politischen Geschichtsschreibung hielt. Für uns klingt heute vor allem ein Satz aus der Einleitung sehr befremdlich: »Thukydides lehrte mich, wie langweilig die Demokratie ist und wie viel klüger ein Einzelner sein kann als die Gemeinschaft.« Diese eindeutig antidemokratischen Gedanken vertiefte Hobbes später in seinem ersten politisch-philosophischen Werk, dem er den Titel »Elements of Law, Natural and Political« gab. Darin stellte er erstmals Prinzipien dar, die als Leitlinien für politische Entscheidungen gelten konnten. Nach seinen Vorstellungen herrscht im »Naturzustand« aufgrund des menschlichen Egoismus ein andauernder Kampf jeder gegen jeden. Dafür prägte er den eindringlichen Satz »Der Mensch ist dem Menschen ein Wolf.« Nur ein absolutistisch geführter Staat kann laut Hobbes diesen unerträglichen Zustand beenden. Eine demokratische Staatsmacht mit bürgerlichen Freiheitsrechten hielt er offensichtlich für ungeeignet und warnte sogar vor antiken Schriften, die demokratisches Gedankengut enthielten: »Durch Lektüre dieser griechischen und römischen Schriftsteller wird es den Menschen zur Gewohnheit, Aufruhr gutzuheißen … was mit so viel Blutvergießen verbunden ist, dass ich wohl recht habe, wenn ich sage, dass niemals etwas teurer erkauft wurde wie das Erlernen der griechischen und lateinischen Sprache …« Diese rigorosen Äußerungen sind vermutlich auf den damaligen Bürgerkrieg zurückzuführen, dessen Beendigung er nur einem Herrscher mit absolutistischen Vollmachten zutraute.

Verständlicherweise machte sich Hobbes mit diesen Gedanken, die er in seinem wohl berühmtesten Werk »Leviathan« noch weiter präzisierte, bei den Mitgliedern des Parlaments keine Freunde. Aber auch der Königshof und die Kirchenfürsten lehnten diese Vorstellungen ab, insbesondere weil Hobbes das Gottesgnadentum nicht anerkannte, auf das sich die Herrschenden damals beriefen. Die Situation wurde schließlich so kritisch, dass er nach Frankreich fliehen musste. Dort arbeitete er an seinem großen mehrbändigen Werk, dem er den Titel »Elementia philosphiae« gab. In Paris wurde zunächst nur der Teil veröffentlicht, der sich mit der Staatsgewalt beschäftigte und den Hobbes später als den Beginn der politischen Philosophie bezeichnete. Im Vorwort schrieb er den recht provozierenden Satz: »Wenn Sie die von mir aufgestellte Lehre erfasst und begriffen haben werden, so hoffe ich, dass Sie lieber einige Unbequemlichkeiten im Privatleben … mit Geduld ertragen werden, als dass Sie den Staat in Verwirrung bringen.«

Obwohl seine Thesen eigentlich sehr obrigkeitsfreundlich waren, wurden sie von diesen Kreisen auch in Frankreich strikt abgelehnt, und man warf ihm sogar Verrat und Atheismus vor. Hobbes sah sich deshalb gezwungen, Paris zu verlassen und nach England zurückzukehren, um sich dort dem Staatsrat der Republik zu unterwerfen. Nach der Veröffentlichung weiterer Teile seiner Elemente der Philosophie wurde er jedoch auch vom Parlament des Atheismus beschuldigt und musste einen Teil seiner Schriften vernichten, um einer Verurteilung zu entgehen.

Aber nicht nur im politischen und religiösen Establishment hatte Hobbes viele Feinde. Auch an den Universitäten war er verhasst, weil er die dort herrschenden Zustände scharf kritisierte. Beispielsweise äußerte er sich in seinem Buch »Behemoth or the Long Parliament« sehr negativ über das damalige Universitätswesen: »Die Universitäten sind dieser Nation das gewesen, was das hölzerne Pferd den Trojanern war.« Damit wollte er wohl zum Ausdruck bringen, dass die fast ausschließlich unter kirchlicher Regie stehenden Universitäten mehr zur Verdummung als zur geistigen Entwicklung der Studenten beitrügen. Über zwei damals bedeutende Scholastiker brach er außerdem den Stab: »Diese beiden würde jeder gescheite Leser … für zwei der größten Dummköpfe der Welt gehalten haben, so dunkel und sinnlos sind ihre Schriften.« Mit solchen Äußerungen zog sich Hobbes auch die Feindschaft von John Wallis (1616–1703) zu, der 1649 auf den berühmten Savilius-Lehrstuhl für Geometrie an der Universität Oxford berufen worden war. Wallis hatte zwar eigentlich Theologie studiert und Mathematik bis dahin mehr als Hobby betrieben, aber weil er für das Parlament einige verschlüsselte royalistische Botschaften entziffert hatte, hielt man ihn für politisch zuverlässig, was den Ausschlag gab. Trotz seiner geringen wissenschaftlichen Erfahrung entwickelte sich Wallis schnell zu einem in ganz Europa hochgeachteten Mathematiker. Besonders wichtig waren ihm jedoch zeitlebens seine religiösen Überzeugungen, denen er sich durch seine 1640 erfolgte Priesterweihe besonders verpflichtet fühlte. Bei seinem Kampf gegen Hobbes machte sich Wallis zunutze, dass Hobbes sich auch für einen großen Mathematiker hielt und sogar meinte, er könne die Prinzipien der Geometrie in der Philosophie anwenden. In einem Brief an den großen niederländischen Wissenschaftler Christiaan Huygens (1629–1695) beschrieb Wallis seine Strategie so: »Unser Leviathan greift unsere Universitäten (und nicht nur unsere, sondern alle) wütend an und zerstört sie, insbesondere die Minister, den Klerus und die ganze Religion, als ob es dem christlichen Abendlande an gesundem Menschenverstand mangelte … und als ob niemand die Religion verstehen könnte ohne Philosophie und diese wiederum nicht ohne Mathematik. Also scheint es notwendig zu sein, dass ihm ein Mathematiker im Umkehrschluss zeigt, wie wenig er von Mathematik versteht, aus der er seine Dreistigkeit schöpft. Davon sollte uns auch seine Arroganz nicht abhalten, denn wir wissen wohl, dass er uns auf das Übelste beschimpfen wird.«

Für seinen ersten großen Angriff auf Hobbes gewann Wallis als wichtige Verbündete den renommierten Kollegen Seth Ward (1617–1689), der die Savilius-Professur für Astronomie innehatte, und den ebenfalls recht bekannten Theologen John Wilkins (1614–1672). Als Hauptangriffspunkt wurde zunächst das 1655 publizierte Buch »De Corpore« gewählt, in dem Hobbes seine Vorstellungen von der Materie und ihren grundlegenden Eigenschaften darlegte. Insbesondere das Kapitel 20 war ein lohnenswertes Ziel für eine Attacke, da sich Hobbes darin auch mit der Geometrie beschäftigte und unvorsichtigerweise sogar behauptete, das uralte Problem der Quadratur des Kreises gelöst zu haben. Als mathematische Laien reden wir heute von der Quadratur des Kreises meist dann, wenn wir ausdrücken wollen, dass uns irgendein Problem unlösbar erscheint. Für Mathematiker steckte hinter der Formulierung aber über Jahrtausende eine reizvolle Aufgabe, über deren Lösung sich die besten Wissenschaftler und auch viele Amateure den Kopf zerbrochen haben. Die konkrete Anforderung besteht darin, aus einem vorgegebenen Kreis nur mit Hilfe von Lineal und Zirkel ein Quadrat zu konstruieren, das im Flächeninhalt dem Kreis gleicht. Erst 1882 konnte der deutsche Mathematiker Ferdinand von Lindemann (1852–1939) beweisen, dass die Aufgabe unlösbar ist.

Wallis benötigte nur drei Monate, um seine lateinische Streitschrift »Elenchus Geometriae Hobbianae« zu verfassen, in der er nachwies, dass Hobbes nur eine Näherungskonstruktion publiziert hatte, die die Quadratur des Kreises keinesfalls lösen konnte. Mit erbarmungsloser Schärfe zerpflückte er auch viele der von Hobbes verwendeten Definitionen und Methoden. Darüber hinaus kritisierte er dessen Arroganz und beschwor die große Gefahr, die seine Lehren für die Kirche darstellten. Sogar vor recht primitiven Wortspielen mit dem Namen Hobbes schreckte Wallis nicht zurück, wobei der Ausdruck »hobglobin« (Schreckgespenst) eine besondere Rolle spielte. Einige Monate nach diesem ersten Angriff folgte die ebenfalls sehr kritische Stellungnahme von Ward, der sich vor allem den philosophischen Teil von »De Corpore« vornahm und kein gutes Haar daran ließ. Hobbes war aber nur wenig beeindruckt und ging zum Gegenangriff über. Er erweiterte die englische Ausgabe von »De Corpore« durch ein Pamphlet, dem er die Überschrift gab: »Sechs Lektionen für zwei Professoren der Mathematik, der eine ein Geometer, der andere ein Astronom«. Darin schlug er zurück: »In den Kapiteln sieben bis dreizehn meines Buches De Corpore habe ich die Prinzipien der Wissenschaft (Geometrie) richtiggestellt und erklärt, also das getan, wofür Dr. Wallis bezahlt wird.« Im Folgenden zog Hobbes pauschal über die Bücher von Wallis her: »Und ich bin fest davon überzeugt, dass seit Anbeginn der Welt auf dem Gebiet der Geometrie nichts derartig Absurdes geschrieben wurde noch jemals wieder geschrieben wird.« Den drastischen Schlussakkord setzte er mit folgenden Worten: »So geht denn hin, ihr ungebildeten Ekklesiaten, unmenschlichen Theologen, Moralprediger, dummen Kollegen, ihr ungeheuerlichen Isaacharen, erbärmlichen Vindices und Indices Academiatrum.« Einige dieser Beschimpfungen bedürfen einer Erläuterung: Als »Isaacharen« wurden damals Zeitgenossen bezeichnet, die ihre Überzeugungen für Geld verrieten. Und »Vindices« waren Ehrenretter und Beschützer, die eigentlich etwas durchaus Positives darstellten. Deshalb benutzte Seth Ward den Begriff in seinen Streitschriften häufig. Hobbes machte aber durch den Zusatz »erbärmlich« daraus ein Schimpfwort. »Indices Academiatrum« bedeutet »Verräter der Akademie«. Hobbes spielte damit auf eines von Wards Büchern an, das den Titel »Vindiciae Academiarum« trug. In ihm verteidigte er die Universitäten Oxford und Cambridge gegen Hobbes Vorwurf, sie seien durch die Scholastik zu Zentren der intellektuellen und wissenschaftlichen Stagnation geworden.

Wallis reagierte auf die ziemlich grobschlächtigen Anschuldigungen mit einer spitzfindigen Polemik gegen die mathematischen Begriffe, die Hobbes verwendete. Der Kritisierte polterte gleich wieder heftig los, indem er seiner Gegenschrift den Titel gab: »Beweise für die absurde Geometrie, bäurische Sprache, schottische Kirchenpolitik und Barbarei von John Wallis und Konsorten«. Wallis' giftige Antwort hierauf erhielt den lateinischen Titel: »Hobbiani Puncti Dispunctio«. Nach diesem intensiven Schlagabtausch trat für etwa drei Jahre eine Kampfpause ein, in der sowohl Wallis als auch Hobbes sich wieder vermehrt ihrer eigentlichen wissenschaftlichen Arbeit zuwendeten. 1660 eröffnete Hobbes eine neue Runde, indem er auf Latein fünf Dialoge schrieb, in denen sich die fiktiven Gesprächspartner A und B sehr kritisch mit den Arbeiten von Wallis auseinandersetzen. Der Gescholtene schrieb daraufhin, der Dialog bestünde nur darin, dass »Thomas den Hobbes lobt und Hobbes den Thomas oder beide gemeinsam Thomas Hobbes als dritte Person, ohne dass sich einer dabei des Eigenlobs schuldig mache«. In seiner Antwort holte Hobbes nun zu einem Rundumschlag gegen »fast alle Geometer« aus, die unter anderem die schwer verständlichen Sätze enthielt: »Entweder bin nur ich verrückt, oder ich allein bin nicht verrückt. Oder es gibt überhaupt niemanden – wenn nicht zufällig irgendjemand feststellen sollte, dass wir alle verrückt sind.«

Die Antwort von Wallis erschien in der Zeitschrift *Philosophical Transactions*, die damals von der Royal Society in London neu herausgegeben wurde und die auch heute noch erscheint. Wallis war Mitbegründer dieser königlichen Gesellschaft zur Förderung der Wissenschaften und hatte seinen großen Einfluss geltend gemacht, um die Mitgliedschaft von Hobbes zu verhindern. Der Artikel von Wallis trug die Überschrift: »Kritische Anmerkungen von Dr. Wallis zu Mr. Hobbes neuestem Buch De Prinicipiis et Ratiocinatione Geometrarum«. Dies ergänzte er noch durch die spitze Bemerkung: »An einen Freund gerichtet.« Geschickt griff er die Hobbes'sche Bemerkung über die Verrücktheit der Geometer auf und stellte fest, falls die Behauptung zutreffend wäre, würde wohl niemand versuchen, dessen Buch zu widerlegen, denn dies wäre »entweder unnötig oder sinnlos: Ist Hobbes der Verrückte, so kann man nicht hoffen, ihn mit Vernunftgründen zu überzeugen; sind wir anderen alle verrückt, so sind wir gar nicht in der Lage, dies zu versuchen.« An anderer Stelle bemerkte Wallis: »Für die Notwendigkeit, die Krümmung eines Bogens als Kontaktwinkel zu bezeichnen, fällt mir keine andere Begründung ein als die, dass Hobbes mit Vorliebe weiß nennt, was für alle anderen schwarz ist.«

Natürlich hinderte auch dies den Gescholtenen nicht daran, neben seinen großen staatsphilosophischen Werken weiterhin fragwürdige Vorschläge zur Lösung von berühmten Geometrieaufgaben zu publizieren. Wallis reagierte darauf in den Jahren 1669 bis 1672 noch mehrmals mit heftigen Attacken, bevor er schließlich vor der Sturheit von Hobbes resignierte. 1678, also nur ein Jahr vor seinem Tode, veröffentlichte Hobbes im Alter von 90 Jahren noch das »Decameron Physiologicum«, in dem er Wallis zum letzten Mal wegen einiger Aussagen über die Gravitation kritisierte. Die intensive Fehde zwischen diesen beiden großen englischen Denkern hatte damit fast 25 Jahre gedauert. Während die Kritik an Hobbes mathematischen Theorien nach seinem Tode weitgehend verstummte, gingen die Auseinandersetzungen um seine philosophisch-politischen Schriften noch lange weiter. 1683 erfolgte eine offizielle Verurteilung durch die Universität Oxford, die mit einer öffentlichen Verbrennung der Bücher von Hobbes endete.

Möglicherweise hat die heftige Bekämpfung seiner staatsphilosophischen Ideen stark dazu beigetragen, dass sie sich schnell in ganz Europa verbreiteten und einen großen Einfluss ausübten. Die große Bedeutung von Hobbes als Philosoph wird heute allgemein anerkannt. Über seine mathematischen Leistungen gibt es sehr unterschiedliche Meinungen. Meist werden seine diesbezüglichen Schriften als Kuriositäten abgetan, und die Kontroverse mit Wallis wird als »zwecklos« empfunden, da sie »ohne Gewinn« geblieben sei. Der amerikanische Wissenschaftshistoriker Carl C. Boyer (1906–1976) vertrat allerdings die Meinung, dass Hobbes die Mathematik doch wesentlich beeinflusst habe. In seinem Buch »The History of the Calculus and Its Conceptional Development« schrieb er: »Hobbes exzessiver Nominalismus führte die Mathematiker weg von der rein abstrakten Sichtweise der mathematischen Begriffe, die unter anderem Wallis zu eigen war, und regte sie an, mehr als ein Jahrhundert lang nach einer weniger logisch, sondern eher intuitiv befriedigenden Basis der Infinitesimalrechnung zu suchen … Vor allem Hobbes ist es zu verdanken, dass sowohl Leibniz als auch Newton versuchten, die neue Analysis nicht nur anhand des logischen Begriffes der Zahl, sondern anhand von Größen zu erklären.«

## Messerscharfe Satiren

Voltaires Attacken auf Maupertuis und Needham

Voltaire (1694–1778), der mit bürgerlichem Namen eigentlich François-Marie Arouet hieß, war nicht nur ein großer Dichter und Historiker, sondern auch einer der wichtigsten Philosophen der Aufklärung in Europa. In Frankreich ist er so berühmt, dass dort das 18. Jahrhundert oft als »das Jahrhundert Voltaires« bezeichnet wird. Auf Geheiß seines Vaters musste François zunächst Jura studieren, aber schon bald setzte sich sein literarisches Talent durch. Das Pseudonym Voltaire legte sich der junge Autor zu, nachdem er 1717 wegen einer Satire über den damaligen Regenten Philipp von Orléans (1674–1723) zunächst inhaftiert und danach für einige Zeit aus Paris verbannt worden war. Seine erste Tragödie »Oedipe« (1718) machte Voltaire berühmt und verschaffte ihm den Zutritt zum Königshof in Versailles, wo er Theateraufführungen zur Hochzeit Ludwigs XV. (1710–1774) organisierte. Wegen einer Auseinandersetzung mit einem hochrangigen Adligen musste Voltaire aber 1726 Frankreich verlassen und ging nach England. Zwei Jahre später konnte er zurückkehren, machte sich aber vor allem durch die Publikation seiner »Lettres philosophiques« schnell wieder zahlreiche Feinde. Die Zensur verbot das Buch, und gegen den Autor erging erneut ein Haftbefehl. Voltaire zog sich daraufhin auf das Schloss Cirey in der Champagne zurück, von wo er notfalls schnell nach Lothringen flüchten konnte, das damals noch zu Deutschland gehörte. Er lebte dort mit seiner Geliebten Gabrielle Émilie le Tonnelier de Breteuil, Marquise de Châtelet (1706–1749), die großes Interesse an Mathematik und Naturwissenschaften hatte. Sie war es, die Voltaire anregte, sich mit diesen Fachgebieten zu beschäftigen und insbesondere die Schriften des schon damals berühmten englischen Physikers und Astronomen Isaac Newton (1643–1727) zu studieren. Dabei lernte Voltaire auch Pierre-Louis Moreau de Maupertuis (1698–1759) kennen, der sich ebenfalls sehr

*Kampfhähne der Wissenschaft.* Heinrich Zankl

ISBN: 978-3-527-32579-5

Pierre Louis Moreau de Maupertuis (1698–1759) war ein französischer Mathematiker, Astronom und Philosoph, der das Prinzip der kleinsten Wirkung entdeckte.

für die Arbeiten von Newton interessierte und auch mit der Marquise de Châtelet gut bekannt war.

Auf Betreiben der Madame de Pompadour (1721–1764) konnte Voltaire 1745 wieder an den Hof in Versailles zurückkehren und wurde dort sogar mit dem hohen Amt eines königlichen Kammerherrn betraut. Zwei Jahre später fiel er jedoch schon wieder in Ungnade und zog sich auf ein Schloss in Lothringen zurück. 1750 lud ihn König Friedrich II. (1712–1786), der auch Friedrich der Große genannt wird, nach Potsdam ein, wo Voltaire ebenfalls die Würde eines königlichen Kammerherrn erhielt. Es kam aber auch dort bald zu Verstimmungen wegen eines Geldgeschäftes; darüber hinaus legte er sich mit anderen Höflingen an. Besonders heftig attackierte er den Präsidenten der Preußischen Akademie der Wissenschaften, seinen Landsmann Maupertuis, den er ja bereits kannte und sogar für den Posten in Berlin empfohlen hatte. Maupertuis hatte zunächst die Militärlaufbahn eingeschlagen, studierte aber nebenbei auch Mathematik und erwarb sich auf diesem Gebiet einen guten Ruf. Bereits mit 25 Jahren wurde er in die französische Akademie der Wissenschaften aufgenommen und einige Jahre später auch in die Royal Society in London. Nach einer kurzen und recht unglücklich verlaufenden Visite in Preußen kehrte Maupertuis zunächst noch einmal nach Paris zurück, wo er 1743 Mitglied der Académie Française wurde. Kurz danach folgte er aber doch dem Ruf von König Friedrich II., der ihm die Leitung der Preußischen Akademie anbot. Neben seinen durchaus bemerkenswerten Leistungen in Mathematik widmete sich Maupertuis auch intensiv biologischen Fragestellungen, wobei ihn der Ursprung des Lebens besonders interessierte. Ähnlich wie der Engländer John T. Needham (1713–1781) stellte er sich gegen die damals sehr populäre Lehre von der Präformation, wonach die Embryonen schon im Kleinstformat in den Ei- bzw. Samenzellen vorhanden seien und im Mutterleib nur noch heranwachsen müssten.

Der Streit zwischen Voltaire und Maupertuis entbrannte, als Letzterer versuchte, die Mitglieder der Akademie zu einer Verurteilung des Mathematikers Johann Samuel König (1712–1757) zu nötigen. Dieser hatte behauptet, das wichtige mathematisch-physikalische »Prinzip der kleinsten Wirkung« stamme von Leibniz und nicht von Maupertuis. König wurde beschuldigt, den als Beweismaterial vorgelegten Brief von Gottfried Wilhelm Leibniz gefälscht zu haben. Obwohl dieser Vorwurf unbewiesen war, unterstützte Friedrich der Große öffentlich die Position von Maupertuis. Voltaire widersprach und schrieb 1752 eine Satire, in der er Maupertuis lächerlich machte. Der Titel lautete »La Diatribe du Docteur Akakia«. Sie handelte von einem eingebildeten Studenten, der sich als Präsident einer wissenschaftlichen Akademie ausgab. Obwohl der Name von Maupertuis nicht erwähnt wurde, wurde sofort klar, dass er gemeint war. Unter Bezugnahme auf einige zum Teil etwas unausgegorene Gedanken, die Maupertuis kurz vorher in Form von Briefen publiziert hatte, schrieb Voltaire in seiner Satire: »Wir lassen einige Passagen aus, welche die Geduld des Lesers strapazieren könnten … Doch wird es ihn wohl überraschen, zu vernehmen, dass der junge Student äußerst begierig ist, die Gehirne von Riesen und von behaarten, geschwänzten Männern zu sezieren, um die Natur des menschlichen Geistes zu ergründen; dass er vorschlägt, die Seele mit Opium und Träumen zu modifizieren, und dass er versucht, Fische aus Teig herzustellen.« Im folgenden Text wird dem Studenten dann »eine kühlende Medizin« empfohlen und ihm geraten, »sich seinen Studien an einer Universität zu widmen und in Zukunft bescheidener zu sein«. Als König Friedrich das Pamphlet zu Gesicht bekam, war er keineswegs erfreut und legte Voltaire nahe, von einer Veröffentlichung Abstand zu nehmen. Voltaire ließ seine Streitschrift trotzdem drucken und provozierte so ein offizielles königliches Publikationsverbot. Die schon gedruckten Exemplare wurden sogar verbrannt. Voltaire war darüber sehr empört und bat um seine sofortige Entlassung, erhielt aber zunächst nur Urlaub, um eine Kur anzutreten. Maupertuis schrieb an ihn einen zornigen Brief, in dem er ihm für die Demütigung Rache schwor. Dies gab dem streitbaren Dichter und Philosophen Anlass, eine zweite Satire mit dem Titel »Dr. Akakia« zu verfassen, in die er auch den Rachebrief integrierte. Sie machte Maupertuis zu einer Witzfigur und veranlasste ihn, von seinem Präsidentenamt zurückzutreten. Wenige Jahre später verstarb er als einsamer und verbitterter Mann.

Aber auch für Voltaire blieb die Affäre nicht ohne Folgen. Er wurde von König Friedrich unehrenhaft seines Amtes enthoben und musste Preußen umgehend verlassen. Bei einem Besuch in Frankfurt sorgte Friedrich II. sogar dafür, dass Voltaire verhaftet wurde. Unter dem Vorwand, er habe ein Manuskript gestohlen, wurde ihm zudem eine höchst peinliche Durchsuchung seines Gepäcks zugemutet. Durch Vermittlung von Friedrichs Schwester kam es jedoch ein paar Jahre später wieder zu einer Annäherung zwischen dem preußischen Herrscher und seinem ehemaligen Kammerherrn. Voltaire war nach dem Potsdamer Debakel zunächst Gast bei einigen anderen deutschen Fürsten und wartete schließlich im Elsass auf die Erlaubnis, wieder an den französischen Königshof zurückkehren zu dürfen. Als ihm das verweigert wurde, übersiedelte er 1755 nach Genf, wo er prompt in Auseinandersetzungen mit den theaterfeindlichen und intoleranten Calvinisten hineingezogen wurde.

Da Voltaire aber eigentlich nie genug Feinde haben konnte, begann er in dieser Zeit auch noch eine intensive Fehde mit dem schon erwähnten Engländer John Turberville Needham. Dieser hatte zunächst in Frankreich katholische Theologie studiert und war 1738 zum weltlichen Priester geweiht worden. Danach leitete er ein paar Jahre lang eine Schule und begann in dieser Zeit, sich intensiv mit naturwissenschaftlichen Fragen zu beschäftigen. 1741 wurde er als erster katholischer Geistlicher Mitglied in der Royal Society in London, die seine mikroskopisch-biologischen Untersuchungen über die Entstehung von Lebewesen förderte. 1768 gründete Needham in Brüssel eine wissenschaftliche Gesellschaft, aus der einige Jahre später die königliche Akademie der Wissenschaften Belgiens hervorging, deren erster Präsident er 1773 wurde. Needham gehörte wie Maupertuis zu den sogenannten »Postformationisten«, die gegen die schon erwähnte und damals sehr beliebte Präformationstheorie kämpften. Aufgrund von mikroskopischen Beobachtungen kam Needham zu der Überzeugung, dass Lebewesen sich aus zerfallenden tierischen und pflanzlichen Geweben bilden. Für uns klingt diese Vorstellung heute ähnlich abenteuerlich wie die der Präformisten, aber damals war der Befruchtungsvorgang noch unbekannt, bei dem die Samenzelle in die Eizelle eindringt und sich die Erbfaktoren beider Eltern in sehr komplexer Form miteinander verbinden. Needham belegte seine Theorie auch experimentell, indem er Aufgüsse aus verschiedenen Geweben herstellte (beispielsweise Hammelsud, eine Art Fleischbrühe) und sie erhitzte, um eventuell schon vorhandene Lebewesen abzutöten. Danach verschloss er die Gefäße mit einem Korken, damit von außen keine irgendwie gearteten »Keime« eindringen konnten. Trotz dieser Maßnahmen konnte er nach einigen Tagen erkennen, dass »blühendes Leben herrschte, in Form von mikroskopisch kleinen Tieren aller Dimensionen«. Einige dieser Tierchen sahen seiner Beschreibung nach aus »wie kleine Aale«.

Voltaire war ein überzeugter Anhänger der Präformationstheorie und wollte deshalb die Versuchsergebnisse Needhams nicht anerkennen. Es spricht einiges dafür, dass er sie sogar für bewusst gefälscht hielt. Besonders verärgert war Voltaire, als materialistisch und atheistisch ausgerichtete Philosophen sich zunehmend auf die Experimente von Needham beriefen, wenn sie die christliche Schöpfungslehre ablehnten. Da Voltaire aber nicht in der Lage war, durch eigene Experimente Needham einen Fehler in seiner Versuchsanordnung nachzuweisen, beschloss er, ihn mit den Mitteln zu bekämpfen, die er schon bei Maupertuis erfolgreich angewendet hatte – mit Polemik, Satire und Verleumdung. Voltaire schreckte nicht einmal davor zurück, seinen Gegner indirekt der Homosexualität zu bezichtigen, indem er in einem seiner Pamphlete schrieb: »Oh Schreck, ein verklärter Jesuit unter uns, ein Lehrer junger Männer! Das ist in jeder Hinsicht gefährlich.« Needham reagierte darauf mit zwei offenen Briefen, in denen er Voltaires zahlreiche Liebesaffären anprangerte und seine Schriften als »eine öffentliche Aufforderung zur Sittenlosigkeit, dieser größten Bedrohung der Bevölkerung« bezeichnete. An anderer Stelle schrieb er: »Ihr behauptet, die Moral sei unwichtig und der Physik unterzuordnen. Ich behaupte, die Physik untersteht der Moral.« Mit seinem dritten Brief glaubte der englische Naturforscher, seinen Gegner bezwungen zu haben, indem er ihm in parodistischer Form einige falsche Schlussfolgerungen nachwies. Voltaire war darüber sehr erbost und stellte ganz bewusst die falsche Behauptung auf, Needham sei ein irischer Jesuit, der den Protestantismus ausrotten wolle. Jesuiten waren damals in Frankreich sehr verhasst und wurden 1764 sogar ausgewiesen. Diese eindeutige Lüge Voltaires trug mit dazu bei, dass der große französische Naturforscher Georges Louis Leclerc Buffon (1707–1788) Needham zu Hilfe kam, indem er über Voltaire schrieb: »Er scheint sich vorgenommen zu haben, alle seine Zeitgenossen lebendig zu begraben.«

Das Blatt wendete sich aber bald darauf zugunsten Voltaires, da der große italienische Naturforscher Lazzaro Spallanzani (1729–1799) Fehler in der Versuchsanordnung von Needham nachwies. Es zeigte sich, dass der Korkenverschluss der Gefäße, in denen die Experimente durchgeführt worden waren, nicht dicht genug war, um das Eindringen von Keimlingen zu verhindern. Außerdem hatte auch die Erhitzung nicht ausgereicht, um alles Leben in den verwendeten Fleischsäften und pflanzlichen Aufgüssen abzutöten. Spallanzani kochte die von ihm untersuchten Kulturflüssigkeiten fast eine Stunde lang und schmolz danach die Glaskolben zu. Auch nach tagelanger Bebrütung konnten nun keine Lebewesen mehr in den Gefäßen entdeckt werden. Needham reagierte auf diese eindeutigen Versuchsergebnisse mit dem Argument, Spallanzani habe durch das intensive Erhitzen der Kulturmedien deren »vegetative Kraft« zerstört. Aber diese Behauptung war schnell widerlegt, da Spallanzani zeigen konnte, dass sich auch in ausgiebig gekochten Kulturflüssigkeiten Lebewesen entwickelten, wenn man die Gefäße längere Zeit unverschlossen stehen ließ. Heute wissen wir, dass vor allem Insekten Eier in offenstehende Nährmedien legen, aus denen Maden entstehen. Mit ein wenig Fantasie sehen diese dann auch wie kleine Aale aus…

Voltaire war verständlicherweise sehr erfreut, endlich eine gute Ausgangsbasis für neue Attacken gegen Needhams Postformationstheorie zu haben, und schrieb dankbar an Spallanzani: »Ihr, Monsieur, habt den Aalen des Jesuiten Needham den Todesstoß versetzt. Lange wanden sie sich, aber jetzt sind sie tot ... Tiere, die ohne Samen geboren wurden, leben nicht lange. Leben aber wird Euer Buch, da es auf Experiment und Vernunft gegründet ist.«

Sowohl Spallanzani als auch Voltaire meinten, die Präformationstheorie sei nun endgültig bewiesen, und angesichts der vorliegenden experimentellen Belege erschien diese Auffassung auch durchaus berechtigt. Needham gab sich zwar keineswegs geschlagen, sondern wies Voltaire und den zahlreichen anderen Präformationisten in der 1776 publizierten Schrift *»Idée sommaire«* »zahlreiche Absurditäten« nach. Trotz der vielen Anfeindungen und Verleumdungen, denen Needham von Seiten der Präformationisten ausgesetzt war, wurde er wegen seiner wissenschaftlichen Leistungen in Belgien und England in den Adelstand erhoben und erhielt auch zahlreiche kirchliche Auszeichnungen. Er starb am 30. Dezember 1781 in Brüssel und wurde mit allen Ehren zu Grabe getragen. Sein langjähriger Widersacher Voltaire war schon drei Jahre früher verstorben. Wegen seiner vielen sehr kritischen Äußerungen über die Kirche gelang es nur durch eine List, für ihn ein schlichtes christliches Begräbnis in der Abtei Scellieres in der Champagne zu arrangieren. Erst 1791 wurden Voltaires Gebeine mit großem Pomp nach Paris gebracht und im Pantheon beigesetzt. Auf seinem prächtigen Sarkophag wurde die Inschrift angebracht: »Als Dichter, Historiker, Philosoph machte er den menschlichen Geist größer und lehrte ihn, dass er frei sein soll.«

Die Präformationstheorie konnte erst im 19. Jahrhundert endgültig widerlegt werden, nachdem entdeckt worden war, dass die Befruchtung einer Eizelle durch eine Spermie die Voraussetzung für die Entstehung neuen Lebens ist und die Chromosomen die Träger der Erbanlagen sind. Der bekannte Wissenschaftshistoriker George Alfred Leon Sarton (1884–1956) schrieb über den hemmenden Einfluss der Präformationstheorie auf die Entwicklungsbiologie: »So wurde die glänzende experimentelle Tradition des 17. Jahrhunderts unterbrochen oder zumindest für über ein Jahrhundert weitgehend unterdrückt durch Dispute, die vollkommen irrelevant waren, denn sie eilten den experimentellen Möglichkeiten zu weit voraus.«

## Umstrittene Heldenlieder

### Der Wissenschaftskrieg der Brüder Grimm

Die Brüder Jacob (1785–1863) und Wilhelm (1786–1859) Grimm waren maßgeblich an der Etablierung der Germanistik als eigenständiges wissenschaftliches Fachgebiet beteiligt. Ihr weltweiter Ruhm beruht aber hauptsächlich auf der Publikation ihrer drei Bände umfassenden »Kinder- und Hausmärchen«. Das Werk erreichte noch zu Lebzeiten der beiden Brüder sieben Auflagen und wurde auch ins Englische übersetzt. Wie populär die Brüder Grimm heute noch sind, zeigt sich unter anderem darin, dass 2005 ein bildgewaltiger Fantasyfilm mit dem Titel »The Brothers Grimm« in die Kinos kam. Er hat allerdings mit der wirklichen Lebensgeschichte von Jacob und Wilhelm Grimm kaum Berührungspunkte. In einem Artikel im Lexikon des internationalen Films heißt es dazu: »Dass die echten Brüder Grimm trockene Sprachwissenschaftler waren, wäre für einen Film wohl zu langweilig gewesen. Aber aus ihnen Action-Helden zu machen, geht auch eindeutig zu weit.«

Jacob und Wilhelm wurden in Hanau geboren, wo noch heute ein Denkmal an sie erinnert. Sie hatten noch sieben jüngere Geschwister, von denen allerdings drei schon früh verstarben. Die Familie lebte ab 1791 in Steinau, wo der Vater als Amtmann tätig war. 1798 kamen die Brüder Grimm zu einer Tante in Kassel, weil sie dort eine bessere Schulbildung erhalten konnten. Beide absolvierten ein Jurastudium an der Universität Marburg, interessierten sich aber schon zu dieser Zeit stark für die historische Entwicklung der deutschen Literatur. Nachdem sich ihre beruflichen Wege zeitweilig getrennt hatten, kehrten die Brüder nach Kassel zurück. Sie fanden an der dortigen Bibliothek eine Anstellung, die es ihnen erlaubte, literaturwissenschaftlich zu arbeiten. 1830 erhielt Jacob aufgrund seiner viel beachteten Publikationen eine Professur an der Universität Göttingen. Sein jüngerer Bruder wurde zunächst

 *Kampfhähne der Wissenschaft.* Heinrich Zankl

ISBN: 978-3-527-32579-5

Bibliothekar und später ebenfalls Professor. 1837 mussten aber beide Göttingen verlassen, weil sie gemeinsam mit anderen Professoren als die »Göttinger Sieben« ein Protestschreiben gegen die Willkür ihres Landesfürsten unterschrieben hatten. Es folgten drei schwierige Exiljahre in Kassel, in denen sie keine feste Anstellung hatten und deshalb in ziemlich beschränkten Verhältnissen leben mussten. Trotzdem arbeiteten sie intensiv und bereiteten ihr »Deutsches Wörterbuch« vor. 1841 berief der preußische König Friedrich Wilhelm IV. (1795–1861) die inzwischen schon recht bekannten Brüder nach Berlin, wo sie wenig später Mitglieder der Preußischen Akademie der Wissenschaften wurden. Wilhelm lebte und arbeitete noch 18 Jahre in Berlin, bevor er 1859 verstarb. Er hatte sich in dieser Zeit einen so guten Ruf erworben, dass die Akademie mit folgenden ehrenvollen Worten seinen Tod bekannt gab. »Am 16ten des vorigen Monats starb Wilhelm Grimm, Mitglied der Akademie, der als deutscher Sprachforscher und Sammler deutscher Sagen und Dichtungen einen Namen hellen Klangs hat. Das deutsche Volk ist gewohnt, ihn mit seinem älteren Bruder Jacob Grimm zusammenzudenken und zu nennen. Wenige Männer umfasst es mit so allgemeiner Liebe und Verehrung als die Gebrüder Grimm, die es ein halbes Jahrhundert hindurch in einem Streben und in gemeinsamer Arbeit gekannt hat.«

Knapp vier Jahre später starb auch Jacob Grimm. Er wurde an der Seite seines Bruders auf dem alten St.-Matthäus-Kirchhof in Berlin-Schöneberg bestattet. Die Grabstätte ist heute ein Ehrengrab der Stadt Berlin.

Obwohl die Brüder Grimm zeitlebens in enger Verbindung zueinander standen und gemeinsame wissenschaftliche Interessen hatten, waren sie charakterlich doch sehr verschieden. Der bekannte Philologe Georg Curtius (1820–1885) schrieb über sie: »... Auch traf es sich glücklich, dass Wilhelm Grimm, weniger kühn und umfassend, aber auf beschränkterem Gebiet fein und sorgfältig, dem verwegenen Jacob zur Seite stand.«

Es ist daher nicht verwunderlich, dass im sogenannten »Wissenschaftskrieg«, den die Brüder gegen den Kollegen von der Hagen führten, Jacob den aggressiveren Part übernahm, während Wilhelm eher mildere Töne anschlug. Der gemeinsame Gegner, Friedrich Heinrich von der Hagen (1780–1856), hatte zunächst ebenfalls Jura studiert, bevor seine Leidenschaft für die deutsche Literatur des

Das Titelbild des ersten Bandes der weltbekannten Sammlung von deutschen und französischen Märchen, die »Kinder- und Haus-Märchen«, allgemein bekannt als »Grimms Märchen«. Sie wurden veröffentlicht von Jacob Ludwig Carl Grimm und Wilhelm Carl Grimm, die »Brüder Grimm«, im Jahre 1812. Band zwei folgte 1814.

Mittelalters zum Durchbruch kam und seinen weiteren beruflichen Lebensweg bestimmte. 1810 wurde er außerordentlicher Professur für deutsche Sprache und Literatur an der neu gegründeten Universität Berlin. 1818 übernahm er, wohl auch aus finanziellen Gründen, eine ordentliche Professur in Breslau, wurde aber nach einigen Jahren wieder nach Berlin zurückberufen. Ab 1841 war er auch Mitglied der Preußischen Akademie der Wissenschaften. Von der Hagen hatte sich vor allem durch Publikationen über das »Nibelungenlied« einen so guten Namen gemacht, dass er bald als die Nummer eins auf dem damals noch sehr jungen Fachgebiet der Germanistik galt. Das geht auch aus einer spöttischen Abwandlung des Nibelungenliedes hervor, die der Dichter Clemens Brentano (1778–1842) in seinem »Rheinmärchen« veröffentlicht hat. Darin finden sich unter anderem die folgenden spitzzüngigen Reime:

Es ist ein Schatz, der hier versenket,
Der Rhein des selbst nicht mehr gedenket,
Wer ihn denselben Schatz geschenket.
Doch leben noch vier alte Greise,
Macht ihr zu ihnen eine Reise,
So werdet ihr hierin gar weise.

Der erst' ediret an der Spree,
Er sagt der Schatz kam über See,
Er heißt der Doktor Hagene.

Der zweit' notiret an der Iser,
Wer ist weitläufiger als dieser?
Und Docen von Dociren hieß er.

Der dritt' und viert' sitzt an der Fuld,
Grimm hießen sie, doch voll Geduld,
Studiren sie an einem Pult.

Verständlicherweise war vor allem der ehrgeizige und ungestüme Jacob Grimm mit dieser Rangordnung gar nicht einverstanden. Ihn störte besonders, dass der Kollege von der Hagen in schneller Folge immer neue Projekte und Publikationen ankündigte. In einem Brief an seinen Freund Joseph von Görres (1776–1848) beklagte sich Jacob über die »lächerliche Ansichreißigkeit« seines wissenschaftlichen Konkurrenten. Clemens Brentano gab Jacob 1810 brieflich einen freundschaftlichen Rat: »Wenn Sie nur irgendetwas herausgeben könnten, was Ihnen einen so lauten Namen wie Hagen machte, so würden Ihnen gewiss alle Manuskripte ebenso zufließen und ihre Untersuchung erleichtern.«

Zum »öffentlichen Krieg«, wie Jacob Grimm einmal die Auseinandersetzung mit von der Hagen bezeichnete, kam es schließlich wegen der sogenannten »Lieder-Edda«. Wilhelm Grimm war auf diese alte nordische Götter- und Heldendichtung gestoßen, als er 1809 eine Arbeit über altdänische Heldenlieder verfasste. Er bat den Nordisten Rasmus Nyerup (1759–1829) um eine Abschrift der in Kopenhagen aufbewahrten Texte. Etwa zur gleichen Zeit interessierte sich auch von der Hagen für die aus dem 13. Jahrhundert stammenden Schriften. Um Kosten zu sparen, schickte Nyerup 1810 die umfangreichen Unterlagen nicht direkt an Wilhelm Grimm, sondern an von der Hagen, dem er aber brieflich folgende Auflage machte: »... Dies tue ich mit der ausdrücklichen Bedingung, dass Sie von den eddischen Liedern für Herrn Grimm eine Abschrift veranstalten lassen.«

Von der Hagen ließ sich aber mit der Herstellung der Kopien reichlich Zeit. Nachdem Wilhelm Grimm ihn mehrfach gemahnt hatte, schickte er gegen Jahresende zwei relativ unbedeutende Lieder. Verärgert über dieses unkollegiale Verhalten, besorgte sich Wilhelm Grimm die restlichen Abschriften auf anderem Wege. Für eine Einbeziehung in die Publikation über die altdänischen Heldenlieder war es aber inzwischen zu spät. Deshalb planten die Brüder Grimm eine eigene Edition der Eddalieder. Um sich die Priorität zu sichern, machten die Grimms ihr Vorhaben in mehreren Zeitschriften publik. Da das geplante dreibändige Werk viel Sachverstand verlangte, wurde Rasmus Christian Rask (1787–1832) um Mitarbeit gebeten, der damals der wohl beste Kenner der altisländischen Grammatik war. In einem Brief an ihm wies Wilhelm Grimm auf die drohende Konkurrenz aus Berlin hin: »Etwas ist aber durchaus notwendig, dass die Arbeit bald unternommen werde und das Buch etwa in Jahresfrist erscheinen könne. Erstlich besitzt Herr v. d. Hagen in Berlin eine Abschrift der Lieder ... und wenn wir zögern, lässt er diesen, wenngleich fehlerhaften Text auch ohne Übersetzung abdrucken; und dann finden wir für unsere Arbeit keinen zweiten Verleger ...«

Rask wollte aber vorrangig eine dänische Übersetzung der Edda-Lieder herausbringen und war daher an der Zusammenarbeit mit den Brüdern Grimm wenig interessiert. Die Kooperation lief entsprechend schleppend an. Im Herbst 1812 teilte Rask schließlich mit, dass er nicht mehr mitarbeiten wolle. Dadurch wurde das Grimm'sche Vorhaben weit zurückgeworfen, und von der Hagen nutzte seine Chance. Er hatte bereits 1811 eine eigene Edda-Edition angekündigt und teilte schon einige Monate später den Brüdern Grimm die Fertigstellung mit folgenden Worten mit: »In Ansehung der Nordica kollidieren wir abermals. Wir scheinen überhaupt bestimmt zu sein, aneinanderzurennen und uns in denselben Gegenständen zu begegnen ... Sie werden und können mir die rasche Ausführung eines lange gehegten und Ihnen bekannten Vorsatzes nicht verdenken. Ihre Ankündigungen schienen mir zwar den Weg zu verrennen, aber ich habe sie nicht so angesehen. Besonders die Edda-Lieder ... konnte ich mir nicht entwinden lassen; schon die Ehre der ersten Herausgabe war etwas wert.«

Die Brüder Grimm reagierten sehr unwirsch und verwiesen brieflich darauf, dass sie schon lange vor von der Hagen eine Edda-Ausgabe angekündigt hatten und sich deshalb von ihm hintergangen fühlten. Als Erklärung für sein Vorpreschen gab von der Hagen an, er habe die Grimms in einem Brief schon früh von seinem

Vorhaben unterrichtet, ohne jemals darauf eine Antwort erhalten zu haben. Im Vorwort zu seiner Edda-Ausgabe warf er den beiden sogar vor, sie hätten die Kollision der beiden Editionen selbst verursacht. Das konnten und wollten Jacob und Wilhelm nicht auf sich sitzen lassen. Also veröffentlichten sie im September 1812 in *Cottas Morgenblatt für gebildete Stände* eine geharnischte Erklärung. Darin führten sie aus: »Herr Professor von der Hagen zu Breslau behauptet in der Vorrede zu seinem Abdruck der eddischen Lieder, ihm falle bei der Collision mit uns nichts zur Last. Wenn damit die Schuld auf uns gewälzt wird, sind wir genötigt, sie öffentlich abzuwenden.« Im Hinblick auf den Brief, in dem von der Hagen angeblich sein Editionsvorhaben angekündigt hatte, stellten die Brüder in ihrer Erklärung Folgendes fest: »Noch ist zu bemerken, dass im Sommer dieses Jahres, also ein Jahr nach unserer Ankündigung, ein kurzer Brief anlangte, worin Hr. v. d. Hagen eines anderen ausführlichen gedenkt … dieser habe von der Ausgabe der Edda geredet. Da er selbst hinzusetzt, er halte ihn für verloren, so wird man uns nicht zumuten, ihn empfangen zu haben, zumal Hr. Professor v. d. Hagen das Unglück oder Glück hat, dass ihm viele Briefe und Pakete verloren oder sonst zu Grund gehen, ehe sie am rechten Ort eintreffen.« Dieser deutliche öffentliche Zweifel an von der Hagens Wahrheitsliebe war durchaus berechtigt, denn er war dafür bekannt und berüchtigt, dass er die Arbeit von Kollegen gerne behinderte, indem er Briefe verzögerte oder ausgeliehene Bücher nicht zurückgab und behauptete, sie seien wohl auf dem Transportweg verloren gegangen.

Die Brüder Grimm begnügten sich aber nicht mit diesen eher allgemeinen Vorwürfen, sondern übten scharfe sachliche Kritik an der Hagen'schen Edda-Ausgabe: »Was Hr. Professor v. d. Hagen hier gibt, ist nichts als ein bloßer Abdruck seiner Abschrift … und offenbar haben Setzer und Drucker die schwerste und eigentliche Arbeit gehabt.« Über die vielen Fehler im Text heißt es in der Grimm'schen Erklärung: »Aber wenn auch Herr Professor v. d. H. gesonnen wäre, sie sämtlich als solche einmal anzugeben, so wird doch dies Verzeichnis allzu groß ausfallen und er sich entschließen müssen, einen ganz neuen Text zu liefern, dies wird dem gegenwärtigen zwar nicht das Recht der Erstgeburt nehmen, aber doch die Ehre davon.« Das Gesamturteil über die Hagen'sche Edda-Ausgabe lautete dann auch kurz und bündig: »ganz unbrauchbar«.

Von der Hagen revanchierte sich für diese höchst peinliche öffentliche Bloßstellung mit einer Erwiderung, die er in *Idunna und Hermode. Eine Alterthumszeitung* publizierte. Darin schrieb er zu dem Vorwurf, er habe das Vorrecht der Grimms auf die Edda-Publikation verletzt: »Es gibt in der Literatur überhaupt kein Monopol, und jeder treibt's, so gut er's kann und mag.« Auf die sachliche Kritik an seiner Edda-Ausgabe reagierte er mit den Worten: »Diesen Abdruck gehörig heruntermachen gönne ich ihnen recht gern: Man weiß jetzo doch, was man davon zu halten hat. Deutlich genug sieht man … aus allem die übelwollende Splitterrichterei. Zum Glück aber gibt es noch andre, nicht so hochfahrende Leute, für welche diese Ausgabe der Eddalieder kein sie verblendender Dorn im Auge und nicht so ganz unbrauchbar ist.«

Für seine Replik hatte von der Hagen bewusst die Zeitung *Idunna und Hermode* gewählt, weil er wusste, dass ihr Herausgeber, der Nordist Friedrich David Gräter (1768–1830), ebenfalls mit den Grimms im Streit lag. Deren Versuch, eine Antwort auf von der Hagens Artikel in der gleichen Zeitschrift zu veröffentlichen, schlug denn auch erwartungsgemäß fehl. 1814 brachte von der Hagen einen Edda-Übersetzungsband heraus, der qualitativ allerdings deutlich schlechter war als die Grimm'sche Ausgabe, die ein Jahr später erschien.

Der sogenannte »Wissenschaftskrieg« um die Edda-Lieder war nur der Höhepunkt der bereits jahrelang andauernden Auseinandersetzungen zwischen den Brüdern Grimm und ihrem Kollegen von der Hagen. Fast jede seiner Publikationen wurde ab 1807 von den Grimms so heftig kritisiert, dass mancher Kollege die Angriffe für überzogen hielt. Der Verleger Julius Eduard Hitzig (1780–1849), der allerdings mit von der Hagen befreundet war, schrieb sogar einmal: »Die Grimms sind grimmige, daher fletschende Bestien.« Auch Friedrich Schlegel (1772–1829) äußerte sich unfreundlich: »… Dagegen scheinen mir die beiden Grimm samt ihrem Grimm ziemlich unwissende … und besonders sehr rohe Teppen zu sein.«

Neben der zweifellos vorhandenen persönlichen Antipathie spielte bei dem Streit zwischen den Brüdern Grimm und von der Hagen aber auch eine grundsätzlich verschiedene Zielsetzung eine wichtige Rolle. Während die Grimms vor allem sprachwissenschaftliche Genauigkeit anstrebten, verfolgte von der Hagen mehr nationalpolitische und volkspädagogische Ziele. Sein Hauptanliegen war es, die alten Texte in eine für seine Zeitgenossen gut leserliche Form zu bringen und dadurch zu ihrer Verbreitung im Volke beizutragen. Er verband nach eigenen Worten damit die »Hoffnung auf dereinstige Wiederkehr Deutscher Glorie und Weltherrlichkeit«. Diese sehr deutschnationalen Vorstellungen waren damals weit verbreitet, sodass von der Hagen für seine Arbeit viel Zustimmung erhielt, auch wenn sie in wissenschaftlicher Hinsicht oft durchaus fragwürdig war. Auf längere Sicht hat sich aber dann doch die höhere Qualität durchgesetzt, denn die Brüder Grimm gelten heute noch als Gründungsväter der deutschen Philologie, während von der Hagen bald in Vergessenheit geriet.

## Kampf um Troja

### Schliemanns Erben und Homer: Traum oder Wirklichkeit?

Singe den Zorn, o Göttin, des Peleiaden Achilleus.
Ihn, der entbrannt den Achaiern unnennbaren Jammer erregte.
Und viel tapfere Seelen der Heldensöhne zum Ais
Sendete, aber sie selbst zum Raub darstellte den Hunden.

Mit diesen Zeilen beginnt der 1. Gesang der »Ilias«, des berühmten Epos des griechischen Dichters Homer (8. Jahrhundert v. Chr.) in der klassischen deutschen Übersetzung von Johann Heinrich Voß (1751–1826). Man nimmt heute an, dass das große Werk mit seinen rund 16 000 Versen um 750 v. Chr. entstanden ist. Es berichtet aus der Endphase eines zehnjährigen Krieges um die Stadt Troja, in der das griechische Heer unter Führung von Agamemnon die Stadt schließlich eingenommen haben soll. Dabei spielte der Held Achilles eine besondere Rolle, weil er durch die List mit dem Trojanischen Pferd seine Krieger in die Stadt einschleusen konnte.

Angesichts der großen Bedeutung der »Ilias« für die abendländische Kultur ist es nicht verwunderlich, dass schon seit langer Zeit darüber gestritten wird, ob das sagenumwobene Troja überhaupt existiert hat, wo es gegebenenfalls gelegen haben könnte und ob es wirklich im Rahmen eines lang anhaltenden Krieges zerstört worden ist. In der Antike wurde vermutet, dass das Troja des Homer, das er auch oft »Ilios« nannte, in der Troas (antiker Name einer Region im nordwestlichen Anatolien der heutigen Türkei) lag, wo von alters her die Stadt Ilion bekannt war, die später von den Römern »Ilium« genannt wurde. Etwa ab dem 11. Jahrhundert glaubte man, die Küstenstädte Sigeion oder Alexandria Troas könnten das homerische Troja gewesen sein. 1822 wurde durch Münzfunde nachgewiesen, dass die griechische Stadt Ilion in der Nähe des Dorfes Hisarlik (etwa 4 Kilometer von den Dardanel-


*Kampfhähne der Wissenschaft*. Heinrich Zankl

ISBN: 978-3-527-32579-5

Sophie Schliemann trägt kostbaren Schmuck, der bei den Ausgrabungen von Hisarlik gefunden wurde, dem vermeintlichen Troja (nach Schliemann).

len entfernt) gelegen hat. Deshalb erwarb 1865 der englischstämmige Diplomat und Hobbyarchäologe Frank Calvert (1828–1908) dort den Großteil eines Schutthügels und begann mit Grabungen in der Hoffnung, auf Troja zu stoßen. Als Calvert wegen finanzieller Probleme die Suche aufgeben musste, gab er Heinrich Schliemann (1822–1890) die Anregung, dort weiterzuforschen. Dank seines großen Reichtums konnte Schliemann 20 Jahre lang umfangreiche Grabungskampagnen durchführen und zahlreiche wertvolle Funde freilegen. Er ging jedoch oft sehr rigoros und unfachmännisch vor und zerstörte dabei auch viele wichtige Strukturen. Trotz heftiger Kritik durch Fachleute hielt Schliemann bis zu seinem Tode an dem Irrglauben fest, er habe das homerische Troja ausgegraben. Allerdings war auch ihm schon klar, dass der Hügel Hisarlik mehrere Siedlungsschichten enthält, die nicht eindeutig voneinander zu trennen sind. Schliemanns Nachfolge trat der archäologisch geschulte Architekt Wilhelm Dörpfeld (1853–1940) an, der schon einige Jahre mit Schliemann zusammengearbeitet hatte. Durch sehr systematische Grabungsarbeit in den Jahren 1893–1894 konnte Dörpfeld feststellen, dass in dem Hügel mindestens neun Siedlungsschichten vorlagen. Er vermutete das von Homer beschriebene Troja in der sechsten Schicht, die aus der Zeit um 1500 v. Chr. stammt, während Schliemann es in der etwa 1000 Jahre älteren zweiten bzw. dritten Schicht gefunden zu haben glaubte. Nach einer langen Pause wurden die Grabungen erst wieder 1932 von einem amerikanischen Team unter Leitung des amerikanischen Archäologen Carl Wilhelm Blegen (1887–1971) aufgenommen, der feststellte, dass Überreste der homerischen Stadt sich am ehesten in der Schicht VII befanden, die auf etwa 1200 v. Chr. datiert wurde. In den Folgejahren wurden aber auch immer wieder kritische Stimmen laut, die davor warnten, die »Ilias als eine Art Geschichtsbuch« zu begreifen, das als Hilfsmittel für Ausgrabungen geeignet wäre. In Deutschland bekämpfte insbesondere der bekannte Prähistoriker Rolf Hachmann (geb. 1917) in den 60er Jahren die Vorstellung von einem historisch nachweisbaren Krieg um Troja.

Angeregt durch die weiterhin umstrittene Frage, ob das homerische Troja jemals existiert hat, begann der Tübinger Archäologe Manfred Korfmann (1942–2005) im Jahr 1988 eine neue Ausgrabungskampagne mit einem internationalen Wissenschaftlerteam. Dank seiner guten Beziehungen zu den türkischen Behörden war es ihm gelungen, eine exklusive Grabungslizenz für den Hisarlik-Hügel zu erhalten. Im Laufe der Jahre führten unter seiner Leitung mehr als 300 Wissenschaftler der verschiedensten Fachrichtungen ausgedehnte Grabungen und vielfältige Untersuchungen durch. Zu Beginn der 90er Jahre nahm der Münchener Geophysiker Helmut Becker (geb. 1944) geomagnetische Messungen vor allem in der siebten Siedlungsschicht des Hügels vor und schloss aus den Ergebnissen, dass unterhalb der schon bekannten Akropolis und der relativ kleinen Oberstadt eine weitläufige Unterstadt existiert haben könnte. Korfmann intensivierte daraufhin die Grabungen in diesem Bereich und glaubte schließlich nachweisen zu können, dass das homerische Troja eine ca. 27 Hektar große Metropole mit etwa 10 000 Einwohnern war, die als ein wichtiges Handelszentren im Nahen Osten fungierte. Nachdem bei den Ausgrabungen 1995 ein aus dem hethitisch-luwischen Kulturkreis stammendes Bronzesiegel gefunden wurde, sah Korfmann darin eine Bestätigung für die von seinem Kollegen Joachim Latacz (geb. 1934) aufgestellte Hypothese, wonach Troja möglicherweise mit der bronzezeitlichen Stadt Wilusa identisch sei und als Vasallenstadt der Hethiter gelten könne. Troja müsse daher eher dem anatolischen als dem griechischen Kulturkreis zugerechnet werden.

Diese weitreichenden Spekulationen, die Korfmann auch im Begleitband zu der 2001/2002 in Stuttgart, Braunschweig und Bonn gezeigten Ausstellung »Troia –Traum und Wirklichkeit« vertrat, riefen den Widerspruch zahlreicher Archäologen und Historiker hervor. Insbesondere sein Tübinger Kollege Frank Kolb (geb. 1945) griff Korfmann scharf an und bezeichnete ihn als »Däneken der Archäologie«. In einem Interview mit der *Berliner Morgenpost*, das im Juli 2001 mit der Überschrift »Traumgebilde« veröffentlicht wurde, sagte Kolb zu einem von Korfmann vorgestellten Modell der Stadt Troja: »Das Modell ist eine Fiktion: Traum, nicht Rekonstruktion … Schliemann hat eben nicht das Troja Homers gefunden, sondern höchstens den Ort, an den sich der Mythos anlehnte. Das von Homer geschilderte Stadtbild ist Fiktion. Jede weitergehende Deutung findet keine Grundlage in den Befunden.« Wenige Tage später legte Kolb im *Schwäbischen Tagblatt* nach, indem er schrieb: »Was Herr Korfmann macht, ist eine Irreführung der Öffentlichkeit.« In zwei Stuttgarter Zeitungen war zu lesen: »Korfmann hält die Leute zum Narren … Korfmanns Grabungen sind in Ordnung, technisch. Auch was er zur Chronologie herausfindet. Die Interpretation aber ist eine Fiktion.« Kolb erklärte seine ungewöhnlich scharfen Angriffe in verschiedenen Zeitungen mit der Tatsache, dass Korfmann seine guten Kontakte zu den Medien genutzt habe, um kritische Beiträge zu unterdrücken. Beispielsweise habe er es erreicht, dass die *Frankfurter Allgemeine Zeitung* eine negative Rezension aus Kolbs Feder nicht veröffentlichte. Diesen Vorwurf wollte das Blatt nicht auf sich sitzen lassen, denn es brachte am 23. Juli einen Artikel in Form eines fiktiven Streitgesprächs, für das Aussagen aus zwei aktuellen Büchern verwendet wurden. Das eine Buch stammte von dem Archäologen Dieter Hertel (geb. 1948), der weitgehend die Position von Kolb vertritt, das andere Buch verfasste der schon erwähnte Altphilologe Joachim Latacz, der zum Kreis der Korfmann-Anhänger gezählt werden kann. Im Herbst 2001 durfte dann jeweils ein Vertreter der beiden Parteien in der *Frankfurter Allgemeine Zeitung* noch einmal die gegensätzlichen Standpunkte ausführlich darstellen.

Die Auseinandersetzungen zwischen Kolb und Korfmann hatten inzwischen ein solches Ausmaß erreicht, dass die Universität Tübingen, an der beide Wissenschaftler als Professoren tätig waren, um ihren guten Ruf fürchtete. Nachdem es dem Rektor gelungen war, die beiden Streithähne einigermaßen zu besänftigen, veranstaltete die Universität im Februar 2002 ein öffentliches Symposium, das eine möglichst sachliche Diskussion über die unterschiedlichen Standpunkte ermöglichen sollte. Titel: »Die Bedeutung Trojas in der späten Bronzezeit«. Im ersten Abschnitt trugen einige Prähistoriker ihre Ansichten vor, wobei insbesondere Manfred Korfmann Gelegenheit hatte, sich mit der Kritik an seiner Trojaforschung auseinanderzusetzen. Er blieb zwar grundsätzlich bei seiner Meinung, dass Troja eine bedeutende Stadt war, verzichtete aber auf den vorher mehrfach gebrauchten Begriff »Metropole«. Es folgten Vorträge von zwei klassischen Archäologen, von denen einer den Vorstellungen Kolbs nahestand, während der andere eher die Korfmann'schen Theorien vertrat. Den dritten Teil des Symposiums bestritten zwei unterschiedlich ausgerichtete Altorientalisten. Nach ihnen kamen zwei Althistoriker an die Reihe. Einer von ihnen war Frank Kolb, der seine Kritik an Korfmann in sprachlich etwas gemäßigter Form wiederholte. Der zweite Redner (Adolf Lehmann) versuchte zwischen den gegensätzlichen Positionen zu vermitteln. Die Schlussgruppe bildeten zwei Homer-Forscher, die wieder sehr unterschiedliche Ansichten vertraten. Abgerundet wurde das Symposium durch eine Podiumsdiskussion, die vom Südwestdeutschen Rundfunk übertragen wurde.

Die Veranstaltung verlief erwartungsgemäß durchaus kontrovers, führte aber letztlich doch zu einer Versachlichung der Debatte, vermutlich die Ursache dafür, dass sie nicht mehr so viel öffentliches Aufsehen erregte.

Trotz der oberflächlichen Beruhigung der Lage ist das Rätsel Troja aber aktuell geblieben, und man ist daher allgemein gespannt auf die Ergebnisse der weiteren Grabungen. Sie werden seit 2005, nach Korfmanns frühem Tod, von dem Tübinger Professor für Archäometrie Ernst Pernicka (geb. 1950) fortgeführt. Da er ein treuer Vertreter von Korfmanns Theorien ist, zweifeln allerdings nicht wenige Wissenschaftler an seiner Objektivität. Zumindest hinsichtlich der trojanischen Unterstadt folgt er offensichtlich weiterhin den Vorstellungen seines Vorgängers, denn er sagte 2008 in einem Interview mit der Zeitschrift *Focus*: »25 Hektar Siedlungsfläche sind schon gesichert. Sollten es aber 35 Hektar sein, käme Troja an die größte spätbronzezeitliche Siedlung in Knossos auf Kreta heran. Dann kann man nicht mehr davon reden, dass es ein Kuhdorf ist.« Dieser Darstellung widerspricht Kolb weiterhin heftig. Er schreibt auf seiner Homepage: »... Vielmehr wurde auch nach der Grabungskampagne 2006 die Öffentlichkeit durch unvollständige bzw. falsche Behauptungen irregeführt. ... Vertuscht wurde der Fehlschlag der Kampagne mit der angeblichen Entdeckung eines überaus wichtigen weiteren Stückes des Verteidigungsgrabens ... Es ist offenkundig, dass P. Jablonka und J. Latacz verzweifelt versuchen – nicht zuletzt auch mit Lügen und Verleumdung von Kontrahenten – Korfmanns Troja-Fiktionen zu verteidigen. Es wäre die Aufgabe des neuen Grabungsleiters, E. Pernicka, diesem Spuk ein Ende zu bereiten und öffentlich einzugestehen, dass Korfmanns Troja-Bild nicht zu halten ist.«

Neuerdings ist jedoch noch ein weiterer Kampfhahn in Erscheinung getreten, der es in kürzester Zeit geschafft hat, fast alle Teilnehmer an dem Streit um Troja und Homer gegen sich aufzubringen. Es handelt sich um den österreichischen Dichter und habilitierten Sprachforscher Raoul Schrott (geb. 1964). Er hat im Auftrag des Hessischen Rundfunks und des Deutschlandfunks eine neue Ilias-Übersetzung verfasst, die im August 2008 über mehrere Tage sehr medienwirksam mit einer Art Uraufführung im Kaisersaal des Barockschlosses Corvey (bei Höxter, NRW) gefeiert worden und auch als Buch und Hörbuch auf den Markt gekommen ist. Die Homerforscher reagierten zum Teil sehr heftig auf die Neufassung, die Schrott vorsichtshalber als »interpretatorische Übersetzung« bezeichnete. Der Althistoriker Wolfgang Schuller (geb. 1935) schreibt in *Welt-Online* dazu: »Raoul Schrott hat die Ilias übersetzt, und das ist an sich schon zu loben. Nur: Warum macht er aus Homer einen Vulgärschriftsteller?« Als eines von vielen Beispielen für den sehr fragwürdigen Übersetzungsstil von Schrott nennt Schuller den Vers 448, aus dem eigentlich nur zu entnehmen ist, dass Helena mit Paris im Bett ruht. Schrott gibt einen kräftigen Schuss Sex dazu, indem er formuliert, Helena und Paris »liebten sich, dass die Bettpfosten wackelten«. Noch mehr als über die sehr freizügige und teilweise auch falsche Übersetzung der »Ilias« erregten sich die Wissenschaftler aber über die höchst fragwürdigen

Hypothesen, die Schrott über Homer und Troja aufstellte. Während seiner Arbeit am Ilias-Text hat er angeblich viele Bezüge zwischen den Werken Homers und assyrischen Texten erkennen können. Aus diesen Beobachtungen entwickelte er die sehr spekulative Hypothese, Homer habe eine griechische Mutter und einen aramäischen oder phönizischen Vater gehabt und sei Schreiber eines assyrischen Herrschers gewesen. Da die Assyrer ihre hohen Beamten in der Regel kastrierten, soll Homer auch seine Männlichkeit verloren haben. Laut Schrott waren dem Eunuchen »Hunger und Wissensdurst Ersatzbefriedigung und Sublimationsform«. Schrott hat außerdem die Beschreibungen von Landschaften in der Ilias mit der antiken Region Kilikien verglichen, die in der südtürkischen Provinz Adana liegt, und ist dabei angeblich auf viele Übereinstimmungen gestoßen. Da Karatepe ein Zentrum in dem von Assyrern beherrschten Kilikien gewesen sein soll, vermutete Schrott, dass Homer dort als Schreiber tätig war. Der von diesem beschriebene Krieg soll daher nicht wegen Troja, sondern wegen der späthethitischen Festung in Karatepe im 7. Jahrhundert v. Chr. geführt worden sein. Die *Frankfurter Allgemeine Zeitung* hat Schrott ohne langes Zögern die Gelegenheit geboten, seine sehr gewagten Thesen ausführlich einer breiten Öffentlichkeit vorzustellen, wofür die sehr kühne Überschrift »Homers Geheimnis gelüftet« gewählt wurde. Erwartungsgemäß hat der Artikel heftigen Widerspruch ausgelöst. Der schon erwähnte Homerforscher Latacz schrieb in der *Süddeutschen Zeitung* unter dem Titel »Wir bleiben Troy«: »Das Wichtigste zuerst: Eine ›Sensation‹, wie zu lesen ist, sind Raoul Schrotts Thesen mit Sicherheit nicht. Und er stellt auch keineswegs ›das Homer-Bild der Wissenschaft in Frage‹. Das Zweitwichtigste: Troja bleibt dort, wo es seit Heinrich Schliemann … lokalisiert ist, nämlich in der Nordwestecke der heutigen Türkei … Es liegt weder in Kilikien, wohin es Raoul Schrott, wie es scheint, verlagern möchte … noch anderswo. Und das dritte: Homer, der Dichter der ›Ilias‹, wird durch Schrotts Ausführungen keineswegs als griechischer Schreiber in assyrischen Diensten ›enthüllt‹, sondern Homer hat nach allen Indizien … im kleinasiatischen Siedlungsgebiet der ionischen Griechen … gelebt und gewirkt.« Nach diesen grundsätzlichen Feststellungen zerpflückte Latacz die Indizien, die Schrott als Belege für seine fragwürdigen Behauptungen und Hypothesen anführte, auch im Detail und zog folgendes Fazit:

»Eigentlich möchte man … nur seufzen: Mir wird von alledem so dumm, als ging' mir ein Mühlrad im Kopf herum.« Abschließend äußerte er die allerdings wenig berechtigte Hoffnung, dass das angekündigte Buch von Schrott für die vielen offenen Fragen eine Klärung bringen könnte.

Nachdem dieses Buch mit dem Titel »Homers Heimat. Der Kampf um Troia und seine realen Hintergründe« Anfang 2008 erschienen ist, verfasste der Professor für Alte Geschichte, Stefan Rebenich (geb. 1961), in der *Neuen Züricher Zeitung* unter dem spöttischen Titel »Ein ehrgeiziges Migrantenkind, leider kastriert« einen scharfen Verriss. Er schloss mit einem Zitat des Historikers Johann Gustav Droysen (1808–1884), der 1836 in einem Brief an seinen Berliner Kollegen Friedrich Gottlieb Welcker (1784–1868) zu dem Thema schrieb: »… Überhaupt fangen die populären Gründe an, in unseren Wissenschaften wieder eine Rolle zu spielen. Bald werden wir den Kampf mit Gründen geführt sehen, die selbst die Dummheit nicht mehr begreifen wird.« Im November 2008 haben auf einem Symposium in Innsbruck Assyrologen, Hethitologen und Gräzisten über Schrotts Thesen kritisch diskutiert. Es sind bis ins Jahr 2009 hinein noch zahlreiche öffentliche Diskussionen mit verschiedenen Fachleuten erfolgt, die sich ebenfalls größtenteils skeptisch geäußert haben. Trotzdem vertritt Schrott weiterhin unerschütterlich seine Hypothesen und sorgt so dafür, dass Homer, Troja und die »Ilias« ein dankbares Thema für Streitgespräche bleiben.

Inzwischen sind auch noch drei Fernsehfilme ausgestrahlt worden, die so reißerische Titel haben wie »Homers neue Heimat«, »War Homer überhaupt Grieche?« und »Verblüffend frisch: die Ilias«. Das dauerhafte Interesse der Medien an dem Thema bringt zwar keine neuen Erkenntnisse, kurbelt aber zweifellos den Absatz von Schrotts Büchern und CDs an – für ihn sicher ein recht willkommener Nebeneffekt. Die Freie Universität Berlin hat dem höchst umstrittenen Autor kürzlich auch noch zu wissenschaftlichen Ehren verholfen, indem sie ihm im Wintersemester 2008/09 die Samuel-Fischer-Gastprofessur übertragen hat. Bei so viel Erfolg mit fragwürdigen Hypothesen ist zu vermuten, dass demnächst noch mehr fantasievolle Publikationen auf den Markt kommen, die dafür sorgen werden, dass der Kampf um Troja so schnell kein Ende findet.

# Geheimnisvolle Schriften

## Die Schlacht um die Schriftrollen von Qumran

Zu Beginn des Jahres 1947 löste ein junger Ziegenhirte eine archäologische Weltsensation aus, die bis heute so kontrovers diskutiert wird, dass auch von »der Schlacht um die Schriftrollen« gesprochen wird. Der Beduinenknabe stieß vermutlich bei der Suche nach einer entlaufenen Ziege im Wadi Qumran, einem ausgetrockneten Flussbett in der Nähe des Toten Meeres, auf eine Höhle. Wohl aus Neugierde kletterte der Junge hinein und fand etliche Tongefäße, die zum Teil Lederrollen mit geheimnisvollen Schriftzeichen enthielten. Zusammen mit ein paar Freunden kam der Knabe in den nächsten Tagen noch einmal zur Höhle zurück. Sie sammelten etliche Rollen ein und zeigten sie einem Scheich in Bethlehem. Dieser meinte, der auf den Rollen niedergeschriebene Text könne aus syrischen Schriftzeichen bestehen. Deshalb empfahl er den Knaben, sich an den aus Syrien stammenden Schuster Khalil Iskander Schahin (oft auch »Kando« genannt) zu wenden, der nebenbei auch mit Antiquitäten handelte. Dem schien der Fund so interessant zu sein, dass er mehrere Rollen zu dem syrisch-orthodoxen Bischof Athanasius Samuel (1907–1995) in Jerusalem bringen ließ. Er stellte fest, dass es sich um hebräische Schriftstücke handelte, kaufte die Rollen und regte an, auch die restlichen Dokumente zu ihm zu bringen. Die waren inzwischen aber schon an andere Antiquitätenhändler verkauft worden. Samuel zeigte die erworbenen Rollen zwei Orientalisten, die beide meinten, dass die Rollen nicht besonders alt wären und deshalb auch keinen großen historischen Wert hätten. Inzwischen war jedoch Professor Eleazar Sukenik (1889–1953) von der Hebräischen Universität in Jerusalem bei einem Antiquitätenhändler auf andere Schriftrollen gestoßen und hatte sie ihm abgekauft. Auch Sukenik hielt die Dokumente zunächst für Fälschungen. Als er aber hörte, dass der syrische Erzbischof ähnliche Rollen besaß, suchte er ihn auf, um die Fund-


*Kampfhähne der Wissenschaft*. Heinrich Zankl

ISBN: 978-3-527-32579-5

stücke zu vergleichen. Dabei wurde Sukenik klar, dass sie zusammengehörten und vermutlich doch recht alt waren, was er aber für sich behielt. Samuel erfuhr daher über Wert und Alter der Rollen erst Genaueres, nachdem er sie im amerikanischen Institut für Orientforschung hatte untersuchen lassen. Von dort waren Fotografien der Schriften in die USA zu dem berühmten Bibel-Archäologen William F. Albright (1891–1971) geschickt worden, der das Alter der Dokumente auf etwa 2000 Jahre schätzte.

Der Theologe und Orientforscher Millar Burrows (1889–1980), der damals das amerikanische Institut in Ostjerusalem leitete, vereinbarte daraufhin mit Erzbischof Samuel eine Expedition zu dem Fundort. Diese Unternehmung scheiterte aber an einem Manöver, das die israelische Armee gerade in dieser Gegend durchführte. Bald danach brach der erste arabisch-israelische Krieg aus, und das amerikanische Institut wurde geschlossen. Kurz vor seiner Abreise gab Burrows noch einen Bericht über den Fund der alten Schriftrollen an die Presse. Durch Missverständnisse entstand in dem Artikel der Eindruck, die Schriftrollen wären schon lange im Besitz der syrisch-orthodoxen Kirche gewesen. Diese Falschmeldung rief Professor Sukenik auf den Plan, der klarstellte, dass die Dokumente erst vor Kurzem in einer Höhle in der Nähe von Qunram gefunden worden waren. Erst durch Sukeniks Richtigstellung wurde allgemein bekannt, dass es zwei Besitzer von Schriftrollen gab, die am gleichen Fundort entdeckt worden waren. Auf Grund dieser ungewöhnlichen Situation kamen die ersten wissenschaftlichen Publikationen über die Qumran-Rollen auch aus zwei verschiedenen Instituten, und deshalb entbrannte eine lang anhaltende Schlammschlacht über Fragen der Priorität mit vielen gegenseitigen Beschuldigungen und Verdächtigungen.

Wegen der Kriegsereignisse wurde es für Archäologen erst 1949 möglich, die Höhle, in der die ersten Schriftrollen gefunden worden waren, aufzusuchen und systematisch zu erforschen. Inzwischen war sie aber von Beduinen weitgehend geplündert worden. Auch Kando, der syrische Schuster, war vermutlich mehrfach in der Höhle und nahm viele Fundstücke mit, durch deren Verkauf er sich einen beachtlichen Reichtum erwarb. Trotzdem fand man bei der ersten wissenschaftlichen Erforschung der Höhle noch einige Dokumentenreste und Scherben von Tonkrügen. Außerdem gelang es, von Beduinen Rollenfragmente zu kaufen, die aus ver-

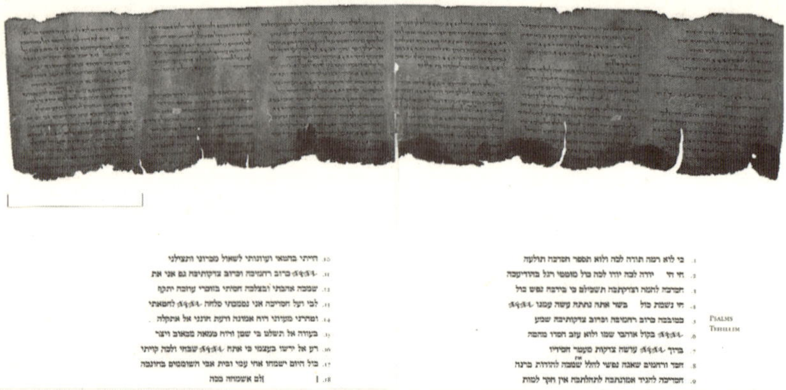

Eine der Psalmen-Rollen aus Qumran vom Toten Meer. (Quelle: Library of Congress).

schiedenen Höhlen stammten. Da inzwischen bekannt geworden war, dass die Dokumentenfunde wertvoll sind, verlangten die Beduinen allerdings immer höhere Preise. Man einigte sich schließlich auf einen Bezahlung von umgerechnet etwa 6 Euro pro Quadratzentimeter. Ein Jahr später veröffentlichte Millar Burrows den Text der ersten vollständigen Rolle. In den Folgejahren wurden in der näheren Umgebung von Qumran weitere Höhlen entdeckt, die ebenfalls wichtige Dokumente enthielten, obwohl sie auch geplündert worden waren. Von 1952–1958 fanden umfangreiche Ausgrabungen in Khirbet Qumran statt, einem schon länger bekannten Hügel mit etlichen Ruinen. Die Siedlung Qumran war vermutlich um etwa 200 v. Chr. entstanden und lag an einem wichtigen Verkehrsknotenpunkt, an dem Straßen aus Jerusalem, Jericho und Masada zusammentrafen. Wegen dieser Lage hatte Qumran wahrscheinlich eine große strategische Bedeutung für die Ostgrenze des Königreichs Judäa. Die ersten fünf Ausgrabungskampagnen wurden bis 1956 von Pater Roland de Vaux (1903–1971) geleitet, der Direktor der katholischen Schule École Biblique et Archéologique Française in Jerusalem war. Man fand in den gut erhaltenen Ruinen zahlreiche Münzen aus der Zeit des Zweiten Tempels sowie große Mengen alter Keramik. Besonders interessant waren Tonscherben, auf denen sich hebräische Namen fanden, woraus geschlossen werden konnte, dass die Einwohner Juden waren. Neben dem Ort Qumran durchsuchte Roland de Vaux mit seinem

Team auch etliche Höhlen in der Umgebung und konnte dabei zahlreiche weitere Schriftrollen und andere Dokumente bergen.

Da de Vaux ein tiefgläubiger Angehöriger des Dominikanerordens war, beurteilte er die Funde nicht so sehr aus einem streng wissenschaftlichen, sondern eher aus einem religiösen Blickwinkel. Er ging bei den Ausgrabungen nicht immer systematisch vor, und die von ihm erstellten Grabungsunterlagen genügten nur teilweise den Anforderungen, die auch damals schon an archäologische Forschungsberichte gestellt wurden. Einen abschließenden Bericht hat de Vaux auch nicht verfasst. Trotz dieser Mängel wird seine Deutung der Funde auch heute noch vor allem von kirchlich orientierten Kreisen für richtig gehalten. De Vaux meinte, Qumran wäre eine Art Kloster der jüdischen Essener-Sekte gewesen, die in der Zeit von etwa 150 v. Chr. bis 70 n. Chr. bestanden hatte. Die Essener hielten insbesondere den Tempel- und Opferdienst in Jerusalem für falsch und sonderten sich daher von den übrigen Juden ab, um in eigenen Gemeinschaften nach strengen religiösen Regeln zu leben. Die vielen Schriftrollen, die in der Umgebung von Qumran gefunden wurden, mussten danach größtenteils von dieser Essener-Gruppe stammen. Der bekannte Theologe und Qumranforscher Hartmut Stegemann (1933–2005) bezeichnete Qumran in seinem 1994 erschienenen Buch »Die Essener, Qumran, Johannes der Täufer und Jesus« sogar als eine Art »Verlagshaus«, dessen Hauptaufgabe es war, geistliche Schriften für die Sekte herzustellen. Einen deutlichen Bezug zur Entwicklung des Christentums sahen weder de Vaux noch Stegemann in dem Qumramrollen.

Diese vielleicht etwas einseitige Interpretation rief bereits 1955 den amerikanischen Schriftsteller und Kulturkritiker Edmund Wilson (1895–1972) auf den Plan, der seine Kritik so formulierte: »... Stattdessen drängt sich die Frage auf, ob die Wissenschaftler, die an den Rollen arbeiten ... aufgrund ihrer religiösen Bekenntnisse nicht eine gewisse Scheu verspüren, solche Fragen anzugehen. Man spürt eine gewisse Nervosität; ein Widerstreben, den Gegenstand ... aus historischer Perspektive zu betrachten.« Ähnlich äußerte sich der englische Professor für biblische Studien Philip Davies (geb. 1945), der sagte, er kenne einige Qumran-Forscher, die durch ihre Entdeckungen in Konflikte mit ihren religiösen Überzeugungen geraten wären.

Großes Aufsehen erregte der Franzose André Dupont-Sommer (1900–1983), der ein Fachmann für semitische Sprachen und Kulturen war. Er stellte die Behauptung auf, einer der gefundenen Qumrantexte berichte über einen Führer der »Sekte des Neuen Bundes«, der als »Lehrer der Gerechtigkeit« bezeichnet worden wäre. Seine Anhänger hätten ihn für den Messias gehalten, und er wäre gefoltert und hingerichtet worden. Dupont-Sommer äußerte deshalb die Vermutung, dass dieser Sektenführer »einem genauen Prototyp von Jesus entspreche«. Verständlicherweise löste er mit dieser nur schwach begründeten These in kirchlichen Kreisen einen Sturm der Entrüstung aus. Unterstützung erhielt er aber von dem Sprachforscher John Marco Allegro (1923–1988), der zeitweilig zu dem Ausgrabungsteam von Pater de Vaux gehörte. Allegro beschäftigte sich vor allem mit den Dokumenten, die in der Qumranhöhle 4 gefunden worden waren. Im Gegensatz zu den anderen Grabungsteilnehmern war er Agnostiker und ging daher sehr unbefangen an die Texte heran. Er veröffentlichte sie auch ohne Autorisierung. Darüber hinaus stellte er in mehreren zwar sehr populären, aber wissenschaftlich umstrittenen Publikationen Bezüge zwischen den Schriftrollen und den Anfängen des Christentums her. In der *New York Times* vom 30.1. 1956 erschien dazu ein Artikel mit dem Titel: »Christliche Grundlagen in den Rollen entdeckt«, in dem zu lesen war: »Der Ursprung einiger christlicher Riten und Lehren ist in Dokumenten einer extremistischen Sekte wiederzufinden, die schon über hundert Jahre vor der Geburt Christi existiert hat. Zu diesem Ergebnis kommt John Allegro, einer der sieben Wissenschaftler einer internationalen Gruppe, die die sagenhafte Sammlung der Schriftrollen vom Toten Meer erforscht. … John Allegro … erklärte gestern Abend im Rundfunk … historisch hätten das Abendmahl und zumindest Teile des Vaterunser … in der Gemeinschaft von Qunram ihren Ursprung.« Das *Time Magazine* brachte eine ähnliche Geschichte und titelte noch reißerischer: »Kreuzigung vor Christus«. De Vaux widersprach der Darstellung Allegros umgehend in einem Brief, der in der *Times* in London veröffentlicht wurde und der die Unterschriften aller übrigen Mitglieder des internationalen Grabungsteams trug. Darin war zu lesen: »… Zu den Zitaten aus Mr. Allegros Radiovorträgen … können wir nur sagen, dass wir in den Texten nicht sehen, was Mr. Allegro gefunden zu haben glaubt. … Nach unserer Überzeugung hat er entweder die Texte missverstanden oder eine Kette von Mutmaßungen erstellt, die das Material nicht hergibt.« Nach dieser öffentlichen Ohrfeige verließ Allegro die Forschergruppe, schrieb aber vorher noch an eines der Gruppenmitglieder: »Sie scheinen immer noch nicht zu begreifen, was sie angerichtet haben, als Sie den Brief an die Zeitung schrieben, um die Worte eines Kollegen in den Dreck zu ziehen. So etwas ... ist ein beispielloser Dolchstoß in den Rücken der Wissenschaft ... aber anstatt die Argumente in Fachzeitschriften auszudiskutieren, habt ihr es für einfacher gehalten, die öffentliche Meinung mit einem unflätigen Brief an eine Zeitung zu beeinflussen ...« Auch in den nächsten Jahren setzte sich Allegro intensiv für eine möglichst schnelle Veröffentlichung aller aufgefundenen Texte ein. Da dies aber nicht in der von ihm gewünschten Geschwindigkeit geschah, machte er dem Grabungsleiter de Vaux den Vorwurf, er behindere die Publikationen auf Weisung des Vatikans. Anlässlich der mehrfachen Verschiebung einer Fernsehsendung der BBC über die Schriftrollen schrieb Allegro an den Leiter des Rockefeller-Museums in Jerusalem: »... De Vaux schreckt vor nichts zurück, um das Rollenmaterial unter seiner persönlichen Kontrolle zu halten. Ich bin überzeugt, dass die Welt es nie erfahren würde, falls etwas entdeckt werden sollte, was sich auf das römisch-katholische Dogma auswirken würde.« Als in den 70er Jahren viele Texte noch immer unveröffentlicht waren, wurden auch andere Wissenschaftler langsam unruhig. Geza Vermes (geb. 1924), jüdischer Theologe und renommierter Orientalist, schrieb dazu in seinem 1977 erschienenen Buch über die Qumranrollen: »Nun ... hat die Welt ein Recht, die für die Publikation verantwortlichen Autoritäten zu fragen, was sie gegen diesen beklagenswerten Stand der Dinge zu tun gedenken. Denn wenn nicht umgehend drastische Maßnahmen ergriffen werden, verkommt die größte und wichtigste Entdeckung hebräischer und aramäischer Handschriften wahrscheinlich zum wissenschaftlichen Skandal par excellence des 20. Jahrhunderts.« 1985 sah sich Vermes veranlasst, noch einmal das Wort zu ergreifen. In der Londoner Literaturzeitschrift *Times Literary Supplement* äußerte er: »Vor acht Jahren habe ich diese Situation als beklagenswerten Skandal bezeichnet ... Leider ist nichts geschehen. Stattdessen hat sich der gegenwärtige Herausgeber der Fragmente darauf versteift, jede Kritik an seiner Verschleppungstaktik als ungerecht und unvernünftig zurückzuweisen.«

Die sicher beklagenswerten Verzögerungen, die bei der Veröffentlichung der inzwischen über 800 bekannten Qumrandokumente aufgetreten sind, haben zu immer merkwürdigeren Publikationen von mehr oder minder selbst ernannten Experten geführt. Der amerikanische Professor für Religion und Archäologie Robert Eisenman (geb. 1938) ist wohl noch der Ernsthafteste unter ihnen. Er wurde bekannt, weil er mit großer Zähigkeit versuchte, sich Zugang zu den Schriftrollen zu verschaffen. So schrieb er beispielsweise im Frühjahr 1989 gemeinsam mit seinem schon erwähnten Kollegen Davies an ein Mitglied der internationalen Forschergruppe, die für die Erforschung der Qumran-Dokumente eingesetzt worden war: »Sicherlich war ursprünglich vorgesehen, dass Ihre Kommission das Material möglichst schnell zum Nutzen der gesamten wissenschaftlichen Welt veröffentlichen sollte, und nicht, dass sie die ausschließliche Kontrolle darüber behält. Vielleicht läge der Fall anders, wenn Sie und Ihre Wissenschaftler das Material selbst entdeckt hätten. Das ist aber nicht der Fall. Man hat es Ihnen nur anvertraut. ... Die heutige Situation ist völlig abwegig. Als gestandene Wissenschaftler ... empfinden wir es als Machtmissbrauch und als eine Zumutung, uns 40 Jahre nach der Entdeckung noch immer auf den Zugang zu diesem Material warten zu lassen.« Nachdem Eisenman es schließlich geschafft hatte, zumindest einen Teil der Dokumente einsehen zu können, veröffentlichte er in ungewöhnlich kurzer Zeit zweifelhafte Übersetzungen von einzelnen Qunram-Schriftrollen, die er auch noch sehr kühn interpretierte. Vor allem auf diese von den meisten Fachleuten als unhaltbar angesehenen Hypothesen von Eisenman bezogen sich die auf reißerische Religionsbücher spezialisierten Autoren Michael Baigent (geb. 1948) und Richard Leigh (1943–2007) in ihrem Buch, das 1991 auch ins Deutsche übersetzt wurde. Unter dem Titel »Verschlusssache Jesus: die Qumranrollen und die Wahrheit über das frühe Christentum« haben sie eine Verschwörungstheorie aufgetischt, wonach die katholische Kirche verhindert hat, dass einige Texte der Schriftrollen publiziert werden, weil sie den päpstlichen Vorstellungen über die Entstehung des Christentums und das Leben von Jesus in wichtigen Punkten widerspächen.

Bald darauf folgte ein Buch von Eisenman, das 1993 auch in deutscher Sprache unter dem Titel »Jesus und die Urchristen – Die Qumran-Rollen entschlüsselt« veröffentlicht wurde. Auch die australische Professorin Barbara Thiering (geb. 1930), die sich ebenfalls für eine Qumran-Expertin hält, hat in dieser Zeit ein Buch geschrieben, dessen Titel in der deutschen Übersetzung »Jesus von Qumram. Sein Leben – neu geschrieben« lautet. Darin verstieg sich die Autorin sogar zu der Behauptung, auf einer Qumranrolle werde Jesus Als »Lügenmann und Frevelspriester« bezeichnet. Der in Dortmund lehrende evangelische Theologieprofessor Rainer Riesner (geb. 1950) hat sich in seinem 1998 erschienenen Buch »Jesus, Qumran und der Vatikan – Klarstellungen« mit diesen sehr fragwürdigen Publikationen intensiv auseinandergesetzt. Er findet mit seinem Urteil vermutlich die Zustimmung der meisten seiner Kollegen: »Die Qumranrollen erzählen nirgendwo in verschlüsselter Form von Jesus und den ersten Christen. Die Bücher von Robert Eisenman und Barbara Thiering, die das behaupten, gehören trotz der Professorentitel ihrer Autoren zur Literaturgattung der Schundmärchen.« Zu den noch abenteuerlicheren Behauptungen in dem Buch von Baigent und Leigh äußerte sich Riesner in einem Interview, in dem auch deren Plagiats-Klage gegen Dan Brown, den Verfasser des Bestsellers »Sakrileg«, zur Sprache kam. In diesem Verfahren warfen Baigent und Leigh ihrem Kontrahenten vor, er habe ihre Ideen geklaut. Rieser meinte dazu lakonisch: »… Das entbehrt nicht einer gewissen Ironie. Denn wenn die Theorien von Baigent und Leigh historische Wahrheiten wären, dann könnte man einem anderen Autor ja nicht verbieten, in seinem Roman die historische Wahrheit darzustellen. Wenn sich aber Baigent und Leigh von Dan Brown bestohlen fühlen, dann muss ihr Buch der Kategorie dichterische Fiktion angehören. Ideen kann man stehlen, historische Wahrheiten nicht. Es geht wohl doch auch um das, was auf den Tischen lag, die Jesus im Tempel umgestoßen hat – viel Geld.«

Die sehr publikumswirksam dargestellten Verschwörungstheorien über die Blockadepolitik des Vatikans gegenüber einer Freigabe der Qumran-Dokumente haben sich auch insofern erledigt, als seit 2001 bis auf geringe Reste alle Texte publiziert worden sind. Zurzeit wird sogar intensiv daran gearbeitet, alle Dokumente auch über das Internet zugänglich zu machen. Die ungewöhnlich lange Dauer der Vorbereitungsarbeiten wird vor allem damit erklärt, dass eine enorme Zahl von Einzeldokumenten vorlag, die zum großen Teil in einem sehr schlechten Zustand waren. Sie mussten oft aus winzigen Fragmenten zusammengesetzt werden, bevor versucht werden konnte, den Text zu entziffern. Diese Arbeiten hätten wohl beschleunigt werden können, wenn der Kreis der beschäftigten Wissenschaftler frühzeitig erweitert worden wäre. Insofern ist die Kritik an dem internationalen Komitee zumindest teilweise durchaus berechtigt. Gegen den stark hemmenden Einfluss des Vatikans auf die Bearbeitung der Schriftrollen spricht auch, dass die meisten von ihnen schon seit vielen Jahren unter israelischer Verwaltung stehen. Für die jüdische Religionsforschung sind die Schriften zweifellos auch von unschätzbarem Wert, während sie hinsichtlich des Urchristentums schon deshalb nicht viel hergeben können, weil die meisten Dokumente aus der Zeit vor Christi Geburt stammen.

Auch wenn sich die meisten ernst zu nehmenden Wissenschaftler in diesem Punkt inzwischen ziemlich einig sind, gibt es noch immer ausreichend Grund für Streitereien. Insbesondere der israelische Archäologe Yizhar Hirschfeld (1950–2006) hat in den letzten Jahren für neue Diskussionen gesorgt, weil er die Hypothese vertritt, dass die Schriftrollen nicht von den ortsansässigen Mitgliedern der Essener-Sekte geschrieben wurden, sondern größtenteils aus Jerusalem stammten. Nach Hirschfelds Ansicht, die er 2004 auch in einem Buch mit Fakten belegt hat (deutsche Übersetzung 2006 mit dem Titel: »Qumran – die ganze Wahrheit«), wurden die Dokumente kurz vor der Zerstörung Jerusalems im Jahr 70 n. Chr. von dort weggebracht und in den Höhlen bei Qumran versteckt, um sie vor der Vernichtung zu retten. Die Zahl der Wissenschaftler, die diese Hypothese unterstützen, nimmt derzeit deutlich zu. Aber viele andere gehen nach wie vor davon aus, dass die Interpretation von de Vaux zutreffend ist, wonach die Dokumente in Qumran entstanden sind. Es gibt also genügend Stoff für eine neue »Schlacht um die Schriftrollen«, und vermutlich werden auch wieder einige Autoren dabei mitmischen, die nicht so sehr an der historischen Wahrheit, sondern viel mehr an einer hohen Auflage ihrer Bücher interessiert sind.

## Zu viel Freiheit

Margaret Mead und das Verhalten Samoaner

Margaret Mead (1901–1978) hat durch ihre Forschungen wie kaum eine andere Wissenschaftlerin die Kindererziehung in den westlichen Industrieländern beeinflusst. Vor allem die bei uns weit verbreitete Vorstellung, dass Kinder sich besonders gut entwickeln, wenn von den Erwachsenen möglichst wenig Druck auf sie ausgeübt wird, geht hauptsächlich auf Meads Berichte über das weitgehend repressionsfreie Aufwachsen von Kindern und Jugendlichen bei Naturvölkern zurück. Die berühmte Wissenschaftlerin zog aus ihren Beobachtungen auf zahlreichen Forschungsreisen auch den Schluss, dass die bei uns sehr unterschiedlichen männlichen und weiblichen Geschlechterrollen fast ausschließlich kulturbedingt sind und keine erblichen Grundlagen haben. Meads zahlreiche Veröffentlichungen beeinflussten die Entwicklung der Sozialwissenschaften im 20. Jahrhundert stark und machten die Autorin zu einer Galionsfigur der Achtundsechziger-Bewegung.

Margaret Mead hatte zu Beginn der 20er Jahre an der Columbia-Universität in New York Psychologie und Anthropologie studiert. Besonders beeindruckt wurde sie in dieser Zeit durch die Vorlesungen des deutschstämmigen Anthropologen Franz Boas (1858–1942). Er war einer der Hauptvertreter der damals sehr populären Kulturanthropologie, die lehrt, dass menschliche Verhaltensweisen fast ausschließlich kultur- bzw. umweltbedingt sind. Dem gegenüber vertraten die »Eugeniker« die Ansicht, das Verhalten der Menschen habe vor allem auch erbliche Grundlagen.

Angeregt durch ihren Lehrmeister Boas, unternahm Margaret Mead bereits im Alter von 23 Jahren ihre erste Forschungsreise in die Südsee, wo sie das Verhalten der Bewohner auf den abgelegenen Samoa-Inseln studieren wollte. Am 31. August 1925 ging sie dort an Land und musste feststellen, dass das Inselleben für eine junge weiße Frau nicht ganz einfach war. Das tropische Klima war

*Kampfhähne der Wissenschaft.* Heinrich Zankl

ISBN: 978-3-527-32579-5

Margaret Mead (1901–1978) war eine US-amerikanische Anthropologin und Ethnologin. Sie gilt als eine der entschiedensten Vertreterinnen des Kulturrelativismus im 20. Jahrhundert und vertrat die Auffassung, dass Sozialverhalten formbar und kulturbestimmt sei. (Quelle: Library of Congress).

sehr belastend, und auch die dort übliche Kost bekam Margaret Mead nicht besonders gut. Außerdem erwies sich das Erlernen der Eingeborenensprache als recht schwierig. Die Forscherin war froh, bei einer nordamerikanischen Familie wohnen zu können, die schon seit Längerem auf Samoa lebte. Auf diese Weise wurde der Kontakt zu den Eingeborenen allerdings spürbar beschränkt. Mead blieb insgesamt nur neun Monate auf Samoa und führte in dieser Zeit vor allem Interviews mit heranwachsenden Mädchen durch, die sie insbesondere über ihre Gefühle und Erfahrungen während der Pubertät befragte. Nach ihrer Rückkehr in die USA verfasste sie ein Buch über ihre Untersuchungen, das unter dem Titel »Kindheit und Jugend in Samoa« auch auf Deutsch erschien. Die Autorin stellte das Leben der Samoaner sehr idyllisch und weitgehend konfliktfrei dar. Nach ihrer Schilderung gab es kaum gewalttätige Auseinandersetzungen, und die Kinder konnten ohne Zwänge und seelische Belastungen aufwachsen. Die Sexualität wurde während der Pubertät von Mädchen und Knaben spielerisch erprobt und führte so zu einem unkomplizierten Verhältnis zwischen den Geschlechtern. Das Buch entwickelte sich in den USA schnell zu einem Bestseller und wurde in zahlreiche Sprachen übersetzt. Professor Boas und die übrigen Kulturanthropologen sahen sich durch Meads Buch in ihrer Auffassung bestätigt, dass beim Menschen keine angeborenen Neigungen zu Egoismus und Aggressivität bestehen und durch zwangfreie Erziehung der Kinder eine friedfertige Gesellschaft erschaffen werden kann.

Nach diesem ersten großen Erfolg unternahm Margaret Mead noch etliche Forschungsreisen zu verschiedenen Naturvölkern und schrieb darüber weitere Bücher, die fast alle hohe Auflagen erreichten und ihren Ruf als Anthropologin und Ethnologin festigten. Während des Zweiten Weltkriegs arbeitete sie für die US-Regierung als Beraterin. Sie war auch maßgeblich an der Ausarbeitung des »Reedukationsprogramms« beteiligt, mit dessen Hilfe die Deutschen nach ihrer militärischen Niederlage zu friedfertigen Demokraten erzogen werden sollten.

Mit ihrer langjährigen Freundin Ruth Benedict (1887–1948) führte Mead auch vergleichende Untersuchungen an modernen Kulturen durch. Gemeinsam gründeten die beiden ein Institut für interkulturelle Studien. In den 50er Jahren wurde Mead Direktorin des sozialwissenschaftlichen Instituts an der Fordham University in New York. Insgesamt schrieb sie mehr als 1000 wissenschaftliche Artikel und 40 Bücher. Aufgrund ihres großen Ansehens wurde sie sowohl zur Präsidentin der amerikanischen Gesellschaft für Anthropologie als auch der Gesellschaft zur Förderung der Wissenschaften gewählt. 28 Universitäten verliehen ihr die Ehrendoktorwürde, und 1976 wurde sie sogar in die National Women's Hall of Fame aufgenommen. Als Margaret Mead 1978 verstarb, trauerten nicht nur die USA um eine der größten Wissenschaftlerinnen des 20. Jahrhunderts. Der damalige US-Präsident Jimmy Carter (geb. 1924) ehrte sie mit den Worten: »Sie brachte die Erkenntnisse der Menschheit auf dem Gebiet der kulturellen Anthropologie einem Millionenpublikum nahe.«

Bei so viel Berühmtheit hatten es die Kritiker von Margaret Mead ziemlich schwer, sich Gehör zu verschaffen. Einer der ersten, der seine Stimme erhob, war pikanterweise ihr eigener Ehemann Reo F. Fortune (1903–1979). Er hatte mit ihr gemeinsam in den 30er Jahren den Stamm der Arapesh in Neuguinea erkundet. Als Mead in ihrem Buch »Jugend und Sexualität in primitiven Gesellschaften« die Arapesh als sehr friedliebendes Volk darstellte, widersprach ihr Ehemann energisch und schilderte 1939 in einem Artikel in der Zeitschrift *American Anthropologist* detailreich, wie der

Stamm Frauenraubzüge durchführte. Diese Differenzen könnten mit dazu beigetragen haben, dass die Ehe der beiden nicht lange hielt. Es war bereits Meads zweite Scheidung, denn sie hatte schon 1923 als Studentin einen Kommilitonen geheiratet und sich nach nur vier Jahren von ihm getrennt. Die dritte Ehe mit dem Anthropologen Gregory Bateson (1904–1980) hielt immerhin 14 Jahre. Aus ihr ging die Tochter Mary Catherine hervor, die ebenfalls Anthropologin wurde.

1957 reiste der Anthropologe Lowell Holmes (geb. 1930) nach Samoa und stellte bei seinen Untersuchungen fest, dass die Verhaltensweisen der Eingeborenen in vielerlei Hinsicht deutlich anders waren, als die große Margaret Mead sie beschrieben hatte. Ihr Ruhm war damals aber noch so groß, dass Holmes in seiner Doktorarbeit nur sehr verhaltene Kritik äußerte. Die Unterschiede erklärte er vor allem damit, dass sich die Lebensverhältnisse auf Samoa inzwischen deutlich geändert hätten.

Auch der neuseeländische Anthropologe Derek Freeman (1916–2001) interessierte sich schon früh für Meads Berichte über das Verhalten der Samoaner. Er besuchte die Inseln 1940, um ethnografische Studien durchzuführen, und blieb für drei Jahre. Im Gegensatz zu Mead lebte er eng mit den Eingeborenen zusammen und erhielt sogar einen Häuptlingstitel verliehen. Freeman war zunächst ein großer Bewunderer von Mead. Über seine ersten Zweifel an ihren Studien schrieb er: »In meinen frühen Arbeiten hatte ich infolge einer bedingungslosen Anerkennung der Schriften dazu geneigt, alles zu verwerfen, was ihren Befunden widersprach. Gegen Ende 1942 wurde es mir jedoch immer deutlicher, dass vieles, was sie über die Einwohner von Manua in Ost-Samoa geschrieben hatte, nicht auf die Menschen in Westsamoa zutraf … Viele ausgebildete Samoaner, insbesondere jene, die Schulen in Neuseeland besucht hatten, waren vertraut mit den Schriften Meads über ihre Kultur … (und) sie traten an mich als Anthropologen heran, um ihre fehlerhafte Schilderung des samoanischen Ethos zu korrigieren.«

Zunächst konnte sich Freeman aber dieser Aufgabe nicht weiter widmen, da inzwischen der Zweite Weltkrieg ausgebrochen war, an dem er ab 1943 als Freiwilliger in der neuseeländischen Armee teilnahm. In den 50er Jahren kehrte er nach Samoa zurück, um seine völkerkundlichen Studien fortzusetzen. Um Meads Untersuchungen kontrollieren zu können, wollte er auch Archivmaterial aus den 20er Jahren studieren, bekam dafür aber lange Zeit keine Genehmigung. Erst 1981, also drei Jahre nach Meads Tod, wurden ihm die Unterlagen zugänglich gemacht, wobei er sich vor allem für die alten Kriminalakten interessierte, aus denen er Rückschlüsse auf die Zahl der Gewalttaten ziehen konnte. 1983 veröffentlichte Freeman dann ein Buch, in dem er sich sehr kritisch mit den Mead'schen Forschungsergebnissen auseinandersetzte. Es erregte großes Aufsehen und wurde bald auch in deutscher Sprache mit dem etwas reißerischen Titel »Liebe ohne Aggression. Margaret Meads Legende von der Friedfertigkeit der Naturvölker« publiziert. In seinem Buch widerlegt Freeman sehr ausführlich und gut begründet die meisten Aussagen Meads über die Kultur der Samoaner. Im Einzelnen stellte er fest, dass sie mindestens ebenso häufig unter psychischen Störungen leiden wie Industrievölker. Hinsichtlich der Erziehung wies er nach, dass sowohl Eltern als auch ältere Geschwister ziemlich oft zu recht barbarischen Strafmaßnahmen greifen, wenn Kinder und Jugendliche gegen irgendwelche Regeln verstoßen. Insbesondere an Hand der Gerichtsakten konnte Freeman auch eine erstaunlich hohe Anzahl von Gewalttaten belegen, die nicht selten im Zusammenhang mit Eifersucht standen. Besonders erstaunlich war der Nachweis eines sexualfeindlichen Jungfräulichkeitkultes, der laut Freeman »womöglich weitergetrieben wird als in jeder anderen, der Anthropologie bekannten Kultur«. Die von Mead so eingehend beschriebene sexuelle Freizügigkeit konnte Freeman nicht beobachten.

Der neuseeländische Anthropologe ging auch sehr intensiv der Frage nach, wie Mead bei ihren Studien zu so fatalen Fehleinschätzungen kommen konnte. Die Hauptursache sah er in ihrer wissenschaftlichen Unerfahrenheit und in einer schon vor Beginn der Untersuchungen fest gefügten Vorstellung, was an Ergebnissen zu erwarten war. In diese Richtung kann auch eine Äußerung von Mead über ihre Studien gedeutet werden: »Wir hatten zu zeigen, dass die Menschennatur außerordentlich anpassungsfähig ist, dass die Rhythmen der Kultur zwingender sind als die physiologischen Rhythmen ... Wir hatten den Beweis zu erbringen, dass die biologische Grundlage des menschlichen Charakters sich unter verschiedenen gesellschaftlichen Bedingungen verändern kann.« Offensichtlich war die US-Forscherin ideologisch schon so festgelegt, dass sie nur noch das gesehen und gehört hat, was in ihr Konzept passte. Die Gefahr der subjektiven Wahrnehmung und einer entsprechenden Darstellung wurde verstärkt, weil Mead sich meist relativ wenig Zeit für ihre Studien vor Ort nahm und fast immer nur Stichworte in ihre vielen Notizbücher kritzelte. Erst zu Hause wurden dann aus der mehr oder minder guten Erinnerung die Forschungsberichte geschrieben.

Über diese Fehlerquellen hinaus vermutete Freeman, dass Mead bei ihren Interviews von den befragten Samoanerinnen oft mit frei erfunden Aussagen auf den Arm genommen wurde. Das berichteten jedenfalls einige alte Damen, die sich noch an die Gespräche mit Mead erinnern konnten und Freeman darüber Auskunft gaben. Mary Pritchard (1905–1992) sagte beispielsweise: »Was würden Sie denn sagen, wenn Ihnen ein Fremder ins Haus schneit und Sie über das Sexualleben Ihrer Kinder befragt?« Eine andere Frau erinnerte sich daran, dass Mead sie und ihre Freundinnen gefragt hatte, was sie nachts machen würden. Spaßeshalber hätten sie ihr gesagt, sie würden ihre Nächte mit Knaben verbringen. Sie hätten damals nicht gedacht, dass Mead ihnen das glauben würde. Erst später erfuhren sie, dass die Anthropologin ihre Aussagen ernst genommen hatte und deshalb eine sehr freizügige Sexualität auf Samoa als erwiesen ansah. In dieser Hinsicht war Mead wohl auch schon voreingenommen, denn Freeman fand Belege, wonach ein Anthropologe die Jungforscherin schon vor ihrer Abreise nach Samoa auf eine ausgeprägte voreheliche Promiskuität der Eingeborenen hingewiesen hatte.

Besondere Brisanz erlangte Freemans Buch vor allem, weil er der berühmten Kollegin nicht nur gravierende Fehlinterpretationen vorwarf, sondern sie auch bezichtigte, bewusst die Unwahrheit geschrieben zu haben. Dabei bezog er sich insbesondere auf ihre Behauptung, sie habe die Sprache der Samoaner beherrscht. In Wirklichkeit konnte sie sich wohl nur mühsam verständlich machen und war nicht in der Lage, komplexere Gespräche zu führen. Das Gesamturteil von Freeman über Meads Samoa-Studie fiel denn auch sehr harsch aus: »… Das kommt davon, wenn eine weiße angelsächsische Protestantin aus der Oberschicht in die Südsee geht, um das Wissen der Welt zu vermehren und sie auch noch zu verbessern, und das, ohne die Landessprache richtig zu verstehen.«

Nach dem Erscheinen von Freedmans Buch meldete sich auch Albert Wendt (geb. 1939) zu Wort, der sowohl deutsche als auch samoanische Vorfahren hat und derzeit wohl der bekannteste Schriftsteller des Inselreiches ist. Er betonte, dass er mit seinen Publikationen das Ziel verfolgt, Mead zu korrigieren: »Das Samoa, das ich schuf, war genau das Gegenteil von Margaret Meads attraktivem, aber oberflächlichem Paradies-Klischee. Es ist dies ein Samoa mit all den Gefühlen, Problemen, Hoffnungen und dergleichen, die alle Menschen teilen.«

Sogar Meads Tochter Catherine Bateson (geb. 1939), die als Professorin für Anthropologie an der Harvard-Universität in Boston gelehrt hat, relativierte den wissenschaftlichen Wert der Bücher ihrer Mutter. In dem Buch »Mit den Augen einer Tochter« schrieb sie den recht liebenswürdigen, aber wohl auch kritisch gemeinten Satz: »Auf mancherlei Weise sind ihre Bücher voller Poesie.«

Vor allem in den USA meldeten sich viele Mead-Verehrer zu Wort, die gegen die scharfe Kritik an ihrem Vorbild zu Felde zogen. Vera D. Rubin (1911–1985), die erst kürzlich verstorbene Direktorin des Instituts zur Erforschung des Menschen in New York schrieb in einer Besprechung von Freemans Buch, er stelle »den Mythos der Mead'schen Arbeit prahlerisch in Frage … Seine Herangehensweise ist jedoch zumindest fragwürdig; die konzeptuelle Orientierung ist beschränkt, und bei eingehender Prüfung seiner Gegenargumente stellt sich der erbitterte Angriff auf Mead schlicht als nicht hieb- und stichfest heraus.« Der deutsche Ethnologe Thomas Bargatzky (geb. 1949) vertrat dagegen die Auffassung, Freeman habe Mead nicht persönlich angreifen wollen, sei aber selbst das Ziel von »derartig vielen Verleumdungen und abfälligen Bemerkungen« geworden, wie es »in der Geschichte der Anthropologie ohne Beispiel« sei. Es entwickelte sich ein jahrelanger Streit, wobei Freeman vor allem vorgeworfen wurde, er habe aus ideologischen Gründen versucht, die »große« Margaret Mead vom Sockel zu stürzen. Bewusst habe er verschwiegen, dass die Forscherin sich selbst in späteren Publikationen durchaus kritisch zu ihrem Samoabuch geäußert hatte. In ihrer Autobiografie »Brombeerblüten im Winter, ein befreites Leben« schrieb sie auch tatsächlich: »… Die Wahrheit war, dass ich keine Ahnung hatte, ob ich die richtigen Methoden anwandte. Welches waren die richtigen Methoden? Es gab keine Vorbilder. Im Grunde fragte niemand danach, über welche Fertigkeiten ein junger Feldforscher verfügte. Ein Wie kam in unserer Ausbildung tatsächlich nicht vor. Wir lernten, nach was wir Ausschau halten sollten.« Auch zu der Frage, warum sie die fragwürdigen Passagen in ihrem Buch später nicht korrigiert habe, hat Mead Stellung genommen. In dem geänderten Vorwort zu der Neuauflage von 1973 ist zu lesen: »Wie alle anthropologischen Arbeiten muss es genauso bleiben, wie es geschrieben worden ist. Wahrheitsgemäß wiedergebend, was ich damals sah und ermitteln konnte auf dem Stand unseres Wissens über menschliches Verhalten in der Mitte der zwanziger Jahre …«

Der bekannte US-Anthropologe Bradd Shore (geb. 1945) versuchte in der *New York Times* beiden Anthropologen gerecht zu werden – indem er beide kritisierte: »Beide liefern flache Porträts einer Gesellschaft, um daraus ideologische Folgerungen abzuleiten.«

# Reichlich Schwachsinn

## Stephen Goulds Attacken auf die Intelligenzforschung

Es gibt nur wenig Wissenschaftsgebiete, über die sich so trefflich streiten lässt wie über die Intelligenzforschung. Das liegt vor allem daran, dass bis heute niemand genau weiß, was Intelligenz eigentlich ist. Fast jeder einigermaßen renommierte Forscher hat dafür seine eigene Definition. Alfred Binet (1857–1911), der oft als Vater des Intelligenztests bezeichnet wird, hat Intelligenz mit den drei Schlagworten »gut urteilen, gut verstehen und gut denken« beschrieben. Der berühmte deutsch-amerikanische Pionier der Psychologie, William L. Stern (1871–1938) bezeichnete Intelligenz als »die personale Fähigkeit, sich unter zweckmäßiger Verfügung über Denkmittel auf neue Forderungen einzustellen«. David Wechsler (1896–1981), der einen Intelligenztest entwickelte, welcher auch heute noch angewandt wird, legte sich 1964 auf folgende Definition fest: »Intelligenz ist die zusammengesetzte oder globale Fähigkeit eines Individuums, zweckvoll zu handeln, vernünftig zu denken und sich mit seiner Umgebung wirkungsvoll auseinanderzusetzen.« Eine neuere und leider ziemlich komplizierte Definition aus dem *Zeit*-Lexikon von 2005, die sich fast wortgleich auch in Meyers Lexikon online findet, lautet so: »Intelligenz ist im allgemeinen Verständnis die übergeordnete Fähigkeit (bzw. eine Gruppe von Fähigkeiten), die sich in der Erfassung und Herstellung anschaulicher und abstrakter Beziehungen äußert, dadurch die Bewältigung neuartiger Situationen durch problemlösendes Denken ermöglicht und somit Versuch-und-Irrtum-Verhalten und Lernen an Zufallserfolgen entbehrlich macht.«

Angesichts dieser Vielfalt von Definitionen ist man geneigt, dem amerikanischen Psychologen Edwin Boringer (1886–1968) zuzustimmen, der bereits 1923 in weiser Bescheidenheit formuliert hatte: »Intelligenz ist, was die Tests testen.« Damit machte er deutlich, dass es keinen allumfassenden Intelligenzbegriff gibt. Diese

*Kampfhähne der Wissenschaft*. Heinrich Zankl

ISBN: 978-3-527-32579-5

Stephen Jay Gould (1941–2002) war ein US-amerikanischer Paläontologe, Geologe und Evolutionsforscher. Er veröffentlichte zahlreiche erfolgreiche populärwissenschaftliche Bücher und Essays. (Mit freundlicher Genehmigung durch Kathy Chapman/online).

Aussage ist auch heute noch gültig, und sie weist auf die Notwendigkeit hin, insbesondere bei allen quantitativen Aussagen immer das eingesetzte Testverfahren und die zugrunde liegende Intelligenzdefinition zu berücksichtigen.

Trotz dieser grundsätzlichen Problematik wurden in den letzten 100 Jahren immer neue Intelligenztests entwickelt und für die verschiedensten Zwecke eingesetzt. Vor allem in den USA hat die Intelligenztestung eine enorme Verbreitung gefunden und ist nicht nur auf Einzelpersonen, sondern auf ganze Bevölkerungsgruppen angewandt worden.

Es ist daher nicht verwunderlich, dass ein so kritischer Geist wie Stephen Jay Gould (1941–2002) sich aufgerufen fühlte, über den Missbrauch der Intelligenzmessung ein Buch zu schreiben, auch wenn dieser Wissenschaftsbereich eigentlich nicht zu seinen Hauptinteressen gehörte. Gould hatte zunächst Geologie studiert und dann in Paläontologie promoviert. Mit knapp 30 Jahren wurde er bereits Professor für Geologie an der berühmten Harvard-Universität in Boston. Später übernahm er dort die hoch angesehene Alexander-Agassiz-Professur für Zoologie. Gemeinsam mit seinem

Kollegen Niles Eldredge (geb. 1943) entwickelte er die keineswegs unumstrittene Theorie des »unterbrochenen Gleichgewichts«, die auch als Punktualismus bezeichnet wird. Nach ihr verläuft die Evolution nicht gleichmäßig, sondern es treten vor allem in kleinen Populationen auch Phasen schneller evolutiver Veränderungen auf. Wegen seines großen kämpferischen Einsatzes bei der Verteidigung des Evolutionsgedankens im Allgemeinen und seiner speziellen Theorie im Besonderen nannten die Kollegen Gould respektvoll »die Bulldogge der evolutionären Biologie«. Über die engeren Fachkreise hinaus wurde er durch seine brillanten, oft aber auch sehr scharf formulierten Kolumnen bekannt, die er fast 25 Jahre lang in der Zeitschrift *Natural History* unter dem Titel »This View of Live« publizierte. Außerdem verfasste Gould etliche populärwissenschaftliche Bücher, die hohe Auflagen erreichten und in zahlreiche Sprachen übersetzt wurden. Auf diese Weise wurde er zu einem der bekanntesten Naturwissenschaftler in den USA. Seine Popularität führte sogar dazu, dass er einen Auftritt als Zeichenfigur in der legendären Fernsehserie »Die Simpsons« hatte. Aber auch in der wissenschaftlichen Welt war er hochgeachtet. Das zeigten insbesondere die 44 Ehrendoktorhüte, die ihm in- und ausländische Universitäten verliehen. Darüber hinaus wurde er in zahlreiche wissenschaftliche Kommissionen und Gesellschaften gewählt und erhielt viele akademische und literarische Auszeichnungen. Als er 2002 im Alter von nur 61 Jahren an einem langjährigen Krebsleiden verstarb, trauerte man auf allen Kontinenten. Jeremy R. Knowles (1935–2008), der damalige Dekan der Fakultät für Geistes- und Naturwissenschaften an der Harvard Universität, sagte in seiner Trauerrede: »Steve Gould war ein Stern an Harvards Firmament ... Die Welt ist ohne ihn ein schmerzlich glanzloserer und weniger informierter Ort.«

Für die Problematik der Intelligenzmessung begann sich Gould in den späten 70er Jahren zu interessieren. 1981 erschien dann sein Buch mit dem Titel »The Mismeasure of Man«. Es erregte vor allem in den USA großes Aufsehen und wurde mit mehreren Preisen ausgezeichnet. 1996 erschien eine veränderte und erweiterte Ausgabe, in der Gould auch zu neueren Entwicklungen in der Intelligenzforschung sehr kritisch Stellung bezog. Wegen der großen Publizität wurde dem Buch die Ehre zuteil, in der »Wikipedia«-Enzyklopädie auf zehn Seiten sehr ausführlich dargestellt zu werden.

In Deutschland erschien es erstmals 1983 unter dem Titel »Der falsch vermessene Mensch«. Leider ging in der deutschen Sprache das bewusst eingesetzte Wortspiel verloren, das im Originaltitel enthalten ist, da im Englischen das Wort »man« sowohl Mensch als auch Mann bedeuten kann. Gould wollte damit andeuten, dass die von ihm kritisierten Wissenschaftler den Mann zum Maß aller Dinge erhoben hatten, wobei sie insbesondere den weißen europäischen Mann als Krone der menschlichen Spezies ansahen.

Dieser Hinweis macht auch deutlich, welch großen Bogen Gould in seinem Buch geschlagen hat, indem er die meist rassistisch motivierten Schädel- und Hirnmessungen des 19. Jahrhunderts in einen Zusammenhang mit den Intelligenztestungen im 20. Jahrhundert brachte. Grundlage für beides war der von ihm heftig kritisierte »biologische Determinismus«, der, so Gould, behaupte, »dass sich die Verhaltensnormen und die sozialen und ökonomischen Unterschiede zwischen Bevölkerungsgruppen … aus vererbten und angeborenen Merkmalen ergeben und dass die gesellschaftlichen Verhältnisse eine akkurate Wiedergabe der Biologie sind«.

Im Anfangsteil seines Buches ging Gould auf die rassistischen Vorstellungen ein, die bis ins 20. Jahrhundert hinein in Europa und den USA noch allgemein akzeptiert waren. Die Äußerungen von berühmten Amerikanern, die Gould in diesem Zusammenhang zitierte, können heute eigentlich nur noch mit ungläubigem Staunen zur Kenntnis genommen werden. So schrieb zum Beispiel der eher als liberal bekannte US-Präsident Thomas Jefferson (1743–1826): »… Daher vertrete ich, wenn auch nur auf Verdacht, dass die Schwarzen … in der körperlichen wie in der geistigen Ausstattung tiefer als die Weißen stehen.« Noch deutlicher wurde der als Sklavenbefreier geltende Abraham Lincoln (1809–1865), als er sich 1859 so äußerte: »Gleichheit für Neger! Quatsch! Wie lange wird es noch im Reiche Gottes … Schelme geben, die mit einem so billigen Stück Demagogie hausieren gehen …«

Aufbauend auf diesen tief verwurzelten Vorurteilen unternahm der auch heute noch in den USA sehr verehrte amerikanische Arzt und Wissenschaftler Samuel G. Morton (1799–1851) als einer der Ersten den Versuch, die Minderwertigkeit vor allem der negriden Rasse mit objektiven Methoden zu beweisen. Zu diesem Zweck vermaß er eine Vielzahl von Schädeln verschiedener Menschenrassen und errechnete aus der Größe des Gehirnschädels das Volumen des Gehirns, das einmal darin enthalten war. Da die Europiden die größten Hirnschädel aufwiesen, schloss Morton daraus, dass sie auch am intelligentesten sein müssten. Bei den Asiaten ergaben sich etwas geringere Messwerte, weswegen Morton diesen Menschentyp auf den zweiten Platz seiner Intelligenzskala verwies. Mit Abstand am schlechtesten schnitten die Negriden ab, die aufgrund ihrer niedrigen Schädelmesswerte als besonders unintelligent eingestuft wurden und nur Rang drei erreichten. Mortons Ergebnisse wurden vor allem in den amerikanischen Südstaaten freudig aufgenommen. Das durchaus renommierte *Charleston Medical Journal* schrieb: »Wir im Süden sollten ihn als unseren Wohltäter betrachten, weil er entschieden dazu beigetragen hat, den Neger in seine wahre Stellung als minderwertige Rasse zu verweisen.« Niemand hielt es damals für notwendig, Mortons Ergebnisse zu überprüfen, da sie ja so schön in das rassistische Weltbild passten. Erst Gould machte sich 1978 die Mühe, die Originaldaten und vor allem auch die Auswertungsmethoden zu hinterfragen. Dabei stellte er zahlreiche Fehler fest und kam zu dem eindeutigen Schluss: »Meine Korrektur von Mortons konventioneller Rangordnung ergibt nach Mortons eigenen Daten keine signifikanten Unterschiede zwischen den Rassen.«

Zu Beginn des 20. Jahrhunderts wurde das Schädelmessen langsam unmodern. Stattdessen widmete man sich intensiv der Entwicklung von Intelligenztests. Die Grundlagen hierfür hatte der schon erwähnte französische Psychologe Alfred Binet im Auftrag der Pariser Schulbehörde erarbeitet. Sein ursprüngliches Testverfahren hatte allerdings einen Schönheitsfehler: Mädchen ereichten fast immer höhere Werte als Jungen. Da so etwas damals unvorstellbar war, änderte Binet seinen Test so lange, bis beide Geschlechter im Durchschnitt gleiche Werte erzielten. Ansonsten war er aber ein sehr gewissenhafter Mann, der strenge Regeln für den Gebrauch seines Testsystems festlegte. Insbesondere stellte er klar, dass der Test nur für die Erkennung geistig behinderter Kinder entwickelt worden ist und sein Ergebnis lediglich eine Momentaufnahme darstellt, die nicht dafür verwendet werden darf, Kinder dauerhaft als minderbegabt einzustufen. Von ihm stammen sogar die Worte: »Die Skala erlaubt, ehrlich gesagt, keine Messung der Intelligenz, da intellektuelle Fähigkeiten nicht addiert und somit nicht wie lineare Oberflächen gemessen werden können.« In seinem Buch stellte Gould sehr ausführlich dar, wie Binets Testsystem vor allem in den USA weiterentwickelt worden ist und wie es dann aber bald sträflich missbraucht wurde, um ganze Bevölkerungsgruppen zu diffamieren. Einer der Schlimmsten war in dieser Hinsicht nach Goulds Meinung der Psychologe Henry H. Goddard (1866–1957), der lange Zeit als Direktor der Vineland-Schule für geistig Behinderte in New Jersey tätig war. Da er die Meinung vertrat, niedrige Intelligenz würde vererbt, machte er sich große Sorgen über eine Verbreitung intelligenzmindernder Gene in der Bevölkerung durch die Fortpflanzung Minderbegabter und propagierte deshalb deren Sterilisierung. Er schrieb auch ein Buch über die sogenannte »Kalliak-Familie«, in der zahlreiche Nachkommen eine sehr niedrige Intelligenz aufwiesen. Goulds Recherchen ergaben, dass Goddard darin die Bilder der Familienmitglieder verfälscht hatte, um die Auswirkungen dieser Minderbegabung möglichst drastisch darzustellen. Im Text warnte er: »Um uns herum gibt es überall Kalliak-Familien. Sie vermehren sich doppelt so schnell wie die Allgemeinbevölkerung, und wir können diese sozialen Probleme erst dann ansatzweise lösen, wenn wir diese Tatsachen erkennen und entsprechend handeln.« 1912 erhielt Goddard von der Regierung den Auftrag, Einwanderungswillige auf ihre Intelligenz zu testen. Die Ergebnisse waren erschreckend: Über zwei Drittel der Immigranten wurden als minderbegabt eingestuft und erhielten deswegen größtenteils keine Aufenthaltserlaubnis.

Auch mit dem Psychologieprofessor Lewis M. Terman (1877–1956) ging Gould hart ins Gericht. Terman hatte den Test von Binet zum Stanford-Binet-Test weiterentwickelt und wollte möglichst alle Amerikaner auf ihre Intelligenz untersuchen. Das gelang ihm zwar nicht, aber in den 20er Jahren erreichte er gemeinsam mit seinen Kollegen Henry Goddard und Robert. M. Yerkes (1876–1956), dass sein Test in etwas modifizierter Form bei der US-Armee eingeführt wurde. Die Ergebnisse dieser Massentestungen waren äußerst beunruhigend, denn die weißen amerikanischen Soldaten erreichten im Durchschnitt IQ-Werte, die nur wenig über denen von Schwachsinnigen lagen. Als Einwanderer geltende Soldaten zeigten noch schlechtere Werte. Am Ende der Skala standen mal wieder Soldaten mit negrider Abstammung. Man kann Gould nur beipflichten, wenn er sich in seinem Buch darüber wunderte, warum damals niemand auf die Idee kam, der verwendete Test könne für solche Untersuchungen ungeeignet gewesen sein. Stattdessen grübelte man darüber nach, ob mit einer derart minderbegabten Bevölkerung ein demokratisches Staatswesen überhaupt aufrechterhalten werden kann.

Als weiteres markantes Beispiel für den Missbrauch der Intelligenztests nannte Gould in seinem Buch die Arbeiten des Psychologieprofessors Arthur Jensen (geb. 1923). Er veröffentlichte 1968 in der recht angesehenen Zeitschrift *Harvard Educational Review* einen Artikel mit dem eher unauffälligen Titel: »In welchen Maße können wir den IQ und den schulischen Erfolg steigern?« Tatsächlich war der Inhalt der Publikation sehr brisant. Jensen stellte nämlich bei dunkelhäutigen Amerikanern einen deutlich geringeren IQ fest als bei weißen. Weil er Intelligenz für eine erbliche Eigenschaft hielt, kam er zu dem Schluss, dass die schulische Förderung von schwarzen Kindern wenig erfolgversprechend wäre. Da sich Jensen auffällig oft auf die Arbeiten des britischen Psychologen und Zwillingsforschers Sir Cyril Burt (1883–1971) bezog, nahm Gould auch dessen Publikationen kritisch unter die Lupe. Burt war ebenfalls überzeugt, dass Intelligenz erblich ist, und meinte das durch die Untersuchung von Zwillingen belegen zu können. Insbesondere eineiige Zwillinge interessierten ihn, weil bei ihnen das gleiche Erbgut vorliegt. Burt stellte fest, dass eineiige Zwillinge eine viel höhere Übereinstimmung des IQ zeigten als zweieiige und schloss daraus auf eine hohe Erblichkeit der Intelligenz. Für seine Arbeiten, die großes Aufsehen erregten, wurde er von der Königin in den Adelsstand erhoben. Es war deshalb besonders peinlich, als sich nach seinem Tod herausstellte, dass Burt viele seiner Zwillingsuntersuchungen schlicht erfunden hatte. Gould gab sich aber nicht mit der Wiedergabe dieser bemerkenswerten Betrugsgeschichte zufrieden, sondern legte in seinem Buch auch dar, dass seiner Meinung nach die mathematischen Grundlagen falsch waren, auf die Burt und viele andere Intelligenzforscher aufbauten. Besonders scharf kritisierte er die Verwendung des allgemeinen Intelligenzfaktors »g«, mit dem vor allem der erbliche Anteil der Intelligenz erfassbar sein sollte.

Unbeeindruckt von Goulds harter Kritik an den bisherigen Ergebnissen der Intelligenzforschung veröffentlichten 1994 der US-Psychologe Richard Herrnstein (1930–1994) und der Politologe

Charles Murray (geb. 1943) ihr berühmt-berüchtigtes Buch »Die Bell-Kurve – Intelligenz und Klassenstruktur in Amerika«. Zu Beginn dieses sehr umstrittenen Werkes stellten die Autoren die Hypothese auf, dass die Intelligenz weitgehend darüber entscheidet, welcher sozialen Schicht eine Person angehört, und dass viele soziale Probleme durch niedrige Intelligenz verursacht werden. Dann folgte die schon oft aufgestellte Behauptung, die Schwarzen in den USA wären weniger intelligent als die Weißen, woraus wiederum die politische Forderung abgeleitet wurde, die amerikanische Sozialpolitik müsste geändert werden, da sie dazu führen würde, dass Personen mit niedrigem Intelligenzquotienten mehr Kinder hätten als solche mit höherem IQ. Nach dem Erscheinen dieses Buches kam es zu heftigen Auseinandersetzungen über die aufgestellten Hypothesen und vor allem über die daraus begründeten Forderungen an die Politik. Gould nahm den Streit zum Anlass für eine Überarbeitung und Erweiterung seines Buches. In der 1996 erschienenen Ausgabe von »The Mismeasure of Man« setzte er sich intensiv mit den Thesen von Herrnstein und Murray auseinander und kam zu folgendem Fazit: »The Bell Curve« bietet nichts Neues. Dieses 800 Seiten starke Manifest ist nichts anderes als eine lange Ausführung von Spearmans g-Theorie eines einheitlichen, genetisch basierten und kaum zu verändernden Dings im Kopf, das man in eine Rangliste bringen kann.«

Goulds scharfe Attacken auf die Intelligenzforscher brachten ihm erwartungsgemäß auch harte Kritik ein. Verständlicherweise waren Arthur Jensen ebenso wie Richard Herrnstein und Charles Murray unter den ersten Kritikern, da ihre Arbeiten ja von Gould besonders heftig angegriffen worden waren. Am aggressivsten reagierte jedoch der bekannte deutschstämmige Psychologe Hans Jürgen Eysenck (1916–1997), der in einem veröffentlichten Brief schrieb: »Gould ist einer der politisch motivierten Wissenschaftler, die die Öffentlichkeit konstant darüber in die Irre führen, was Psychologen auf dem Gebiet der Intelligenzforschung tun, was sie herausgefunden haben und zu welchen Schlüssen sie gekommen sind. Gould weist es einfach zurück, unbezweifelbare Fakten zu nennen, die nicht in sein politisches Weltbild passen, er attackiert schamlos großartige Wissenschaftler ... und stellt ihre Positionen falsch dar.« Etwas weniger polemisch, aber nicht minder hart kritisierte der US-Psychologe John B. Carroll (1916–2003) das Buch von Gould. In einem 13-seitigen Beitrag in der Zeitschrift *Intelligence* stellte Carroll 1995 unter anderem fest, dass Gould Aussagen vor allem von psychologischen Laien gelobt wurden, während sich die Fachleute meist sehr kritisch äußerten und insbesondere die argumentative Einseitigkeit bemängelten. Seit einigen Jahren wird aber auch in diesen Kreisen zunehmend die Theorie der multiplen Intelligenzen diskutiert, wodurch eine gewisse Annäherung an die Positionen von Gould möglich werden könnte. Leider kann er dazu selbst nicht mehr Stellung nehmen, da er ja, wie bereits erwähnt, viel zu früh verstorben ist.

# Gelungene Parodie

## Alan Sokal veräppelt die Postmoderne

Es begann mit einer Satire postmoderner Wissenschaftstexte und endete in einem lang anhaltenden Streit zwischen Natur- und Geisteswissenschaftlern. Hauptakteur in dieser Affäre war der 1955 geborene US-Physiker Alan Sokal, der bis 2006 Physikprofessor in New York war und jetzt am University College in London den Lehrstuhl für statistische Mechanik und Kombinatorik innehat. Den Anfang der ganzen Geschichte erklärt Sokal so: »Seit einigen Jahren beunruhigt mich der unübersehbare Niedergang der intellektuellen Standards in bestimmten Kreisen der amerikanischen Geisteswissenschaften … Um einmal die vorherrschenden intellektuellen Standards zu testen, entschied ich mich für ein einfaches … Experiment: Würde ein führendes US-Journal für Kulturwissenschaften … einen mit viel Nonsense gewürzten Artikel veröffentlichen, falls er (a) gut klingt und (b) den Herausgebern bestens ins ideologische Konzept passt?«

Sokal setzte seine zweifellos nicht alltägliche Idee in die Tat um, indem er einen 35 Seiten langen, kompliziert formulierten Text verfasste, den er mit 109 zum Teil sehr ausführlichen Fußnoten und mehr als 200 Literaturzitaten versah. Der Haupttitel lautete sehr bedeutend: »Die Grenzen überschreiten: Auf dem Weg zu einer transformativen Hermeneutik der Quantengravitation«. Auch die Überschriften der einzelnen Kapitel hatten es in sich:

- Quantenmechanik: Unbestimmtheit, Komplementarität, Diskontinuität und Verbundenheit
- Hermeneutik der klassischen allgemeinen Relativität
- Quantengravitation: String, Gewebe oder morphogenetisches Feld?
- Differenzialtopologie und Homologie
- Theorie der Mannigfaltigkeiten: Einheiten, Löcher, Grenzen


*Kampfhähne der Wissenschaft*. Heinrich Zankl

ISBN: 978-3-527-32579-5

Alan Sokal entzündete mit einem »Nonsens«-Artikel die Diskussion zwischen Geistes- und Naturwissenschaften. (Professor für Physik, New York University, © Physics Department, New York University).

Den krönenden Abschluss bildete ein Abschnitt mit der Überschrift:

- Die Grenzen überschreiten: Auf dem Weg zu einer emanzipatorischen Wissenschaft

Das umfangreiche Manuskript schickte Sokal Anfang 1996 an die Fachzeitschrift *Social Text*, die in den USA vor allem unter linksorientierten Sozialwissenschaftlern einen guten Ruf genießt. Die Herausgeber von *Social Text* waren erfreut, dass ein ausgewiesener Physikexperte ihnen einen Text lieferte, der sich sehr kritisch mit den Naturwissenschaften auseinandersetzte, und veröffentlichten den Artikel in einer Sonderausgabe ihrer Zeitschrift, die dem Thema »Wissenschaftskrieg« gewidmet war.

Die Freude an dieser Publikation dürfte bei den Herausgebern allerdings nicht lange angehalten haben, denn Sokal bot ihnen kurz nach der Veröffentlichung seines ersten Artikels einen zweiten an, der den Titel trug »Die Grenzen überschreiten: Ein Nachwort«. Darin machte er deutlich, dass sein erster Text nicht ernst gemeint war, sondern zeigen sollte, wie leicht eine Parodie in eine geisteswissenschaftlich orientierte Zeitschrift eingeschmuggelt werden kann. Die Herausgeber von *Social Text* reagierten verschnupft und lehnten die Publikation mit der Begründung ab, sie entspreche nicht ihren intellektuellen Standards. Sokal schickte das Manuskript daraufhin an die Zeitschrift *Dissent* sowie in leicht veränderter Form auch an *Philosophy and Literature*. Die beiden Journale übernahmen den Text, und so wurde er auch ohne Mitwirkung von *Social Text* schnell auf der ganzen Welt bekannt.

In seinem »Nachwort« schrieb Sokal einleitend folgende Sätze: »… Gewiss schulde ich den Herausgebern und Lesern von *Social Text* wie auch der interessierten Öffentlichkeit eine nicht parodistische Erklärung meiner Motive und wahren Überzeugungen. Eines meiner Ziele besteht hier darin, einen kleinen Beitrag zu einem Dialog zwischen links stehenden Geistes- und Naturwissenschaftlern zu leisten – zwischen ›zwei Kulturen‹, die sich entgegen einigen optimistischen Äußerungen … in ihrer Mentalität vermutlich stärker unterscheiden als zu jedem anderen Zeitpunkt in den letzten 50 Jahren. Wie das Genre, das er parodieren soll … ist mein Aufsatz eine Mischung aus Wahrheiten, Halbwahrheiten, Viertelwahrheiten, Fehlern, Trugschlüssen und syntaktisch richtigen Sätzen, die keinerlei Bedeutung haben… Alle in meinem Artikel zitierten Arbeiten existieren tatsächlich, und alle Zitate sind exakt wiedergegeben … Ich gestehe, dass ich ein unbeeindruckter Altlinker bin … Und ich bin ein spießiger alter Wissenschaftler, der naiv glaubt, dass eine äußere Welt existiert, dass es objektive Wahrheiten über sie gibt … Es geht mir darum, einen gegenwärtig im Trend liegenden postmodernen, poststrukturalistischen, sozialkonstruktivistischen Diskurs … zu bekämpfen …« Auf den folgenden Seiten zitierte Sokal dann vor allem andere Kritiker postmoderner Strömungen in den Geisteswissenschaften.

Zusätzlich zu diesem »Nachwort« verfasste Sokal einen Artikel mit dem Titel *Experimente eines Physikers mit den Kulturwissenschaften*, den er in der Zeitschrift *Lingua Franca* veröffentlichte. Darin beschrieb er im Detail, welchen Unfug er in seiner Publikation in *Social Text* verbreitet hatte: »Im ersten Teil mache ich mich lustig über das Dogma, das die lange währende Nachaufklärungszeit dem westlichen Geist aufgezwungen hat … Ist es in den Kulturwissenschaften denn jetzt schon zum Dogma geworden, dass die externe Welt nicht existiert? … Im zweiten Teil erkläre ich ohne die mindeste Begründung …, dass die physikalische Realität … ein soziales und linguistisches Konstrukt ist … Wer glaubt, die Gesetze der Physik seien bloß soziale Konstrukte, der möge doch diese Konventionen einmal direkt von dem Fenster meines Apartments aus überschreiten (ich wohne im 21. Stock).«

Sokal wies außerdem darauf hin, dass er in seinem Artikel in *Social Text* viele naturwissenschaftliche und mathematische Begriffe in völlig falscher Weise benutzt und zueinander in Beziehung gesetzt hatte, ohne den Argwohn der Herausgeber zu erwecken oder Rückfragen auszulösen. Als Beispiel führte er an, dass er Rupert Sheldricks (geb. 1942) fragwürdige Spekulation über sogenannte »morphogenetische Felder« als wichtigen Teil der Quantengravitationstheorie bezeichnet habe, obwohl beide Bereiche gar nichts miteinander zu tun hätten. Das Gleiche treffe auf die Behauptung zu, Jacques Lacans psychoanalytische Spekulationen seien kürzlich von der Quantenfeldtheorie bestätigt worden. Nicht minder unsinnig sei die Hypothese, das mathematische Gleichheitsaxiom habe seinen liberalen Ursprung im 19. Jahrhundert und zeige gewisse Bezüge zum Feminismus. Am Ende seiner Wissenschaftssatire brannte Sokal ein ganzes Feuerwerk von irrwitzigen Behauptungen ab, um die fehlende Ernsthaftigkeit klar erkennbar zu machen – was ihm aber offenbar nicht gelang. Beispielsweise ist dort zu lesen, man könne Hinweise auf eine »emanzipierte Mathematik in der multidimensionalen und nicht linearen Logik der Fuzzy-Systemtheorie finden … allerdings leide dieser Ansatz noch an seinem Ursprung aus der Krise der spätkapitalistischen Produktionsverhältnisse …«

Es braucht nicht viel Fantasie, um zu erahnen, welchen Aufruhr Sokals Satire mit den nachfolgenden Erläuterungen in der wissenschaftlichen Welt ausgelöst hat. Über 20 Symposien haben sich inzwischen damit beschäftigt, und die diesbezüglichen Publikationen sind schier unzählbar geworden. Viele Naturwissenschaftler gaben ihrer Freude darüber Ausdruck, dass die theorieverliebten Kollegen aus den Geisteswissenschaften einmal so richtig veräppelt wurden. Philosophen und Soziologen kritisierten Sokal vor allem für seine pauschale Verdammung aller postmodernen Denkschulen und bemängelten, er habe vieles davon nicht ausreichend verstanden. Natürlich meldeten sich auch die Herausgeber von *Social Text* zu Wort. Sie zeigten sich völlig uneinsichtig und warfen Sokal vor, er hätte ihr Vertrauen missbraucht. Die Publikation seines Textes wäre nur erfolgt, um den Theorien eines von den Naturwissenschaften »marginalisierten« Autors Gehör zu verschaffen. Außerdem war in der Stellungnahme der Herausgeber noch folgender Satz zu lesen, über dessen tieferen Sinn und Zweck man lange grübeln kann: »Als Zeitschrift für politische Willensbildung und kulturelle Analyse, für die ein Herausgeberkollektiv verantwortlich ist und die nicht auf das Urteil auswärtiger Gutachter rekurriert … hat sich *Social Text* immer ebenso als ein Teil einer Pressetradition der unabhängigen Linken verstanden, nämlich als ein kleines meinungsbildendes Magazin, wie als akademisches Publikationsorgan, und deshalb müssen wir beständig zwischen verschiedenen Kriterien vermitteln.«

Sokal reagierte allerdings auf diesen wenig überzeugenden Rechtfertigungsversuch ebenfalls nicht gerade souverän, als er schrieb: »Ich bin verärgert, weil die meisten – wenn auch nicht alle – dieser Dummheiten von einer selbst ernannten Linken stammen. Und ich sage das nicht triumphierend, sondern mit Traurigkeit. Denn schließlich bin ich selbst ein Linker … Aber ich bin ein Linker (und ein Feminist) aufgrund von Evidenz und Logik – nicht entgegen diesen Prinzipien…«

Vermutlich würden sich heute nur noch wenige an die wissenschaftliche Satire Sokals erinnern, wenn sich der Autor nicht einen Verbündeten gesucht hätte, um gemeinsam mit ihm seine Attacken auf die Geisteswissenschaften in Buchform fortzusetzen. Er fand in dem 1952 geborenen Jean Pricmont, einem belgischen Professor für theoretische Physik, einen eifrigen Mitstreiter, sodass die beiden schon 1997 ein Buch mit dem provokanten Titel »Eleganter Unsinn – Wie die Denker der Postmoderne die Wissenschaft missbrauchen« herausbringen konnten. Darin werden zunächst auf fast 200 Seiten vor allem französische Vertreter der Postmoderne niedergemacht, während im zweiten Teil die Sokol'sche Parodie noch einmal wiedergegeben und kommentiert wird. Einer der in diesem Buch ausführlich Gescholtenen ist Jacques Lacan (1901–1981), der von seinen Anhängern als großer Psychoanalytiker gefeiert wird, während seine Kritiker ihn für einen Scharlatan halten, dessen Werke fast ausschließlich aus gut klingenden Worthülsen bestehen. Besonders bekannt ist Lacans »Psychoanalytische Topologie«, in der es von Begriffen aus der mathematischen Topologie nur so wimmelt, ohne dass die Zusammenhänge erklärt werden. Als Beispiel dafür finden sich in dem Buch von Sokal und Bricmont auch folgende Sätze: »Sie können vielleicht erkennen, dass die Kugel, dieses alte Symbol der Totalität, ungeeignet ist. Ein Torus, eine Klein'sche Flasche, die Oberfläche einer Kreuzhaube sind zu einem derartigen Schnitt in der Lage. Und diese Verschiedenartigkeit ist sehr wichtig, da sie vieles hinsichtlich der Struktur der Geisteskrankheit erklärt. Wenn sich das Subjekt durch diesen fundamentalen Schnitt symbolisieren lässt, lässt sich in gleicher Weise zeigen, dass ein Schnitt auf einem Torus dem neurotischen Subjekt und auf der Oberkante der Kreuzhaube einer anderen Art der Geisteskrankheit entspricht.« Auch nach häufigerem Lesen wird nicht wirklich klar, was die verschiedenen geometrischen Begriffe aus der Topologie (Torus, Klein'sche Flasche, Kreuzhaube, Schnitt) mit Geisteskrankheiten zu tun haben. Auch den sonstigen Gebrauch der Mathematik durch Lacan bezeichnen Sokal und Bricmont als »so bizarr, dass sie für eine seriöse Psychoanalyse nicht von Nutzen sein kann«. Zu einem ähnlich negativen Urteil kommen die beiden Autoren über etliche Publikationen der 1941 in Bulgarien geborenen Julia Kristeva und der französischen Feministin Luce Irigaray (geb. 1930), die sich beide als Schülerinnen von Lacan mit Psychoanalyse beschäftigen, aber auch andere Geisteswissenschaften berühren. Der bekannte französische Wissenschaftssoziologe Bruno Latour (geb. 1947) wird ebenfalls nicht wesentlich besser beurteilt, was mit einem wirklich kryptischen Satz aus seinem Werk »Science in Action« belegt wird: »Da die Beilegung der Kontroverse die Ursache der Darstellung der Natur ist, nicht die Folge davon, können wir anhand des Ergebnisses – der Natur – niemals erklären, wie und warum eine Kontroverse beigelegt wurde.« Auch bei dem Soziologen Jean Baudrillard (1929–2007) fanden Sokal und Bricmont viele unverständliche Sätze, die durch Beimengung wissenschaftlicher Begriffe bedeutend klingen, aber keinen rechten Sinn ergeben. Ein gutes Beispiel stammt aus einem Artikel über den ersten Golfkrieg: »Es ist ein Zeichen dafür, dass der Raum des Ereignisses zu einem Hyperraum mit mehrfacher Refraktion und *der Raum des Krieges eindeutig nicht euklidisch geworden ist.*« Das Urteil über den Philosophen Gilles Deleuze (1925–1995) und den Psychiater Felix Guattari (1930–1992), die viel gemeinsam publiziert haben, fällt ähnlich aus: »Das zentrale Merkmal der ... Texte ist ihr Mangel an Klarheit ... Ihre Schriften sind auch mit reinen Termini technici überfrachtet ...« Gegen alle genannten Autoren erheben

Sokal und Bricmont den schwerwiegenden Vorwurf, die mathematische und physikalische Nomenklatur werde eingesetzt, um den »eigenen Diskursen den Anstrich von Exaktheit zu geben«. Im Epilog rufen sie zu einem echten Dialog zwischen »zwei Kulturen« auf und fügen einige zum Teil durchaus nachvollziehbare Forderungen und Regeln hinzu:

> Man sollte schon wissen, wovon man spricht.
> Nicht alles, was unverständlich ist, hat zwangsläufig auch Tiefgang.
> Wissenschaft ist kein »Text«.
> Man äffe die Naturwissenschaften nicht nach.
> Man hüte sich vor Autoritätsgläubigkeit.
> Spezieller Skeptizismus und radikaler Skeptizismus sollten nicht miteinander verwechselt werden.
> Mehrdeutigkeit als Ausweg.

Das Buch von Sokal und Bricmont versetzte die Geisteswissenschaften noch einmal weltweit in große Aufregung. Es hagelte mehr oder minder gut fundierte Gegentexte. Besonders heftig wurde die oft recht pauschale und zum Teil auch deutlich überzogene Kritik an der gesamten Postmoderne angegriffen, die von den Buchautoren als »Zeitverschwendung in den Humanwissenschaften, eine kulturelle Verwirrung, die Obskurantismus begünstigt, und eine Schwächung der politischen Linken« verunglimpft wurde. Bei ihrem Rundumschlag machten sie auch vor der Wissenschaftstheorie nicht halt. Gespannt wurde darauf gewartet, wie und mit welchen Mitteln sich Vertreter der Geistes- und Kulturwissenschaften für diesen von naturwissenschaftlicher Seite geführten Generalangriff revanchieren würden. Erstaunlicherweise wurde aber längere Zeit gar nicht versucht, durch eine umgekehrte Parodie eine Naturwissenschaft, vorzugsweise die Physik, zu blamieren. 2002 schien es dann endlich so weit zu sein, denn im Internet erschien ein Artikel mit der Überschrift: »Ist die Physik von einem umgekehrten Sokal-Jux betroffen?« Die Publikation stammte von dem 1961 geborenen US-Physiker John Baez, der sich mit den Doktorarbeiten der Zwillingsbrüder Grichka und Igor Bogdanov (geb. 1949) befasst hatte. Die beiden waren in Frankreich in mathematischer Physik promoviert worden, nachdem sie einige Arbeiten in durchaus angesehenen Fachzeitschriften publiziert hatten.

Ihre Dissertationen und die damit zusammenhängenden Veröffentlichungen waren aber wohl nicht gerade von hoher wissenschaftlicher Qualität, denn Baez schrieb dazu: »Einige Teile scheinen fast einen Sinn zu ergeben, aber je sorgfältiger ich sie las, umso weniger Sinn ergaben sie. Irgendwann musste ich entweder lachen oder bekam Kopfschmerzen. Einige Leser, die das lesen und sich mit der Terminologie nicht wirklich auskennen, mögen sich im Zweifel für die Verdächtigen entscheiden, aber ich weiß, dass sie mit all diesen Begriffen nicht wirklich etwas anfangen. Sie reihen sie einfach zu plausibel klingenden Sätzen aneinander, aber die Sätze haben keinen Sinn.« Da Baez es für unwahrscheinlich hielt, dass die Brüder ihr physikalisches Kauderwelsch ernst meinten, äußerte er die Vermutung, sie hätten einige schwer durchschaubare Bereiche der theoretischen Physik veräppeln wollen.

Den Herausgebern der Zeitschriften, in denen die Brüder Bogdanov ihr wissenschaftlich weitgehend wertloses Wortgeklingel veröffentlicht hatten, war die Angelegenheit verständlicherweise äußerst peinlich, denn offensichtlich hatte ihr Gutachterverfahren kläglich versagt. Herrmann Nicolai (geb. 1952) vom Max-Planck-Institut für Gravitationsforschung in Potsdam, der als Mitherausgeber der Zeitschrift *Classical and Quantum Gravidity* von der Blamage auch betroffen war, meinte dazu: »Wenn mir der Artikel auf den Schreibtisch gekommen wäre, hätte ich ihn sofort zurückgeschickt. Der Artikel ist ein Potpourri von buzzwords der modernen Physik, das völlig inkohärent ist.« Auf die Frage, wieso die Arbeit von den Gutachtern nicht beanstandet worden ist, sagte Nicolai lakonisch: »Da flutscht schon mal was durch.«

Besonders heftig geriet Professor Daniel Sternheimer (geb. 1954) von der Universität in Dijon unter Druck, denn er hatte die Promotionen letztlich zu verantworten, weil er als Doktorvater fungiert hatte. Er war dabei allerdings für einen plötzlich verstorbenen Kollegen eingesprungen und hatte sich als eine Art »Testamentsvollstrecker« gefühlt. Er räumte ziemlich zerknirscht ein: »Die Bogdanovs haben viele Ideen, sie sind wie große Kinder – aber wissenschaftlich sind sie Amateure.« Ihre Promotion hält er allerdings auch heute noch für gerechtfertigt, gibt dafür aber eine erstaunliche Begründung: »Sie haben das Talent, die Jugend für Wissenschaft zu begeistern.« Mit dieser Bemerkung bezieht sich Sternheimer wohl auf die Tatsache, dass die Brüder Bogdanov im französischen Fernsehen lange Zeit recht erfolgreich eine populärwissenschaftliche Fernsehsendung moderiert haben…

Es ist erstaunlich, dass die Geisteswissenschaften diese für die Physik doch recht peinliche Geschichte nicht für den längst überfälligen Gegenangriff genutzt haben. Vielleicht liegt das auch daran, dass die Bogdanovs bis heute nicht bereit sind, ihre Publikationen als Parodien zu bezeichnen, sondern mit allen Mitteln darum kämpfen, dass sie als wissenschaftlich wertvolle Beiträge anerkannt werden. Für diesen Zweck haben sie sogar versucht, die entsprechenden Seiten der Internet-Enzyklopädie »Wikipedia« zu manipulieren. Außerdem ließen sie von Phantomwissenschaftlern aus imaginären Wissenschaftsinstituten E-Mails verschicken, in denen ihre Publikationen sehr gelobt werden.

Im Jahr 2006 hat ein Sozialwissenschaftler dann endlich doch zurückgeschlagen. Harry Collins (geb. 1943), seines Zeichens Professor für Wissenschaftssoziologie an der Cardiff University in Großbritannien, führte nämlich einen interessanten Test durch, über dessen Ergebnis auch in dem sehr renommierten Wissenschaftsjournal *Nature* berichtet wurde. Im Rahmen dieses Tests musste Collins sieben recht schwierige Fragen aus dem Bereich der Gravitationswellenforschung beantworten, die ihm von einem Experten auf diesem Wissenschaftsgebiet gestellt wurden. Die gleichen Fragen erhielt auch ein fachlich kompetenter Physiker. Die Antworten des Soziologen und des Physikers wurden an neun Gravitationsforscher geschickt mit der Bitte, festzustellen, welche Antworten von wem stammen. Erstaunlicherweise konnten sieben der neun befragten Fachleute die Antworten nicht eindeutig zuordnen, und zwei hielten sogar den Soziologen für den Physiker. Collins meinte dazu: »Die Ergebnisse zeigen, dass auch Außenseiter und Quereinsteiger eine Art Expertise in einem bestimmten wissenschaftlichen Gebiet erlangen können.« Allerdings muss dabei berücksichtigt werden, dass Collins sich seit über 30 Jahren mit der Arbeit der Gravitationswellenforscher beschäftigt, wobei ihn zwar mehr soziologische und wissenschaftstheoretische Fragen interessieren, er aber auch reichlich Gelegenheit hatte, sich in die physikalischen Grundlagen einzuarbeiten. Wenn sich ein so intensiv »nachgeschulter« Außenseiter kritisch mit Fragen der Physik auseinandersetzt, dürften auch die strengen Herren Sokal und Bricmont vermutlich nichts dagegen haben.

# Politisches Feuer

## Historikerstreit um Reichstagsbrand

Die Brandstiftung im Gebäude des deutschen Reichstages beschädigte in der Nacht vom 27. zum 28. Februar 1933 das symbolträchtige Bauwerk erheblich und hatte politische Folgen von größter Tragweite. Nur einen Monat zuvor war Adolf Hitler (1889–1945) vom Reichspräsidenten Paul von Hindenburg (1847–1934) zum Reichskanzler ernannt worden, obwohl die Nationalsozialistische Deutsche Arbeiterpartei (NSDAP) in den Novemberwahlen des Jahres 1932 nur 33 Prozent der Stimmen erhalten hatte. Es wurde eine Koalitionsregierung der »nationalen Konzentration« gebildet, in der die Nazis lediglich drei Minister stellten. Parallel dazu wurde der Reichstag aufgelöst und der Termin für die nächste Wahl auf den 5. März 1933 festgelegt. Deutschland befand sich also mitten im Wahlkampf, durch den die ohnehin schon sehr angespannte politische Situation zusätzlich aufgeheizt wurde. Dementsprechend versuchten sowohl die Kommunisten als auch die Nationalsozialisten, sich die Verantwortung für den Reichstagsbrand zuzuschieben. Den Hauptnutzen zog daraus zweifellos Hitler, der schnell mehrere tausend Politiker der Opposition unter dem Vorwand verhaften ließ, die Brandstiftung im Reichstag wäre das Signal für einen kommunistischen Staatsstreich gewesen. Hindenburg schloss sich dieser Auffassung an und erließ eine Notverordnung »zum Schutze von Volk und Staat«, die dem Reichsinnenminister weitreichende Vollmachten gab. Bei der kurz darauf folgenden Wahl erzielte die NSDAP zwar nur knapp 44 Prozent der Stimmen, wegen der Verhaftung zahlreicher oppositioneller Abgeordneter wurde aber trotzdem das berüchtigte Ermächtigungsgesetz mit großer Mehrheit verabschiedet. Es ermöglichte Hitler, die Demokratie zu beseitigen und sich zum Diktator aufzuschwingen, der Deutschland in die wohl größte Katastrophe der Geschichte des Landes führte.

*Kampfhähne der Wissenschaft.* Heinrich Zankl


ISBN: 978-3-527-32579-5

Da die Nazis den Reichstagsbrand sehr geschickt nutzten, um die Macht an sich zu reißen, lag die Vermutung nahe, dass sie ihn auch inszeniert hatten. Durch die im August 1933 in Paris erfolgte Publikation des »Braunbuchs über Reichstagsbrand und Hitlerterror« versuchten die Kommunisten, diese Hypothese mit Dokumenten zu belegen. Umgekehrt machten Hitler und seine Parteifreunde sofort nach dem Brand die Kommunisten dafür verantwortlich. Der schon wenige Stunden nach der Tat gefasste Holländer Marinus van der Lubbe (1909–1934) wurde mit großem propagandistischem Aufwand als Marionette kommunistischer Hintermänner dargestellt, da er einer radikalen Splittergruppe der niederländischen Kommunisten angehörte. Im Herbst 1933 verurteilte ihn das Reichsgericht in Leipzig wegen »Hochverrats in Tateinheit mit vorsätzlicher Brandstiftung« zum Tode. Dieses Urteil war erst durch eine kurz nach dem Reichstagsbrand durchgeführte Gesetzesänderung möglich geworden.

Zum großen Ärger Hitlers und seiner Anhänger wurden aber die mitangeklagten Kommunisten aus Mangel an Beweisen freigesprochen. Trotzdem kamen sie für einige Zeit in »Schutzhaft«. Da gegen seine Verurteilung keine Revision zugelassen war, wurde van der Lubbe am 10. Januar 1934 hingerichtet. Nach dem Zweiten Weltkrieg wurde ohne weitere Überprüfungen die kommunistische Darstellung aus dem schon erwähnten »Braunbuch« übernommen, wonach die Nazis den Brand gelegt hatten, um die Chancen für ihre Umsturzpläne zu verbessern. Erst durch eine 1959 beginnende Artikelserie im Nachrichtenmagazin *Der Spiegel* entstanden erhebliche Zweifel an dieser Schilderung des Tathergangs. Grundlage der Berichterstattung waren die Recherchen, die der Amateurhistoriker Fritz Tobias (geb. 1912) im Laufe vieler Jahre durchgeführt hatte und die zu dem Ergebnis führten, dass das »Braunbuch« auf zahlreichen Irrtümern, vielleicht sogar auf bewussten Fälschungen beruhte. Die von den Nazis aufgestellte Behauptung, eine kommunistische Verschwörung wäre für den Brandanschlag verantwortlich gewesen, wurde von Tobias allerdings auch als falsch bezeichnet. Er vertrat vielmehr die Meinung, van der Lubbe sei ein Einzeltäter gewesen, der mit seiner Tat die deutsche Arbeiterschaft zum Freiheitskampf aufrütteln wollte. Bei den Verhören hatte van der Lubbe auch noch drei weitere Brandstiftungsversuche in Berlin gestanden, und er blieb trotz aller Repressionen bei sei-

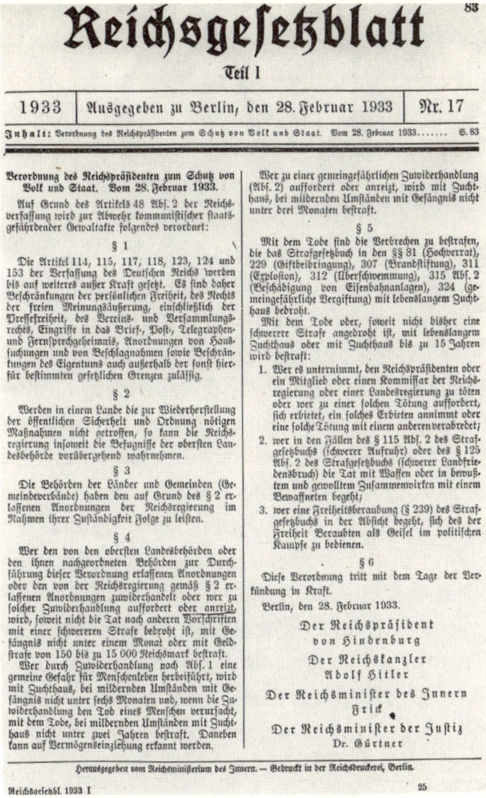

# Reichsgesetzblatt

Teil I

| 1933 | Ausgegeben zu Berlin, den 28. Februar 1933 | Nr. 17 |
|---|---|---|

Inhalt: Verordnung des Reichspräsidenten zum Schutz von Volk und Staat. Vom 28. Februar 1933 ....... S. 83

**Verordnung des Reichspräsidenten zum Schutz von Volk und Staat. Vom 28. Februar 1933.**

Auf Grund des Artikels 48 Abs. 2 der Reichsverfassung wird zur Abwehr kommunistischer staatsgefährdender Gewaltakte folgendes verordnet:

§ 1

Die Artikel 114, 115, 117, 118, 123, 124 und 153 der Verfassung des Deutschen Reichs werden bis auf weiteres außer Kraft gesetzt. Es sind daher Beschränkungen der persönlichen Freiheit, des Rechts der freien Meinungsäußerung, einschließlich der Pressefreiheit, des Vereins- und Versammlungsrechts, Eingriffe in das Brief-, Post-, Telegraphen- und Fernsprechgeheimnis, Anordnungen von Haussuchungen und von Beschlagnahmen sowie Beschränkungen des Eigentums auch außerhalb der sonst hierfür bestimmten gesetzlichen Grenzen zulässig.

§ 2

Werden in einem Lande die zur Wiederherstellung der öffentlichen Sicherheit und Ordnung nötigen Maßnahmen nicht getroffen, so kann die Reichsregierung insoweit die Befugnisse der obersten Landesbehörde vorübergehend wahrnehmen.

§ 3

Die Behörden der Länder und Gemeinden (Gemeindeverbände) haben den auf Grund des § 2 erlassenen Anordnungen der Reichsregierung im Rahmen ihrer Zuständigkeit Folge zu leisten.

§ 4

Wer den von den obersten Landesbehörden oder den ihnen nachgeordneten Behörden zur Durchführung dieser Verordnung erlassenen Anordnungen oder den von der Reichsregierung gemäß § 2 erlassenen Anordnungen zuwiderhandelt oder wer zu solcher Zuwiderhandlung auffordert oder anreizt, wird, soweit nicht die Tat nach anderen Vorschriften mit einer schwereren Strafe bedroht ist, mit Gefängnis nicht unter einem Monat oder mit Geldstrafe von 150 bis zu 15 000 Reichsmark bestraft.

Wer durch Zuwiderhandlung nach Abs. 1 eine gemeine Gefahr für Menschenleben herbeiführt, wird mit Zuchthaus, bei mildernden Umständen mit Gefängnis nicht unter sechs Monaten und, wenn die Zuwiderhandlung den Tod eines Menschen verursacht, mit dem Tode, bei mildernden Umständen mit Zuchthaus nicht unter zwei Jahren bestraft. Daneben kann auf Vermögenseinziehung erkannt werden.

Wer zu einer gemeingefährlichen Zuwiderhandlung (Abs. 2) auffordert oder anreizt, wird mit Zuchthaus, bei mildernden Umständen mit Gefängnis nicht unter drei Monaten bestraft.

§ 5

Mit dem Tode sind die Verbrechen zu bestrafen, die das Strafgesetzbuch in den §§ 81 (Hochverrat), 229 (Giftbeibringung), 307 (Brandstiftung), 311 (Explosion), 312 (Überschwemmung), 315 Abs. 2 (Beschädigung von Eisenbahnanlagen), 324 (gemeingefährliche Vergiftung) mit lebenslangem Zuchthaus bedroht.

Mit dem Tode oder, soweit nicht bisher eine schwerere Strafe angedroht ist, mit lebenslangem Zuchthaus oder mit Zuchthaus bis zu 15 Jahren wird bestraft:

1. Wer es unternimmt, den Reichspräsidenten oder ein Mitglied oder einen Kommissar der Reichsregierung oder einer Landesregierung zu töten oder wer zu einer solchen Tötung auffordert, sich erbietet, ein solches Erbieten annimmt oder eine solche Tötung mit einem anderen verabredet;
2. wer in den Fällen des § 115 Abs. 2 des Strafgesetzbuchs (schwerer Aufruhr) oder des § 125 Abs. 2 des Strafgesetzbuchs (schwerer Landfriedensbruch) die Tat mit Waffen oder in bewußtem und gewolltem Zusammenwirken mit einem Bewaffneten begeht;
3. wer eine Freiheitsberaubung (§ 239) des Strafgesetzbuchs in der Absicht begeht, sich des der Freiheit Beraubten als Geisel im politischen Kampfe zu bedienen.

§ 6

Diese Verordnung tritt mit dem Tage der Verkündung in Kraft.

Berlin, den 28. Februar 1933.

Der Reichspräsident
von Hindenburg

Der Reichskanzler
Adolf Hitler

Der Reichsminister des Innern
Frick

Der Reichsminister der Justiz
Dr. Gürtner

Herausgegeben vom Reichsministerium des Innern. — Gedruckt in der Reichsdruckerei, Berlin.

Reichsgesetzbl. 1933 I 25

Reichstagsbrandverordnung (Quelle: Reichsgesetzblatt (RBGl) I 1933 p. 83).

ner Aussage, dass er Alleintäter war und von niemandem zu der Brandlegung angestiftet wurde. Nachdem Tobias seine aufsehenerregenden Forschungsergebnisse 1962 auch in einem über 700 Seiten starken Buch unter dem Titel »Der Reichstagsbrand – Legende und Wirklichkeit« mit einem ausführlichen Dokumententeil veröffentlicht hatte, sah sich die Gilde der Hochschulhistoriker gezwungen, Stellung zu beziehen. Das Institut für Zeitgeschichte in München beauftragte daher den jungen, aufstrebenden Historiker Hans Mommsen (geb. 1930) mit der Überprüfung der von Tobias vorgelegten Forschungsergebnisse. Mommsen erschien vielen seiner Kollegen für diese Aufgabe besonders geeignet, weil er sich schon kurz nach dem Erscheinen des Buches von Tobias durchaus kritisch geäußert hatte. Man erwartete daher, dass der »Profi« den

»Amateur« in der Luft zerreißen würde. Zum allgemeinen Erstaunen kam Mommsen zu einer nahezu uneingeschränkt positiven Bewertung: »Demnach ergibt sich zweifelsfrei, dass sämtliche Argumente, die gegen die Behauptung van der Lubbes, den Brand selbst gelegt zu haben, auf objektiv nicht beweisbaren, dagegen vielfach widersprüchlichen und ungeprüften Hypothesen beruhen.«

Die Ergebnisse von Tobias samt der Bestätigung durch Mommsen passten einigen Zeitgenossen freilich gar nicht in ihr politisches Weltbild, da sie den Eindruck hatten, die Nazis sollten dadurch entlastet werden. Insbesondere der italo-kroatische Journalist Edouard Calic (1910–2003) beschloss, gegen die These der Alleintäterschaft van der Lubbes zu Felde zu ziehen. Er gründete zu diesem Zweck 1968 das »Europäische Komitee zur wissenschaftlichen Erforschung der Ursachen und Folgen der Gewaltherrschaft« und ernannte sich zu dessen Generalsekretär. Durch die Mithilfe sGrégoire “,4,2> (1907–1991), der damals Parlamentspräsident in Luxemburg war, gelang es, viele namhafte Politiker und Wissenschaftler für die Neugründung zu interessieren. Sie soll im Weiteren nur noch »Luxemburger Komitee« genannt werden, weil sie ihren Namen mehrfach wechselte. Schon ein Jahr später gelang es Calic, ein erstes Symposion zu organisieren, das eine höchst illustre Teilnehmerliste aufweisen konnte. Als Ehrenpräsidenten wurden neben dem schon erwähnten Pierre Grégoire, auch der deutsche Außenminister Willi Brandt (1913–1992) und der französische Kulturminister Andre Malraux (1901–1976) genannt. Im Kuratorium waren neben anderen wichtigen Persönlichkeiten die deutschen Minister Ernst Benda (1925–2009), Horst Ehmke (geb. 1927) und Carlo Schmid (1896–1979) vertreten. Das internationale Symposion sollte der Vorbereitung von wissenschaftlichen Arbeiten zum Thema »Nationalsozialistische Maßnahmen zur Täuschung des deutschen Volkes und der Weltöffentlichkeit« dienen. Im Zusammenhang mit dieser Tagung gab Calic bekannt, dass die Schuld der Nationalsozialisten am Reichstagsbrand inzwischen eindeutig bewiesen wäre. Auf einer Pressekonferenz in Paris am 17. Oktober 1969 trat der renommierte Schweizer Historiker und Politiker Walther Hofer (geb. 1920) als wissenschaftlich Verantwortlicher für die Reichstagsbrandforschungen des Komitees auf und erklärte in ganz unwissenschaftlicher Voreingenommenheit: »Wir sind schon immer davon überzeugt gewesen, dass van der Lubbe nicht der einzige Schuldige an der Reichstagsbrandstiftung gewesen sein kann.« Es dauerte dann allerdings noch mehr als drei Jahre, bis unter seiner Schriftführung der erste Band einer Dokumentation vorgelegt wurde, in dem vor allem die Alleintäterschaft van der Lubbes widerlegt werden sollte. Nach weiteren sechs Jahren erschien der zweite Band, der angeblich Beweise für die Täterschaft der Nationalsozialisten enthielt. Der dritte Band, der 1978 als »zur Drucklegung fertig« angekündigt wurde, ist allerdings nie erschienen. Stattdessen veröffentlichte Calic einen Forschungsbericht mit dem Titel »Der Reichstagsbrand. Die Provokation des 20. Jahrhunderts«. Die Publikation war geschmückt mit zahlreichen positiven Stellungnahmen von renommierten Mitgliedern und Unterstützern des Luxemburger Komitees wie z. B. Malraux, Kogon, Hofer, Mayer. Vermutlich wurde der wissenschaftliche Wert dieses Bandes wegen dieser vielen wohlklingenden Namen so lange nicht angezweifelt.

Erst 1979 schrieb der Historiker und Journalist Karl Heinz Janßen (geb. 1930) in der *Zeit* eine Artikelserie, die mit dem Titel »Geschichte aus der Dunkelkammer – Kabalen um den Reichstagsbrand – Eine unvermeidliche Enthüllung« auch als Sonderdruck erschien. Die Artikel wurden mit folgenden Worten angekündigt: »Der Reichstagsbrand von 1933 ... ist zum Gegenstand hasserfüllter Kontroversen unter den Historikern geworden. Angeheizt wird der Streit seit zehn Jahren von dem mysteriösen Generalsekretär eines Luxemburger Komitees. Sein Name: Edouard Calic. Er inszeniert eine Forschungsposse mit erstklassiger Besetzung: Politiker, Professoren und Publizisten spielen mit – ob sie wollen oder nicht. Calic verwirrt die Öffentlichkeit mit fabelhaften Geschichten. Fälschungen und Intrigen drohen den guten Ruf der deutschen Geschichtsforschung zu ruinieren.« In den folgenden Berichten wurde dann vor allem die recht zweideutige Vergangenheit von Edouard Calic näher beleuchtet. Er hatte sich als »Nazi-Verfolgter« durch mehr oder minder falsche Angaben Wiedergutmachungszahlungen erschlichen und sich auf sehr merkwürdigen Wegen einen Doktortitel verschafft. Vor allem aber kritisierte Janßen den sehr unwissenschaftlichen Arbeitsstil, der Calics Publikationen zugrunde lag. Mindestens in einem Fall konnten ihm sogar Fälschungen eindeutig nachgewiesen werden. Janßen kam in seinen Artikeln zu dem Urteil, dass auch vieles in den Veröffentlichungen des »Luxemburger Komitees« über den Reichstagsbrand vermutlich von Calic gefälscht oder zumindest deutlich verändert wurde und daher wissenschaftlich wertlos wäre. Calic klagte gegen den Fälschungsvorwurf vor Gericht, unterlag aber in zwei Instanzen. Das hinderte ihn allerdings nicht daran, alle Historiker und Journalisten, die anderer Meinung waren als er, als »Nachkriegsfabulierer« zu bezeichnen, die Marionetten einer weit verzweigten Nazi-Verschwörung wären, die »auf dem Boden der Geschichtsaufklärung« Legenden »wild wuchern lässt«. Fritz Tobias, der wegen seiner sozialdemokratischen Einstellung während der Nazi-Diktatur erhebliche Probleme hatte, wurde angedichtet, er sei »im Kriege in der Geheimen Feldpolizei aktiv gewesen«. Dem *Zeit*-Journalisten Janßen unterstellte Calic, ein »begeisterter Hitlerjunge« gewesen zu sein, und auch die Herausgeberin der *Zeit*, Marion Gräfin Dönhoff (1909–2002), wurde nicht verschont. Über sie schrieb Calic: »Wenn jemand darauf pocht ... der Bewegung des 20. Juli 1944 angehört zu haben, darf er sich ... dennoch nicht gestatten, eine hasserfüllte Kampagne gegen Andersdenkende zu beginnen.«

Angesichts der massiven Angriffe, die von Vertretern des »Luxemburger Komitees« und insbesondere von Calic weiter gegen die Vertreter der Hypothese von der Alleintäterschaft van der Lubbes geführt wurden, entschlossen sich Tobias, Mommsen und Janßen unter Hinzuziehung drei weiterer Autoren ein Buch mit dem Titel »Reichstagsbrand – Aufklärung einer historischen Legende« zu verfassen. Es wurde 1986 veröffentlicht und ging mit den sehr einseitigen historischen Vorstellungen und vor allem mit den recht merkwürdigen Forschungsmethoden des Komitees hart ins Gericht. Das Vorwort zu diesem Buch schrieb der sehr angesehene und als weitgehend neutral einzustufende niederländische Historiker Louis de Jong (1914–2005), der über 30 Jahre Direktor des niederländischen Staatlichen Instituts für Kriegsdokumentation war. Darin bekannte er, dass er lange Zeit auch der Meinung war, die Nazis hätten den Reichstagsbrand gelegt. Die Publikationen von Tobias und Mommsen hätten ihn aber von der Alleintäterschaft van der Lubbes überzeugt. Hinsichtlich der Arbeit des Luxemburger Komitees hatte de Jong den Eindruck, »dass manches vom Generalsekretär des Komitees, Edouard Calic, zusammengeflickt war«. Über seinen Historikerkollegen Walther Hofer schrieb de Jong, er habe sich wohl an der Nase herumführen lassen und »ihn würde es zieren, wenn er sich dazu aufraffen könnte, einzugestehen, dass er sich, aus welchen Motiven auch immer, geirrt hat«. Abschließend schrieb de Jong: »Muss ich betonen, dass es mir persönlich in vieler Hinsicht lieber gewesen wäre, wenn Tobias unrecht hätte? Darauf kommt es aber nicht an, sondern nur darauf, was man für die historische Wahrheit zu halten hat …«

Walther Hofer dachte aber nicht daran, den gut gemeinten Ratschlag seines niederländischen Kollegen anzunehmen, sondern ließ 1987 in Bonn bei der Vorstellung des Buches von Tobias, Mommsen und anderen auf einer Pressekonferenz ein Flugblatt verteilen, auf dem folgende Sätze zu finden waren: »Einziger Zweck der neuen Publikation ist es, unseren einwandfreien dokumentarischen Nachweis der nationalsozialistischen Urheberschaft am Reichstagsbrand von 1933 zu diskreditieren … Dafür ist den Autoren jedes Mittel recht: abstruse Konstruktionen von Scheinwidersprüchen, Verdrehungen und Verfälschungen, Verschweigen wesentlicher Bestätigungen der von uns vorgelegten Dokumente, dreiste Behauptungen und suggestive Unterstellungen. Ein solches unglaubliches, bisher einmaliges Vorgehen richtet sich selbst …« Zusätzlich setzte Hofer auch noch eine dreiseitige Stellungnahme in Umlauf, in der er heftige Attacken ritt: »Nur mit einer erheblichen Portion Widerwillen habe ich es auf mich genommen, zu diesem Buch überhaupt Stellung zu nehmen. Es grenzt an Beleidigung des gesunden Menschenverstandes, sich mit einem solchen, von schwerwiegenden Verleumdungen und böswilligen Unterstellungen nur so strotzenden Elaborat auseinandersetzen zu müssen.« Im weiteren Text jammerte Hofer recht wehleidig darüber, dass man in Deutschland über einen so bedeutenden Mann wie ihn ungestraft so böse Sachen sagen darf. Und er fuhr fort: »Als Schweizer fühlt man sich durch die großsprecherische … Art, wie dies alles gemacht ist, an jene unseligen Zeiten erinnert, wo ein gewisser Dr. Goebbels von Berlin aus den Kleinvölkern ihre Erbärmlichkeit unter die Nase rieb.«

Nach dieser heftigen Gefühlsaufwallung wurde es für einige wenige Jahre etwas ruhiger im heftigen Historikerstreit um den Reichstagsbrand. Das war wohl vor allem den inzwischen doch schon etwas abgeklärteren Herren Tobias, Mommsen und Janßen zu verdanken, die weitgehend darauf verzichteten, auf die Schimpfkanonade von Herrn Hofer zu reagieren, und dadurch vermieden, erneut Öl ins Feuer zu gießen. 1988 versuchte der Historiker Ulrich von Hehl (geb. 1947) eine Art Schlussstrich zu ziehen, indem er feststellte, dass die Alleintäterschaft van der Lubbes zwar recht wahrscheinlich sei, die Brandstiftung durch die Nazis aber auch nicht völlig ausgeschlossen werden könne. Doch damit gaben sich die »Luxemburger« nicht zufrieden, sondern brachten 1992 eine umfangreiche Neuauflage ihrer »Dokumentation« heraus. Sie wurde von dem Politologen Alexander Bahar (geb. 1960) betreut, der eng mit Walther Hofer zusammenarbeitete. Die Neuauflage wurde mit der »Resistenz gegen faschistische Tendenzen« begründet. Auf der Impressumseite fand sich auch noch der merkwürdige Hinweis: Wenn eine Buchbestellung nicht bedient würde, sei der Grund klar: »Nichtantwort bedeutet Postzensur«. Mit dieser offensichtlich tendenziösen Grundeinstellung und unter Hinzuziehung neuer Unterlagen aus Archiven der ehemaligen DDR verfasste Bahar gemeinsam mit dem Physiker und Psychologen Wilfried Kugel (geb. 1949) einen im Jahr 2000 erschienenen Wälzer mit über 800 Seiten, der den Titel trägt: »Der Reichstagsbrand – Wie Geschichte gemacht wird«. In der Einleitung findet sich auch eine lange Liste von Personen, denen für ihre Mitarbeit gedankt wird. Darunter sind neben Walther Hofer und Eduard Calic etliche weitere Mitglieder des Luxemburger Komitees, weshalb es nicht sehr verwundert, dass Bahar und Kugel in ihrem Buch weitgehend deren Behauptung unterstützen, die Nazis hätten den Reichstag angezündet. Der inzwischen emeritierte Geschichtsprofessor Mommsen fühlte sich durch diese Publikation aufgerufen, in der neuen Kampfrunde noch einmal mitzumischen, und schrieb in der *Zeitschrift für Geschichtswissenschaft* (4/2001), eine Besprechung mit der Überschrift: »Nichts Neues in der Reichstagskontroverse – Anmerkungen zu einer Donquichotterie«. Auch in der *Frankfurter Allgemeinen Zeitung* erschien Anfang 2001 über das Buch eine Rezension mit der Überschrift »Bis sich die Balken biegen«. Das Fazit lautete: »Es ist ein neuer Versuch, die Schuld der Nazis nachzuweisen, aber er ist trotz des erheblichen Umfangs wieder schmählich gescheitert. Die Methode, nach der das Machwerk verfertigt wurde, ähnelt der der Holocaustleugner; man biegt und dreht und fälscht ein Konstrukt zusammen, von dem man hofft, dass es die von der Schuld der Nazis Überzeugten neu motivieren wird. Aber deren Zahl wird immer geringer.« Fairerweise muss jedoch erwähnt werden, dass es zu dem Buch auch einige eher positive Stimmen gab. Auf die Kritik in der *FAZ* reagierte Bahar umgehend, in dem er den Verfasser des Artikels, den Berliner Geschichtsprofessor Henning Köhler (geb. 1938) als »Wadenbeißer« bezeichnete, der seine Rezension in »geradezu hysterischem Tonfall mit unqualifizierten Fälschungsvorwürfen und üblen Diffamierungen« verfasst habe. Bahars sechsseitige Klage mit der Überschrift »Schatten der Vergangenheit« wurde bezeichnenderweise auf der *World Socialist Web Site* veröffentlicht. In dem Artikel beschimpfte er nicht nur die Kritiker seines Buches, sondern erlaubte sich auch noch einen Rundumschlag gegen den *Spiegel* und dessen Herausgeber Rudolf Augstein (1923–2002).

Im Jahr 2008 erschien ein weiteres Buch mit dem Titel »Der Reichstagsbrand«. Als Untertitel wählte der Autor Sven Felix Kellerhoff (geb. 1971) die Formulierung: »Die Karriere eines Kriminalfalls«. Laut *Spiegel* hat der Journalist Kellerhoff »noch einmal alle verfügbaren Dokumente ausgewertet« und kommt zu dem Schluss, dass van der Lubbe der Alleintäter war. Während auch die *Frankfurter Allgemeine Zeitung* das Buch lobt, wird es von der Luxemburger-Fraktion als übles Machwerk bezeichnet. Und so dürfte dieser in seiner Intensität und Dauer wohl einmalige Historikerstreit wohl noch längere Zeit die Gemüter erhitzen. Der einzige Nutznießer der scheinbar endlosen Auseinandersetzung scheint posthum der Brandstifter van der Lubbe zu sein. Das Todesurteil gegen ihn wurde am 10. Januar 2008, genau 74 Jahre nach seiner Hinrichtung, aufgehoben. Dieser Schritt wurde damit begründet, dass das 1933 nachträglich erlassene Gesetz, das die Todesstrafe wegen Brandstiftung möglich machte, nicht hätte angewendet werden dürfen, sodass die Hinrichtung als Justizmord anzusehen sei. Diese Feststellung trägt allerdings nichts zu der Frage bei, ob van der Lubbe Alleintäter war oder nicht. Es darf also weiter gestritten werden. Der in Chemnitz lehrende Politologe Eckhard Jesse (geb. 1948) schrieb daher in der WELT vom 26. Februar 2008: »Man muss für die folgende Vorhersage kein Prophet sein: Auch zum 150. Jahrestag des Brandes werden noch Mythen den Reichstagsbrand umranken. Der Glaube an die Verschwörung von Nationalsozialisten, denen nun wahrlich alles zuzutrauen war, passt allemal besser in das verbreitete Geschichtsbild als die Tat eines Einzelnen.« Es ist davon auszugehen, dass Jesse recht behält.

# Literatur

## Streit in den Naturwissenschaften

### Hinterhältiges Genie


| | |
|---|---|
| Di Trocchio, F.: | Der große Schwindel. Rowohlt, Reinbek 1999, S. 27–36. |
| Hellman, H.: | Zoff im Elfenbeinturm. Wiley-VCH, Weinheim 2000, S. 43–63. |
| N. N.: | Gottfried Wilhelm Leibniz. de.wikipedia.org/wiki/Gottfried_Wilhelm_Leibniz. |
| N. N.: | Isaac Newton. de.wikipedia.org/wiki/Isaac_Newton. |
| Zankl, H.: | Die Launen des Zufalls, Primus, Darmstadt 2002, S. 129–131. |
| Zankl, H.: | Fälscher, Schwindler, Scharlatane, Wiley-VCH, Weinheim 2003, S. 12–17. |
| Zankl, H.: | Kleine Genies, Primus, Darmstadt 2007, S. 18–23. |


### Fehlerhafte Schätzung


| | |
|---|---|
| Bornebusch, J. P.: | Der Mechanist. *Spektrumdirekt,* Dezember 2007. www.wissenschaft-online.de/artikel/934973. |
| Burchfield, J. D.: | Lord Kelvin and the Age of Earth. University of Chicago Press, Chicago 1990. |
| Hellman, H.: | Zoff im Elfenbeinturm. Wiley-VCH, Weinheim 2000, S. 105–118. |
| Langenbach, J.: | Kelvin, Perry und das Alter der Erde. *Die Presse,* Ausgabe vom 23. 6. 2007. http://diepresse.com/home/techscience/wissenschaft/312455/index.do. |
| Lienhard, J. H.: | John Perry and Earth's Age. www.uh.edu/engines/epi2235.htm. |
| N. N.: | William Thomson, 1. Baron Kelvin. http://de.wikipedia.org/wiki/William_Thomson_1._Baron_Kelvin. |
| Stanley, S. M.: | Historische Geologie. Spektrum Akademischer Verlag, Heidelberg 2001. |


*Kampfhähne der Wissenschaft.* Heinrich Zankl

ISBN: 978-3-527-32579-5

**Umstrittener Urmensch**

| | |
|---|---|
| Auffermann, B., Orschiedt, J.: | Die Neandertaler. Theiss Verlag, Stuttgart 2002. |
| Kuckenburg, M.: | Lag Eden im Neandertal? Econ, Düsseldorf 1999. |
| Nathan, C.: | Der Irrtum des Rudolf Virchow. www.monumente-online.de/06/06/leitartikel/02_Neandertaler. |
| N. N.: | Rudolf Virchow. http://de.Wikipedia.org/wiki/Rudolf_Virchow. |
| Schmitz, R. W., Thissen, J.: | Neandertal. Spektrum Akademischer Verlag, Heidelberg 2000. |
| Tattersall, I.: | Puzzle Menschwerdung. Spektrum Akademischer Verlag, Heidelberg 1977. |
| Zankl, H.: | Verkannter Urmensch, in: Der große Irrtum. Primus, Darmstadt 2004, S. 50–54. |

**Geistiger Freibeuter**

| | |
|---|---|
| Di Trocchio, F.: | Der große Schwindel. Rowohlt, Reinbek 1999, S. 159–172. |
| Hofmann, K.: | Der Naturforscher, Philosoph und Aufklärer Ernst Haeckel. *Aufklärung und Kritik,* Nr. 2, 2000, S 36 ff. www.gkpn.de/hofmann.htm. |
| Jahn, I.: | Geschichte der Biologie. Spektrum Akademischer Verlag, Heidelberg 2000, S. 373 ff. |
| N. N.: | Ernst Haeckel. http://de.wikipedia.org/wiki/Ernst_Haeckel. |
| Weiß-Merklein, A.: | FLG Biologie, Ernst Haeckel. www.bnv-bamberg.de/home/ba2282/main/faecker/biologie/haeckel.htm. |
| Zankl, H.: | Fälscher, Schwindler, Scharlatane. Wiley-VCH, Weinheim 2003, S. 59–63. |

**Amerikanischer Knochenkrieg**

| | |
|---|---|
| Broschinski, A.: | Dinosaurier. C. H. Beck, München 2000. |
| DiChristina, M.: | The Dinosaur Hunter. *Popular Science,* Sept. 1996, S. 41–45. |
| Hellman, H.: | Zoff im Elfenbeinturm. Wiley-VCH, Weinheim 2000, S. 119–134. |
| Holmes, T.: | Fossil Feud. Julian Messner, Persippany, N. J., 1998. |
| N. N.: | Bone Wars. http://en.wikipedia.org/wiki/Bone_Wars. |
| N. N.: | Edward Drinker Cope. http://de.wikipedia.org/wiki/Edward_Drinker_Cope. |
| N. N.: | Dinosaurier. http://www.lexi-tv.de/lexikon/thema.asp. |
| Strauss, B.: | The Bone Wars. http://dinosaurs.about.com/od/dinosaurdicovery/a/bonewars.htm. |
| Wallace, D. R.: | The Bonehunters Revenge. Houghton Mifflin, Boston 1999. |

### Französische Intrige


| | |
|---|---|
| Cherry, H. L.: | Social communication and colonial archeology in Viet Nam. *New Zealand Journal of Asian Studies* 6, Nr. 2, 2004, S. 111–126. |
| Di Trocchio, F.: | Der große Schwindel. Rowohlt, Reinbek 1999, S. 150–159. |
| Durand-Delga, M.: | L'Affaire Deprat. Travaux du comité Français d'histoire de la géologie, Series 3, Band 4, 10, S. 117–215. |
| N. N.: | Jacques Deprat. fr.wikipedia.org/wiki/Jacques_Deprat. |
| Zankl, H.: | Fälscher, Schwindler, Scharlatane. Wiley-VCH, Weinheim 2003, S. 230–234. |


### Rassistische Nobelpreisträger


| | |
|---|---|
| Hahn, R.: | Philipp Eduard Anton Lenard, in: Nobelpreise. Brockhaus, Mannheim 2001, S. 82–83. |
| Hahn, R.: | Johannes Stark, in: Nobelpreise. Brockhaus, Mannheim 2001, S. 198–199. |
| Heisenberg, W.: | Deutsche und Jüdische Physik. Piper, München 2002. |
| Kleinert, A.: | Deutsche Physik. www.innovations-report.de/html/berichte/physik_astronomie/bericht-6670.html. |
| N. N.: | Deutsche Physik. http://de.wikipedia.org/wiki/Deutsche_Physik. |
| Zankl, H.: | Nobelpreise. Wiley-VCH, Weinheim 2005. S. 9–15. |


### Großes Unverständnis


| | |
|---|---|
| Biermann, K.: | Die Akte Einstein. www.netzeitung.de/spezial/zeitgeschichte/189826.html. |
| Blendowske, R.: | Vom Ende an. *DOZ*, Nr. 4, 2005, S. 14–15. |
| Fischer, E. P.: | Aristoteles, Einstein & Co. Piper, München 2000, S. 336–353. |
| Jerome, F.: | The Einstein File. Griffin, Santa Ana 2003. |
| Kleinert, A.: | Nationalistische und antisemitische Ressentiments von Wissenschaftlern gegen Einstein. www.physik.uni-halle.de/Fachgruppen/history/einstein_1979.html. |
| Mülder, B. M.: | Ein-stein des Anstoßes. www.3sat.de/kutlutzeit/themen/76403/index.html. |
| N. N.: | Albert Einstein. http://de.wikipedia.org/wiki/Albert_Einstein. |
| Rodust, G.: | Einsteins Hirn war ungewöhnlich leicht. www.welt.de/print-welt/article670860/Einsteins_Hirn_war_ungewoehnlich_leicht.html. |
| Zankl, H.: | Nobelpreise. Wiley-VCH, Weinheim 2005, S. 15–21. |

### Gewaltige Kräfte

| | |
|---|---|
| Bürgin, L.: | Irrtümer der Wissenschaft. Gondrom, Bindlach 1998, S. 75–85. |
| Flügel, H. W.: | Wegener – Ampferer – Schwinner. Ein Beitrag zur Geschichte der Geologie in Österreich. Mitteilungen der österreichischen geologischen Gesellschaft, Nr. 73, 1980, S. 237–254. |
| Fuhrmann, P.: | Triumph eines Außenseiters. www.dradio.de/dkultur/sendungen/zeitreisen/436657. |
| Hellman, H.: | Zoff im Elfenbeinturm. Wiley-VCH, Weinheim 2000, S. 139–153. |
| N. N.: | Alfred Wegener. http://de.wikipedia.org/wiki/Alfred_Wegener. |
| Podbregar, N.: | Plattentektonik. *Scinexx, das Wissensmagazin.* www.g-o.de/dossier-48-1.html. |
| Zankl, H.: | Der große Irrtum. Primus, Darmstadt 2004, S. 179–183. |

### Unfairer Astronom

| | |
|---|---|
| Douglas, A. V.: | The Life of Arthur Stanley Eddington. Thomas Nelson & Sons, London 1956. |
| Eddington, A. S.: | Sterne und Atome. Vandenhoeck & Ruprecht, Göttingen 1958. |
| Gillessen, S.: | Das Leben des Subrahmanyan Chandrasekhar. *Spektrum der Wissenschaft*, Nr. 7, 2007. |
| Miller, A. I.: | Der Krieg der Astronomen. DVA, München 2006. |
| N. N.: | Subrahmanyan Chandrasekhar. http://de.wikipedia.org/wiki/Subrahmanyan_Chandrasekhar. |
| N. N.: | Arthur Eddington. www.personenlexikon.net/d/arthur-eddington/arthur-eddington.htm. |
| Schaaf, M.: | Subrahmayan Cahdrasekhar, William Alfred Fowler, in: Nobelpreise. Brockhaus, Mannheim 2001, S. 808–809. |
| Richter, P. H.: | Chandrasekhar und Newton. *Sterne und Weltraum*, Nr. 37, 1998, S. 520–524. |
| Sexl, R. U., Sexl, H.: | Weiße Zwerge, Schwarze Löcher. Springer Verlag, Berlin 2001. |
| Zankl, H.: | Nobelpreise. Wiley-VCH. Weinheim 2000, S. 50–55. |

### Antiprotonen vor Gericht

| | |
|---|---|
| Di Trocchio, F.: | Der große Schwindel. Rowohlt Taschenbuch Verlag, Reinbek 1999, S. 42–47. |
| Heilbron, J. L.: | The Detection of the Antiproton, in: De Maria, M. et al. (Hrsg.): The Restructuring of Physical Science. Singapur 1989, S. 161–209. |

N. N.: Oreste Piccioni, 86. Leader in the Field of Subatomic Physics. *Los Angeles Times* vom 30.4.2002.

N. N.: Oreste Piccioni. http://de.wikipedia.org/wiki/Oreste_Piccioni.

Segrè, E.: A Mind Always in Motion. Berkeley University Press 1993, S. 258.

Wright, P.: Oreste Piccioni. Key physicist in the emergence of big science. *The Guardian* vom 3.5.2002.

Zankl, H.: Nobelpreise. Brisante Affairen, umstrittene Entscheidungen. Wiley-VCH, Weinheim 2005, S. 40–45.

### Unklare Herkunft

Coppens, Y.: Lucies Knie. Dtv, München 2002.

Engeln, H.: Wir Menschen. Eichborn, Frankfurt 2004.

Helman, H.: Zoff im Elfenbeinturm. Wiley-VCH. Weinheim 2000, S. 157–171.

Hochadel, O.: Afrikanische Anfänge, in: *heureka!*, Nr. 2, 2008.

Johanson, D.C. et al.: Lucy und ihre Kinder. Spektrum Akademischer Verlag, Heidelberg 2000.

Junker, T.: Die Evolution des Menschen. C. H. Beck, München 2006.

Leakey, R. E., Lewin, R.: Der Ursprung des Menschen. S. Fischer, Frankfurt 1993.

N. N.: Streit um Lucys US-Tour. www.spiegel.de/wissenschaft/mensch/0,1518,500065,00.html.

N. N.: Lucy. http://de.wikipedia.org/wiki/Lucy.

Picq, P.: Die Evolution des Menschen. *Spektrum der Wissenschaft*, Nr. 1, 2004, S. 16–21.

Plate, C., Tkalec, M.: Abrechnung auf Kosten des Millenium Man. www.berliner-zeitung.de/archiv/.bin/dump.

Sawyer, G. L., Deak, V.: Der lange Weg zum Menschen. Spektrum Akademischer Verlag, Heidelberg 2007.

Wong, K.: Wer waren die ersten Hominiden. *Spektrum der Wissenschaft*, Nr. 1, 2004, S. 23–31.

### Nützliche Aussage

Blech, J.: Nicht ohne meine Bazille. *Die Zeit*, Nr. 23, 1999.

Dahlkamp, J., Ludwig, U.: Wissen ist Geld. *Der Spiegel*, Nr. 22, 1999.

Koch, K.: Molekularbiologische Forschung: Von Fälschung und Patentrechten. *Deutsches Ärzteblatt*, 96, 25: A-1680, 1999.

Nüsslein-Volhard, C.: Ehrverlust ist Strafe genug. *Die Zeit*, Nr. 2, 2000.

Pollack, A.: Genentech Trial On Patent Ends With Jury Dead Locked. *The New York Times* vom 3. Juni 1999.

| | |
|---|---|
| Wirsing, B.: | Untersuchungsausschuss missbilligt wissenschaftliches Fehlverhalten von Prof. Seeburg. Presseinformation der Max-Planck-Gesellschaft, Nr. 15, 1999. |
| Zankl, H.: | Fälscher, Schwindler, Scharlatane. Wiley-VCH, Weinheim 2003, S. 92–96. |


### Fragwürdiger Hockeyschläger


| | |
|---|---|
| Bartels-Rausch, T.: | Streit um berühmte Klimakurve. *Neue Zürcher Zeitung* vom 27.7.2005. |
| Behringer, W.: | Kulturgeschichte des Klimas. C. H. Beck, München 2007. |
| Hein, J-P., Becker, M.: | Die rabiaten Methoden des Klimaforschers Rahmstorf. www.spiegel.de/wissenschaft/natur/0,1518,505095,00.html. |
| Kast, B., Wewetzer, H.: | Was wir fürs Klima tun, bringt nichts. www.tagesspiegel.de/magazin/wissen/Klima;art304,2475692. |
| Lomborg, B.: | Apocalypse no! Zu Klampen, Lüneburg 2002. |
| Lomborg, B.: | Cool it! DVA, München 2008. |
| N. N.: | Kontroverse um die globale Erwärmung. http://de.wikipedia.org/wiki/Kontroverse_um_die_globale_ Erwaermung. |
| N. N.: | Hockeyschläger-Diagramm. http://de.wikipedia.org/wiki/Hockeyschlaeger-Diagramm. |
| Rahmstorf, S.: | Deutsche Medien betreiben Desinformation. www.faz.net/s/RubC5406E1142284FB6BB79CE581A20766.html. |
| Rahmstorf, S., Schellnhuber, H. J.: | Der Klimawandel. C. H. Beck, München 2006. |
| Schnabel, U.: | Die andere Katastrophe. www.zeit.de/2006/02/U-Lomborg-neu. |
| Schnabel, U.: | Der kalkulierende Provokateur. *NZZ Folio*, Nr. 1, 2006. |
| Titz, S.: | Kosten und Nutzen. *Spektrum der Wissenschaft* Nr. 5, 2008. |


## Auseinandersetzungen in Medizin und Psychologie

### Animalischer Magnetismus


| | |
|---|---|
| Bongartz, W.: | Das Erbe des Mesmerismus, in: Wolters, H. (Hrsg.): Franz Anton Mesmer und der Mesmerismus. Universitätsverlag Konstanz 1988. |
| Darnton, R.: | Der Mesmerismus. Carl Hanser Verlag, München 1983. |

Florey, E.: Franz Anton Mesmers magische Wissenschaft, in: Wolters, H. (Hrsg.): Franz Anton Mesmer und der Mesmerismus. Universitätsverlag Konstanz 1988.

N. N.: Animalischer Magnetismus. http://de.wikipedia.org/wiki/Animalischer_Magnetismus.

Peter, B.: Franz Anton Mesmer, Dr. phil et med. *Hypnose und Kognition*, 17 (1+2), 2000, S. 47–106. www.burkhard-peter.de/Mesmer/hauptteil_memsmer.html.

Wolters, G.: Mesmer und sein Problem: Wissenschaftliche Rationalität, in: Wolters, G (Hrsg.): Franz Anton Mesmer und der Mesmerismus. Universitätsverlag Konstanz. 1988.

### Gefährliche Krankheit

Bürgin, L.: Irrtümer der Wissenschaft. Gondrom, Bindlach 1998, S. 41–52.

Djakovic, A., Dietl, J.: Semmelweis und Scanconi. *Deutsches Ärzteblatt* 103 (42): A-2774-77, 2006.

Gortvay, G.: Semmelweis, Retter der Mütter. Hirzel, Leipzig 1977.

N. N.: Ignaz Semmelweis. http://de.wikipedia.org/wiki/Ignaz_Semmelweis.

Nuland, S. B.: Ignaz Semmelweis. Piper, München 2003.

Semmelweis, K.: Dr. Ignaz Semmelweis. Eigenverlag, Eisenstadt 2007.

Sillo-Seidl, G.: Die Affaire Semmelweis. Herold, Wien 1985.

Sillo-Seidl, G.: Die Wahrheit über Semmelweis. Semmelweis-Verlag, Hoya 1984.

Sutton, B.: The Semmelweis-Reflex. bobsutton.typepad.com/my-weblog/2008/05/the-semmelweis.html.

### Umkämpfte Seele

David, M.: Wilhelm Fließ. www.aerzteblatt.de/archiv/55192/.

Degen, R.: Lexikon der Psychoirrtümer. Eichborn, Frankfurt 2000, S. 21–69.

Gay, P.: Freud. S. Fischer, Frankfurt 1989.

Handlbauer, B.: Die Freud-Adler-Kontroverse. Psychosozialverlag Gießen 2001.

Kerr, J.: Eine höchst gefährliche Methode. Kindler, München 1994.

Lindner, M.: Sigmund Freud: Der Archäologe der Seele. *GEO Magazin*, Nr. 6, 2006.

Nitzschke, B.: Asche der Weisheit. *Die Zeit*, Nr. 50, 1992.

N. N.: Sigmund Freud. http://de.wikipedia.org/wiki/Sigmund_Freund.

Selg, H.: Sigmund Freud – Genie oder Scharlatan? Kohlhammer, Stuttgart 2002.

Stölzl, Ch.: Der Hausherr der Seele. *Zeit Geschichte,* Nr. 1, 2006.

Zankl, H.: Fälscher, Schwindler, Scharlatane. Wiley-VCH, Weinheim 2003, S. 175–180.

Zankl, H.: Der große Irrtum. Primus, Darmstadt 2004, S. 59–63.

**Wirklich irre?**

Blech, J.: Ganz normaler Irrsinn. *Spiegel-Online,* 1.11.2003. www.spiegel.de/spiegelspecial/0,1518,273533,00.html.

Borsbach, W.: Etikettenschwindel mit bösen Folgen. *Die Zeit,* Nr. 27, 1982.

Ingram, J.: Allein unter Irren, in: Das Gedächtnis der Kellnerin. Kuriose Geschichten aus der Wissenschaft. Campus, Frankfurt 1998, S. 41–54.

Fleischmann, P.R.: Letters: Psychiatric Diagnosis. *Science* 180, 1973, S. 356–369.

N.N.: Antipsychiatrie http://de.wikipedia.org/wiki/Antipsychiatrie.

Rosenhan, D.L.: On Being Sane In Insane Places. *Science* 179, 1973, S. 250–258.

Slater, L.: Gesund an ungesundem Ort, in: Von Menschen und Ratten. Beltz, Weinheim 2005, S. 86–124.

Spitzer, R.: On Pseudoscience in Science. *Journal of Abnormal Psychology* 84, 1975, S. 442–452.

**Gutachten mit Folgen**

Broad, W., Wade N.: Betrug und Täuschung in der Wissenschaft. Birkhäuser, Basel 1984. S. 190–213.

Howe, K., Moses, M.: Ethics in educational research, in: *Review of Research in Education,* Bd. 24, 1999, S. 21–60.

Hunt, M.: A Fraud That Shook The World Of Science. *The New York Times Magazine,* 1 Nov. 1981, S. 42–75.

N.N.: Dr. Helena Rodbard. http://endo-docs.com/Dr._Helena_Rodbard.html.

N.N.: Fraud in Biomedical Research. Hearings before the Subcommittee on Investigations and Oversight of the Committee on Science and Technology. U.S. Government Printing Office, Nr. 77–661, Washington 1981, S. 103.

Zankl, H.: Fälscher, Schwindler, Scharlatane. Wiley-VCH, Weinheim 2003, S. 133–138.

**Wertvoller Bakterienkiller**


Auerbacher, I., Schatz, A.: Finding Dr. Schatz. Universe, New York 2006.

DiTrocchio, F.: Der große Schwindel. Rowohlt, Reinbek 1999, S. 40–41.

Epstein, S., Beryl, W.: Miracles from Microbes. New Brunswick Rutgers University Press 1966.

Hujber, M.: Dr. Schatz, co-discoverer of streptomycin, dies at 84. http://sebs.rutgers.edu/news/release.asp?n=300.

Kingston, W.: Streptomycin, Schatz v. Waksman. Journal History Med. Allied Sciences, Nr. 59, 2004, S. 441–462.

Mistiaen, V.: Time, and the great healer. *The Guardian* vom 2. November 2002.

N. N.: Albert Schatz. http://de.wikipedia.org/wiki/Albert_Schatz.

Wainwright, M.: Miracle Cure: The Story of Antibiotics. Blackwell, London 1990.

Waksman, S. A.: My life with the microbes. Simon & Schuster, New York 1954.

Zankl, H.: Nobelpreise. Wiley-VCH, Weinheim 2005, S. 121–126.


**Schlimmer Verdacht**


Baltimore, D.: Baltimore's Travels. www.issues.org/19.4/updated/Baltimore.html.

Baltimore, D.: David Baltimore Responds. *Public Affairs*, Bd. 3., Juni 1989.

Beardsley, T.: Thereza Imanishi-Kari. *Scientific American*, Bd. 275, 1996, S. 50–52.

Boffey, P.M.: Nobel Winner Is Caught Up In a Dispute Over Study. *The New York Times* vom 12. April 1988.

Fischer, E. P.: Das Spiel, bei dem jeder verliert. *Forschung und Lehre*, Nr. 6, 2000.

Garred, E.: When Lab Researcher O'Toole. *People*, Bd. 35, Nr. 14 vom 15. April 1991.

Hilts, P. J.: »I Am Innocent«, Embattled Biologist Says. *The New York Times* vom 4. Juni 1991.

Hochadel, O.: Hexenjagd im Labor. www.falter.at/web/heureka/archiv/99_4/02.php.

Kevles, D. J.: The Baltimore Case. Norton, New York 1998.

N. N.: David Baltimore. http://en.wikipedia.org/wiki/David_Baltomore.

Zankl, H.: Fälscher, Schwindler, Scharlatane. Wiley-VCH, Weinheim 2003, S. 96–100.

## Transatlantische Krise


| | |
|---|---|
| Bernd, C.: | Eine kräftige Ohrfeige. www.sueddeutsche.de/wissen/87/312996/text/. |
| Campell, A.: | HIV und Aids: Fakten und Hintergründe. Verlag an der Ruhr, Mülheim 2006. |
| Duesberg, P., Yamouniannis, J.: | AIDS. Michaels, Peiting 1998. |
| Evers, M.: | Seuche der Ignoranz. *Spiegel spezial Geschichte*, Nr. 2, 2007. |
| Feddersen, J.: | Ewiger Streit um Aids-Entdeckung. www.taz.de/nc/1/zukunft/wissen/artikel/1/streit-um-die-aids-entdeckung&src=PR. |
| Gallo, R.: | Die Jagd nach dem Virus. S. Fischer, Frankfurt 1991. |
| HIV-Arbeitskreis Südwest (Hrsg.): | HIV und AIDS. Springer, Heidelberg 2003 und www.hiv-leitfaden.de. |
| N. N.: | AIDS-Leugnung. http://de.wikipedia.org/wiki/AIDS-Leugnung. |
| N. N.: | Robert Charles Gallo. http://de.wikipedia.org/wiki/Robert_Charles_Gallo. |
| Westhoff, J.: | Aids – Der Kampf um Ruhm und Geld. *Tagesspiegel* vom 23.4.2009. |
| Zankl, H.: | Umstrittene Viren, in: Fälscher, Schwindler, Scharlatane. Wiley-VCH, Weinheim 2003, S. 143–147. |


## Pikante Krebsforschung


| | |
|---|---|
| Bär, S.: | Der Fall Brach/Herrmann/Mertelsmann. *Laborjournal*, Nr. 7, 2000, S. 8–14. |
| Bartens, W.: | Aufklärung ohne Konsequenz. www.zeit.de/2001/51/200151_mertelsmann.xml. |
| Esquivel, E.: | Ein Gefühl der Desillusionierung. www.forschung-und-lehre.de/archiv/08-00/esquivel.html. |
| Finetti, M., Himmelrath, A.: | Der Sündenfall. Raabe, Stuttgart 1999, S. 33–61. |
| Horstkotte, H.: | Daten-Trickser behält Professorentitel. www.Spiegel.de/wissenschaft/mensch/0,1518,287690,00.html. |
| Koch, K.: | Krebsforschung: Im Sog des Fälschungsskandals. *Deutsches Ärzteblatt*, 2001;98(10): A 587. www.aerzteblatt.de/archiv/26322/. |
| Zankl, H.: | Fälscher, Schwindler, Scharlatane. Wiley-VCH, Weinheim 2003, S. 153–158. |
| Zylka-Menhorn, V.: | Forschungsbetrug – Fall Herrmann/Brach. *Deutsches Ärzteblatt* 1997; 94(42): A-2716. |

## Kontroversen in den Geisteswissenschaften


### Kämpferischer Engländer

| | |
|---|---|
| Boyer, B.: | The History of the Calculus and Its Conceptional Development. Dover, New York 1959. |
| Hellman, H.: | Zoff im Elfenbeinturm. Wiley-VCH, Weinheim 2000, S. 25–34. |
| Höffe, O.: | Kleine Geschichte der Philosophie. C. H. Beck, München 2001, S. 159 f. |
| Kersting, W.: | Thomas Hobbes zur Einführung. Junius, Hamburg 2005. |
| N. N.: | Thomas Hobbes. http://de.wikipedia.org/wiki/Thomas_Hobbes. |
| N. N.: | John Wallis. http://de.wikipedia.org/wiki/John_Wallis. |
| Probst, S.: | Die mathematische Kontroverse zwischen Thomas Hobbes und John Wallis. Dissertation Universität Regensburg 1997. |
| Zankl ,H., Betz, K.: | Kleine Genies. Primus, Darmstadt 2007, S. 13–18. |

### Messerscharfe Satiren

| | |
|---|---|
| Hellman, H.: | Zoff im Elfenbeinturm. Wiley-VCH, Weinheim 2000, S. 65–78. |
| Höffe, O.: | Kleine Geschichte der Philosophie. C. H. Beck, München 2001, S. 170–178. |
| Holmsten, G.: | Voltaire. Rowohlt, Reinbek 2002. |
| Jahn, I.: | Geschichte der Biologie. Spektrum Akademischer Verlag, Heidelberg 2000, S. 259–262 und S. 911. |
| N. N.: | Voltaire. http://de.wikipedia.org/wiki/Voltaire. |
| N. N.: | Pierre Louis Moreau de Maupertuis. http://de.wikipedia.org/wiki/Pierre-Louis_Moreau_de_Maupertuis. |
| Wesseling, K.-G.: | Voltaire. Biografie – Bibliografie, Kirchenlexikon, Band XIII, S. 1–55. www.bautz.de/bbkl. |

### Umstrittene Heldenlieder

| | |
|---|---|
| Bluhm, L.: | Die Brüder Grimm und der Beginn der Deutschen Philologie. Weidmannsche Verlagsbuchhandlung, Hildesheim 1997. |
| Bluhm, L.: | Compilierende Oberflächlichkeit gegen gernrezensirende Vornehmheit. Der Wissenschaftskrieg zwischen Friedrich Heinrich von der Hagen und den Brüdern Grimm. www.goethezeitportal.de/wiss/epoche/bluhm_wissenschaftskrieg.pdf. |
| N. N.: | Brüder Grimm. http://de.wikipedia.org/wiki/Brüder_Grimm. |

N. N.: Brothers Grimm. http://de.wikipedia.org/wiki/Brothers_Grimm.

Schede, H.-G.: Die Brüder Grimm. Dtv, München 2004.

## Kampf um Troja

Baykal, H.: Der trojanische Graben. *Die Zeit*, Nr. 37, 2006. www.zeit.de/2006/37/Der_trojanische_Graben.

Deuel, L.: Das Abenteuer Archäologie. Bastei-Lübbe, Bergisch-Gladbach 1988, S. 277–283.

Hertel, D.: Troia – Archäologie, Geschichte, Mythos. C.H. Beck, München 2001.

Hertel, D.: Die Mauern von Troia. C.H. Beck, München 2003.

Holzbach, H.: Handelszentrum oder mickriges Städtchen? *Zeit-Lexikon*, Hamburg 2005, S. 625–626.

Isler, H. P.: Der Streit um Troia – und kein Ende. *Neue Züricher Zeitung* vom 19. 2. 2002.

Kolb, F.: Troia-Debatte seit 2001. www.uni-tuebingen.de/alte-geschichte/personen/kolb_troia2_anlage2.html.

Kolb, F.: Entwicklungen im Troia-Streit seit 2003. www.uni-tuebingen.de/alte-Geschichte/personen/kolb/kolb_troia1.pdf.

Korfmann, M. (Hrsg.): Troia: Archäologie eines Siedlungshügels. Zabern, Mainz 2006.

Latacz, J.: Wir bleiben Troy. *Süddeutsche Zeitung* vom 3. 1. 2008.

Latacz, J.: Troia und Homer. Koehler & Amelang, München 2003.

N. N.: Troja-Debatte. http://de.wikipedia.org/wiki/Troja-Debatte.

Rebenich, S.: Ein ehrgeiziges Migrantenkind, leider kastriert. *NZZ-Online*, 2008. www.nzz.ch/nachrichten/kultur/buchrezensionen/ein_ ehrgeiziges_migrantenkind_leider_kastriert_1.6893 62.html.

Schrott, R.: Homers Heimat. Hanser, München 2005.

Schuller, W.: Wenn Bettpfosten wackeln, *Welt-Online* 2008. www.welt.de/welt_print/article2372693.

Seewald, B.: Umstrittener Forscher legt im Troia-Streit nach. www.welt.de/kultur/article1731241.

Siebler, M.: Troia – Mythos und Wirklichkeit. Reclam, Stuttgart 2001.

Ulf, C.: Der neue Streit um Troia. Eine Bilanz. C.H. Beck, München 2003.

Zankl, H.: Fälscher, Schwindler, Scharlatane. Wiley-VCH, Weinheim 2003, S. 216–225.

### Geheimnisvolle Schriften

Allegro, J. M.: Die Botschaft vom Toten Meer. Fischer, Frankfurt 1957.

Baigent, M., Leigh R.: Verschlusssache Jesus. Droemersche Verlagsanstalt, München 1991.

Berger, K.: Qumran. Philipp Reclam, Stuttgart 1998.

Deuel, L.: Das Abenteuer Archäologie. Bastei-Lübbe, Bergisch-Gladbach 1988, S. 223–265.

Eisenman, R., Wise, M.: Jesus und die Urchristen. Bertelsmann, München 1993.

Greeven, E. A.: Die Schlacht um die Schriftrollen. *Die Zeit*, Nr. 44, 1957. www.zeit.de/1957/44.

Hirschfeld, Y.: Qumran – die ganze Wahrheit. Gütersloher Verlagshaus, Gütersloh 2006.

Nathan, W.: Die Qumran-Rollen, neu aufgerollt. Vision 6/4; www.visionsjournal.de.

Schick, A.: Faszination Qumran. Schwengeler, Berneck 1998.

Riesner, R., Betz, O.: Jesus, Qumran und der Vatikan. Brunnen, Gießen 1998.

Thiering, B.: Jesus von Qumran. Gütersloher Verlagsgesellschaft, Gütersloh 1996.

Sahm, U. W.: Qumran-Rollen werden ins Internet gestellt. www.welt.de/wissenschaft/article 2365051.

Stegemann, H.: Die Essener, Qumran, Johannes der Täufer und Jesus. Herder, Freiburg 1994.

Zankl, H.: Die Launen des Zufalls. Primus, Darmstadt 2002, S. 23–26.

### Zu viel Freiheit

Bateson, M. C.: Mit den Augen einer Tochter. Meine Erinnerungen an Margaret Mead und Gregory Bateson. Rowohlt, Reinbek 1988.

Fortune, R. F.: Arapesh Warfare. *American Anthropology*, 41, 1939, S. 22–41.

Freeman, D.: Liebe ohne Aggression. Margaret Meads Legende von der Friedfertigkeit der Naturvölker. Kindler, München 1983.

Gerste, M.: Vom Sockel gestürzt? Ein australischer Anthropologe verreißt Margaret Mead. www.zeit.de/1983/08/Vom-Sockel-gestuerzt.

N. N.: Derek Freeman. http://de.wikipedia.org/wiki/DerekFreeman.

N. N.: Margaret Mead. http://de. Wikpedia.org/wiki/Margaret_Mead.

Mead, M.: Jugend und Sexualität in primitiven Gesellschaften, Teil 1–3. Klotz, Eschborn 2002.

Mead, M.: Brombeerblüten im Winter. Ein befreites Leben. Rowohlt, Reinbek 1993.

Wendt, A.: Margaret Meads Samoa. Eine Anklage. *Frankfurter Hefte*, Jg. 38/9, 1983, S. 45–53.

Zankl, H.: Fälscher, Schwindler, Scharlatane. Betrug in Forschung und Wissenschaft. Wiley-VCH, Weinheim 2006, S. 235–39.

### Reichlich Schwachsinn

Corrol, J. B.: Reflections on Stephen Jay Gould's The Mismeasure of Man (1981), *Intelligence* 21, 1995, S. 121–134.

Eysenck, H. J.: Die Ungleichheit der Menschen. Orion-Heimreiter-Verlag, Kiel 1984.

Gould, S. J.: Der falsch vermessene Mensch. Suhrkamp Taschenbuch Verlag, Frankfurt 1988.

Lowood, H.: Stephen Jay Gould. http://prelectur.stanford.edu/lectures/gould/.

N. N.: Stephen Jay Gould. http://de.wikipedia.org/wiki/Stephen_Jay_Gould.

N. N.: The Mismeasure of Man. http://de.wikipedia.org/wiki/The_Mismeasure_of_Man.

Zankl, H.: Fälscher, Schwindler, Scharlatane. Wiley-VCH, Weinheim 2003, S. 170–175.

### Gelungene Parodie

Baecker, D.: Mit dem Glauben an die Realität konstruieren wir unsere Welt. *Die Zeit*, Nr. 11, 1997.

Boghossian, P.: Der Wissenschaftsschwindel des Physikers Alan Sokal und seine Lehren. *Die Zeit*, Nr. 5, 1997.

Fischer, E. P.: Irren ist bequem. Kosmos, Stuttgart 2007, S. 189–190.

Gumbrecht, H. U.: Wie der Wissenschaftsschwindel von Alan Sokal erst moralisiert und dann zerredet wurde. *Die Zeit*, Nr. 50, 1997.

Krapp, P.: Hoch auf dem trojanischen Pferd. http://humanitas.ucsb.edu/hydra.

Niemann, H. J.: Die verleugnete Wirklichkeit. www.archiv.sicetnon.org/artikel/aktuelles/sokal. htm.

N. N.: Hochstabler überzeugt Physiker. www.g-o.de/wissen-aktuell-4983- 2006-07-06.html.

Sokal, A. D.: A Physicist Experiments with Cultural Studies. *Lingua Franca*, Mai-Juni 1996, S. 62–64.

Sokal, A. D.: Transgressing the Boundaries: Towards a Transformative Hermeneutics of Quantum Gravity. *Social Text*, Nr. 46/47, 1996, S. 217–252.

Sokal, A., Bricmont, J.: Eleganter Unsinn. C. H. Beck, München 1999.

Stelter, A.: Die Sokal-Affäre. *These,* Nr. 26, 1997.

Zankl, H.: Irrwitziges aus der Wissenschaft. Wiley-VCH, Weinheim 2008, S. 35–40 und 220–224.


**Politisches Feuer**


Backes, U. et al.: Reichstagsbrand – Aufklärung einer historischen Legende. Serie Piper, München 1987.

Bahar, A., Kugel W.: Der Reichstagsbrand – Wie Geschichte gemacht wird. Edition q, Berlin 2001.

Bahar, A.: Schatten der Vergangenheit. https://wsws.org/de/2001/mai2001/baha-m15.shtml.

Jesse, E.: Die Nazis und die Schuld am Reichstagsbrand. www.welt.de/kultur/article/1726843.html.

Kellerhoff, S. F.: Der Reichstagsbrand: Die Karriere eines Kriminalfalls. Be.bra, Berlin 2008.

Klein, A.: Böhme B. Diskussionsforum zum Reichstagsbrand. www.zlb.de/projekte/kulturbox-archiv/brand/einleitung.html.

Köhler, H.: Bis sich die Balken biegen. *Frankfurter Allgemeine Zeitung* vom 22. 2. 2001.

N. N.: Reichstagsbrand. http://de.wikipedis/wiki/Reichstagsbrand.

Riedel, K.: Einzeltäter oder Verschwörung? www.focus.de/wissen/bildung/Geschichte/nationalsozialismus/tid-8894/reichstagsbrand_aid_237513.html.

Tobias, F.: Der Reichstagsbrand. Legende und Wirklichkeit. Grote, Rastatt 1962.

Wiegrefe, K.: Flammendes Fanal. Der Spiegel Nr. 15, 2001, S. 38.

Zankl, H.: Der große Irrtum. Primus, Darmstadt 2004, S. 34–38.

# Quellenverzeichnis

| | |
|---|---|
| Isaak Newton: | http://en.wikipedia.org/wiki/File:GodfreyKneller-IsaacNewton-1689.jpg |
| Lord Kelvin: | http://en.wikipedia.org/wiki/File:Lord_Kelvin,_Botanic_park_Belfast.jpg |
| Darwins Buch »The Origin of Species«: | http://commons.wikimedia.org/wiki/File:Origin_of_Species_title_page.jpg |
| Rekonstruierter Neandertaler: | http://neanderthalmuseum.info/museum-tal/museumstrailer/index.html |
| Ernst Haeckel: | http://de.wikipedia.org/wiki/Ernst_Haeckel |
| Marshosaurus: | http://www.nhm.ac.uk/jdsml/nature-online/dino-directory/ |
| Trilobit: | http://darwincountry.org/explore/005839.html?ImageID=5679&Page=42#Gallery |
| Die Zeitschrift »Das schwarze Korps«: | http://de.wikipedia.org/w/index.php?title=Datei:DasSchwarzeKorps1937.jpg&filetimestamp=20080924112316 |
| Albert Einstein: | http://en.wikipedia.org/wiki/File:Albert_Einstein_photo_1920.jpg |
| Forschungsschiff »Polarstern«: | http://de.wikipedia.org/w/index.php?title=Datei:PFS_Polarstern.jpg&filetimestamp=20050820133640 |
| Subrahmanyan Chandrasekhar: | http://chandra.harvard.edu/graphics/resources/illustrations/chandraYoung-72.jpg |
| Bevatron Lawrence Berkeley Lab: | http://www.lbl.gov/Publications/Currents/Archive/Mar-17-2006.html#story4 |
| Rekonstruktion des *Australopithecus boisei*: | http://www.evolution-mensch.de/thema/arten/boisei.php |
| Räumliches Modell des Moleküls Somatotropin: | http://en.wikipedia.org/wiki/File:Somatotropine.GIF |
| Temperaturschwankung (letzte 1000 Jahre): | http://de.wikipedia.org/w/index.php?title=Datei:1000_Jahr_Temperaturen-Vergleich.png&filetimestamp=2006091 5161556 |
| Mesmers »*De planetarum influxu in corpus humanum*«: | http://en.wikipedia.org/wiki/File:De_planetarum_influxu_in_corpus_humanum_manuscript.jpg |



ISBN: 978-3-527-32579-5

| | |
|---|---|
| Briefmarke Semmelweis: | http://de.wikipedia.org/w/index.php?title=Datei: Stamps_of_Germany_(DDR)_1968,_MiNr_1389.jpg&filetimestamp=20091010192239 |
| Zeichnung Alfred Adler: | Quelle: Sonoma state University, http://www.sonoma.edu/psychology/psychart.htm |
| Lauren Slater: | »Von Menschen und Ratten: Die berühmten Experimente der Psychologie«: Beltz Verlag Weinheim. |
| Streptomycin: | http://en.academic.ru/dic.nsf/enwiki/135678 |
| David Baltimore: | http://en.wikipedia.org/wiki/File:DavidBaltimore2008.JPG |
| HI-Virus: | http://de.wikipedia.org/w/index.php?title=Datei:Hiv_budding.jpg&filetimestamp=20041224125357 |
| Foto Uniklinik Ulm: | http://www.oeko.de/service/contract/Beispiele_Ulm.htm |
| Thomas Hobbes: | http://de.wikipedia.org/w/index.php?title=Datei: Thomas_Hobbes_(portrait).jpg&filetimestamp=20081116054448 |
| Pierre Louis Moreau de Maupertuis: | http://de.wikipedia.org/wiki/Pierre-Louis_Moreau_de_Maupertuis |
| »Kinder und Hausmärchen« der Gebrüder Grimm: | http://commons.wikimedia.org/wiki/Grimms_M%C3%A4rchen |
| Sophie Schliemann: | http://en.wikipedia.org/wiki/File:Sophia_schliemann_treasure.jpg |
| Psalmen-Rolle: | http://www.loc.gov/exhibits/scrolls/scr1.html |
| Margarte Mead: | Library of Congress Prints and Photographs Division, New York World-Telegram and the Sun Newspaper Photograph Collection. http://hdl.loc.gov/loc.pnp/cph.3c20226 |
| Stephen Jay Gould: | http://de.wikipedia.org/w/index.php?title=Datei: Stephen_Jay_Gould_(by_Kathy_Chapman).jpg&filetimestamp=2007 1222122553 |
| Alan Sokal: | www.http://www.physics.nyu.edu/people/sokal.alan.html |
| Reichsverordnung: | http://de.wikipedia.org/w/index.php?title=Datei:-VO_zum_Schutz_von_Volk_und_Staat_1933_2.JPG&filetimestamp=2 0091116220519 |

# Stichwortverzeichnis



 *Kampfhähne der Wissenschaft*. Heinrich Zankl

ISBN: 978-3-527-32579-5